·中山大学校本教材·

WURAN KONGZHI
HUAXUE YU GONGCHENG

污染控制化学与工程

主　编　何　春
副主编　田双红　夏德华　章卫华

中山大学出版社
SUN YAT-SEN UNIVERSITY PRESS
·广州·

版权所有　翻印必究

图书在版编目（CIP）数据

污染控制化学与工程/何春主编；田双红，夏德华，章卫华副主编． -- 广州：中山大学出版社，2024.12．（中山大学校本教材）． -- ISBN 978-7-306-08165-0

Ⅰ．X132

中国国家版本馆 CIP 数据核字第 2024VP1645 号

出 版 人：	王天琪
策划编辑：	李先萍
责任编辑：	梁嘉璐
封面设计：	曾　斌
责任校对：	高　莹
责任技编：	靳晓虹
出版发行：	中山大学出版社
电　　话：	编辑部 020 - 84110776, 84113349, 84110283, 84111997, 84110779
	发行部 020 - 84111998, 84111981, 84111160
地　　址：	广州市新港西路 135 号
邮　　编：	510275　　　传　真：020 - 84036565
网　　址：	http://www.zsup.com.cn　E-mail:zdcbs@mail.sysu.edu.cn
印　刷　者：	佛山家联印刷有限公司
规　　格：	787mm×1092mm　1/16　17.75 印张　432 千字
版次印次：	2024 年 12 月第 1 版　2024 年 12 月第 1 次印刷
定　　价：	68.00 元

如发现本书因印装质量影响阅读，请与出版社发行部联系调换

目　录

第1章　污染控制化学与工程概述 ····················· 1
1.1　环境和环境问题 ···································· 1
1.1.1　环境的概念 ···································· 1
1.1.2　环境问题 ······································ 1
1.1.3　环境保护 ······································ 3
1.2　环境工程学 ·· 3
1.2.1　环境工程学的概念 ······························ 3
1.2.2　环境工程学的学科体系 ·························· 4
1.3　可持续发展与环境 ·································· 5
1.4　"污染控制化学与工程"课程的主要内容 ············· 6

第2章　水污染控制化学与工程 ························ 7
2.1　化学处理法 ·· 8
2.1.1　中和法 ·· 8
2.1.2　化学混凝法 ···································· 11
2.1.3　化学沉淀法 ···································· 18
2.1.4　氧化法 ·· 19
2.1.5　还原法 ·· 26
2.2　物理化学法 ·· 27
2.2.1　吸附法 ·· 27
2.2.2　离子交换法 ···································· 33
2.2.3　膜分离法 ······································ 38
2.3　生物处理法 ·· 43
2.3.1　生物处理法概论 ································ 43
2.3.2　活性污泥法 ···································· 47
2.3.3　生物膜法 ······································ 51
2.3.4　厌氧消化法 ···································· 55
2.4　工业废水的深度处理技术 ···························· 59
2.4.1　无机废水深度处理技术 ·························· 60
2.4.2　有机废水深度处理技术 ·························· 68

2.5 城镇再生水回用技术 ... 70
2.5.1 概述 ... 70
2.5.2 回用途径 ... 70
2.5.3 回用水水质标准 ... 71
2.5.4 《水回用导则》系列国家标准 ... 72
2.5.5 回用处理技术 ... 76

第3章 大气污染及其控制工程 ... 81
3.1 颗粒污染物的控制 ... 81
3.1.1 颗粒污染物的定义 ... 81
3.1.2 颗粒污染物控制技术基础 ... 82
3.1.3 颗粒污染物的净化设备 ... 89
3.2 气态污染物控制工程 ... 99
3.2.1 气态污染物净化原理 ... 99
3.2.2 SO_2 控制技术 ... 100
3.2.3 氮氧化物控制技术 ... 104
3.2.4 挥发性有机物污染控制技术 ... 110
3.3 光化学烟雾 ... 118
3.3.1 光化学烟雾现象 ... 119
3.3.2 光化学烟雾形成 ... 120
3.3.3 光化学烟雾控制对策 ... 125
3.4 温室效应控制技术 ... 128
3.4.1 温室效应与温室气体 ... 128
3.4.2 温室效应与全球气候变化 ... 128
3.4.3 温室效应的控制技术 ... 130
3.4.4 中国碳达峰碳中和行动 ... 131
3.5 人居环境空气污染控制 ... 137
3.5.1 室内空气污染简介 ... 137
3.5.2 典型污染物来源 ... 138
3.5.3 典型污染物危害 ... 141
3.5.4 实际场景预防与控制 ... 144

第4章 土壤污染控制工程 ... 151
4.1 土壤组成 ... 151
4.1.1 土壤的固相组成 ... 152
4.1.2 土壤水分 ... 153
4.1.3 土壤的空气 ... 154
4.1.4 土壤剖面 ... 155

  4.1.5 土壤圈 ·············· 155
4.2 土壤污染与危害 ·············· 157
  4.2.1 土壤污染及其特征 ·············· 157
  4.2.2 土壤污染的判定 ·············· 157
  4.2.3 土壤污染的危害 ·············· 160
4.3 土壤污染控制工程 ·············· 162
  4.3.1 植物修复 ·············· 163
  4.3.2 微生物修复 ·············· 166
  4.3.3 防渗墙 ·············· 168
  4.3.4 热脱附技术 ·············· 170
  4.3.5 土壤蒸汽抽提-曝气技术 ·············· 170
  4.3.6 固化/稳定化技术 ·············· 171
  4.3.7 土壤淋洗技术 ·············· 174
  4.3.8 土壤化学氧化或还原技术 ·············· 175
  4.3.9 渗透反应格栅 ·············· 179
  4.3.10 绿色可持续修复技术 ·············· 181

第5章 固体废物处理与处置工程 ·············· 184
5.1 固体废物的预处理技术 ·············· 184
  5.1.1 破碎 ·············· 185
  5.1.2 分选 ·············· 189
  5.1.3 压实 ·············· 196
  5.1.4 脱水与干燥 ·············· 199
5.2 固体废物的资源化处理技术 ·············· 203
  5.2.1 热处理 ·············· 203
  5.2.2 生物处理 ·············· 214
5.3 固体废物的最终处置技术 ·············· 224
  5.3.1 海洋处置 ·············· 224
  5.3.2 陆地处置 ·············· 225

第6章 物理性污染及其控制工程 ·············· 233
6.1 噪声污染控制技术 ·············· 233
  6.1.1 噪声污染及其危害 ·············· 233
  6.1.2 声音的度量和标准 ·············· 237
  6.1.3 噪声污染防治技术 ·············· 246
6.2 电磁辐射污染及防治 ·············· 249
  6.2.1 电磁辐射污染概述 ·············· 249
  6.2.2 电磁辐射污染评价与标准 ·············· 254

6.2.3	电磁辐射污染的防治	258
6.3	**其他污染及其防治**	**261**
6.3.1	放射性污染及其防治	261
6.3.2	光污染及其防治	267
6.3.3	热污染及其防治	271

第1章 污染控制化学与工程概述

本章从环境和环境问题出发,概述了环境问题的产生与环境保护的发展、环境工程学的体系、可持续发展与环境。通过本章的学习,读者可掌握本书的主要学习内容和学习任务。

1.1 环境和环境问题

1.1.1 环境的概念

环境是一个相对的概念,是围绕某中心事物并对该中心事物产生影响的所有周围事物的总称。在环境学科中,某中心事物狭义上是指人类,广义上是指地球上所有的生物。《中华人民共和国环境保护法》总则第二条指出:"本法所称环境,是指影响人类生存和发展的各种天然的和经过人工改造的自然因素的总体,包括大气、水、海洋、土地、矿藏、森林、草原、湿地、野生生物、自然遗迹、人文遗迹、自然保护区、风景名胜区、城市和乡村等。"这些组成部分也称为环境要素。

1.1.2 环境问题

1.1.2.1 生态系统和生态平衡

生态(eco-)源于古希腊语"oikos",原意指住所或栖息地。经过衍生发展,生态简单来讲是指一切生物的生存和发展状态,以及生物之间、生物与环境之间的关系。1869年,德国生物学家恩斯特·海克尔(E. Haeckel)将生态学应用于动植物与环境、动物与植物之间的关系研究。

生态系统(ecosystem)是指生命系统和环境系统在特定空间的组合,是生物和环境的统一复合体。生产者、消费者、分解者、非生物组构成了生态系统。生产者包括植物和自养微生物等,植物可以进行光合作用生产有机物,同时还能将光能转化为化学能储存在生命体中,供给自身生长发育,并为其他生物提供食物和能源;自养微生物利用某些物质发生氧化还原反应释放的能量合成有机物。生产者在生物群落中起基础性作用,维系整个生态系统的稳定,是生态系统的主要组分。消费者属异养生物,主要包括各种动物(食草动物、食肉动物)和部分微生物(真菌、细菌),它们不能制造有机物，只能利用生产者制造的有机物来供给自身的需要。分解者主要指各类微生物、土壤原生动物和小型脊椎动物，它们可以将生产者和消费者的生物残体分解为简单无机物归还给环境，再供给生产者利用。分解者对生态系统的自净有着十分重要的作用。非生物组分指各种环境要素，包括土壤、大气、水、气候、地形、各种矿物质和非生物成分的有机物等，它们为生物提供了必要的生存环境和营养元素。生态系统中，各组分之间紧密联系、相互影响、相互制约，使生态系统成为具有一定功能的有机整体。

自然界中的生态系统是开放系统，处于不断的运动和变化之中，并在结构上、功能上、输入输出质量和能量上保持着动态平衡，这就是生态平衡。生态系统内部具有自我调节作用，使该系统处于动态平衡中，但是这种调节作用不是无限的，当外界的干扰超过了限度时，生态平衡就会遭到破坏，并产生严重后果和一系列的恶性循环，造成环境问题。

1.1.2.2 环境污染

生态平衡遭到破坏而引起的环境问题可分为两类。第一类是由自然原因引起的，这类问题称为第一类环境质量问题或者原生环境问题。例如，地震、海啸、洪涝、干旱、火山爆发、森林大火等都可能使某一区域的生态平衡遭到破坏。第二类是由人类社会生产活动引起的，这类问题称为第二类环境质量问题或次生环境问题。人类在利用自然资源进行生产活动、改善生活条件的同时，也向周围环境排放出大量的废弃物，当其数量超过生态系统自身的调节能力时，生态平衡就会遭到破坏。环境污染，从广义上讲是指系统内部或外部条件的影响使生态平衡遭到破坏，从狭义上讲是指人类活动的影响使生态平衡遭到破坏，对人和其他生物产生危害。环境问题是伴随人类的不断发展而产生的。原始社会至18世纪后半叶是原始捕猎和农牧业时代，捕猎、耕作、放牧、灌溉、森林砍伐等人类活动在不同程度上会影响自然环境和生态，例如，不合理的灌溉导致土地盐碱化，大量砍伐森林和过度放牧造成草原的破坏、水土流失和土壤的沙漠化等。18世纪后半叶至20世纪初，是工业革命时代，矿产的开发和煤炭消耗的激增，污染了大气、水和土壤等。20世纪初至20世纪60年代是工业发展时代，科学、工业和交通迅速发展，劳动生产率大幅度提高，人类因生产和生活活动而排放到环境中的污染物超过了环境和人类所能承受的范围，生态平衡遭到严重的破坏。例如，震惊世界的八大公害事件：马斯河谷烟雾事件（1930年，比利时，SO_2）、多诺拉烟雾事件（1968年，美国，SO_2）、伦敦烟雾事件（1952年，英国，SO_2）、洛杉矶光化学烟雾事件（1943年，美国，汽车尾气）、水俣病事件（1953年，日本，Hg）、富山事件（1931年，日本，Cd）、四日市事件（1955年，日本，SO_2）、米糠油事件（1968年，日本，多氯联苯）。20世纪60年代以后是现代工业时代，科学技术和工业发展的速度大大超过以往的任何时期，人类大规模地改变环境的组成，污染的范围和规模都很大，主要表现出十大环境问题，分别为土地退化、森林覆盖率锐减、淡水资源缺乏、海洋污染、大气臭氧层遭到破坏、温室效应引起全球的气候变暖、生物多样性减少、酸雨蔓延、大气污染、固体废弃物污染。

1.1.3 环境保护

环境污染问题已经成为影响社会可持续发展、人类可持续生存的重大问题。自工业革命以来，发达国家在解决环境污染问题上经历了先污染后治理、先破坏后恢复的过程，在这期间付出了惨痛的代价。发达国家对环境保护工作的认识是随着经济增长、污染加剧而逐步发展的，大致可以分为四个阶段：① 20 世纪 60 年代以前为经济发展优先阶段。该阶段的主要目标是经济发展，不重视环境保护工作，实行的是高速增长战略，导致能源消耗量大增，公害问题开始引起人们的重视。② 20 世纪 70 年代为环境与经济并重阶段。发达国家为了解决环境问题，逐步发展环境保护设备，人们的观念出现了从公害防治到环境保护的转变，从而进入了环境保护时代。许多国家把环境保护写进了宪法，将其定为基本国策。环境污染的治理也从末端治理向全过程控制和综合治理的方向发展。③ 20 世纪 80 年代至今为实施可持续发展阶段。人们提出人与自然和谐相处及可持续发展的思想，"绿色潮流"开始席卷全球，环境保护手段引入社会生产的最初环节，构建政府-企业-公众的共同治理模式。④目前已经进入环境全球化阶段。气候变化的趋势会危及整个人类的生存，积极应对气候变化和减少温室气体排放成为人类追求的目标。温室气体排放主要是发达国家造成的，因此发达国家与发展中国家在减排问题上应当承担共同但又有区别的责任。尽管各国对于所应该承担的责任有分歧，但是，树立绿色理念，推行低碳经济已成为世界各国的共同追求，推进循环经济和建设循环型社会已经成为全社会的共同目标。中国虽然仍处在发展阶段，但是坚决摒弃了先发展后治理的传统模式，坚持推动绿色发展、促进人与自然和谐共生的新发展模式，具体措施包括加快发展方式绿色转型，深入推进环境污染防治，提升生态系统多样性、稳定性、持续性，积极稳妥推进碳达峰、碳中和。

1.2 环境工程学

1.2.1 环境工程学的概念

1854 年，英国伦敦宽街暴发霍乱疫情，内科医生斯诺（John Snow）通过调查，推断出现疫情的原因是一个水井受到了患者粪便的污染。19 世纪末开始推行饮用水的过滤和消毒，这对降低霍乱、伤寒等水媒病的发生率起了巨大作用。从此，卫生工程和公共卫生工程从土木工程中脱离出来，逐步发展为新的学科，它包括给排水工程、垃圾处理、环境卫生、水分析等内容。工业革命以后，尤其是 20 世纪 50 年代以来，随着科学技术和生产的迅速发展，城市人口的急剧增加，自然环境受到日益严重的冲击和破坏，环境污染对人体健康和生活的影响已超出"卫生"一词的含义，因此将卫生工程改称为环境工程。

环境学科是随着环境问题的日趋严重而产生的一门新兴的综合学科，是研究人类活动与环境质量关系的科学，其主要任务是研究人类与环境的对立统一关系，掌握其发展规律，在人类发展的同时保护环境。环境学科体系包括环境科学、环境工程学、环境生态学、环境规划与管理。环境工程学是环境学科的一个重要分支。这门学科主要利用环境学、工程学、管理学、社会学的基本原理和基本方法，研究保护和合理利用自然资源、防治环境污染、改善环境质量的方法，以保证人类的身体健康与生存，并促进社会的可持续发展。

1.2.2 环境工程学的学科体系

20世纪以来，根据化学、物理学、生物学、地球科学、医学等基础理论，运用卫生工程、给排水工程、化学工程、机械工程等技术原理和手段，解决废气、废水、固体废物、噪声污染等问题，使治理技术有了较大的发展，逐渐形成了污水治理技术体系、大气污染治理技术体系和固体废弃物处理与处置技术体系等。

近年来，随着社会、经济、技术的不断发展和环境伦理观的不断进步，环境污染防治发生了显著的变化。在尺度上，从常规尺度向微观尺度、宏观尺度发展，特别是微污染物对环境的影响及区域和全球环境问题受到广泛关注。在治理模式上，从末端治理向清洁生产、循环经济和低碳社会发展，更强调污染源头控制、全过程环境管理和生活方式的转变。特别是基于清洁生产理论和绿色技术的"零排放系统"，在工业污染防治中受到高度重视，污水深度处理技术、城镇再生水回用技术、固体废物资源化处理技术在其中发挥了重要的作用。在技术上，向高新技术、信息技术发展，现代生物技术、材料技术和信息技术在环境污染防治领域的应用显著提升了污染治理工程的工艺水平、设备水平和运行管理水平。在工程目标上，从点源污染治理向面源污染治理、环境修复发展，而且越来越关注环境治理工程的环境协调性和景观性。另外，生物/生态工程技术（如生物修复技术、植物修复和净化技术、人工湿地技术等）也受到重视。

从环境工程学发展的现状来看，环境工程学的学科体系如图1.1所示，其中，污染控制化学与工程是一门交叉学科，是环境工程学的一个重要分支及核心组成部分。

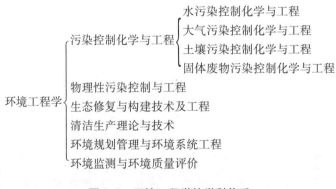

图1.1 环境工程学的学科体系

1.3 可持续发展与环境

环境保护与可持续发展是当今世界最关心的两个主题。由于全球人口的迅速增长、科学技术的进步、社会化大生产的不断发展，人们的生活和生产活动不断地影响环境，使许多环境因素发生改变，自然资源锐减，环境遭到破坏，不利于人类的生存与发展。因此，必须重视生态环境保护，研究环境治理，使人类社会生产处于良性循环中，实现社会、经济及生态环境的可持续发展。

中国在可持续发展与环境方面进行了大量的探索和实践。2012年，中国首次把"美丽中国"作为生态文明建设的宏伟目标，并将生态文明建设提升到与经济建设、政治建设、文化建设、社会建设同样重要的地位，形成中国特色社会主义"五位一体"总体布局。2017年，党的十九大报告提出中国要建设的现代化是人与自然和谐共生的现代化，必须坚持节约优先、保护优先、自然恢复为主的方针，形成节约资源和保护环境的空间格局、产业结构、生产方式、生活方式，还自然以宁静、和谐、美丽。这说明生态文明在中国特色社会主义建设中占据着越来越重要的位置。习近平总书记提出"改善生态环境就是发展生产力""绿水青山就是金山银山""生态兴则文明兴，生态衰则文明衰""宁要绿水青山，不要金山银山"等一系列生态文明新思想和新理念，对生态文明思想进行了全新的阐释。此后，中国生态文明建设的力度不断加大，生态文明制度体系加快形成，节约资源有效推进，重大生态保护和修复工程进展顺利，生态环境治理明显加强，引导应对气候变化国际合作，成为全球生态文明建设的重要参与者、贡献者。碳达峰是指CO_2的排放不再增长、达到峰值，之后进入平稳下降期。碳中和是指企业、团体或个人在一定时间内直接或间接产生的CO_2排放总量，通过植树造林、节能减排等形式抵消，实现CO_2相对"零排放"。2020年，中国政府郑重地将碳达峰、碳中和作为国家的重大发展战略，明确提出力争2030年碳达峰与2060年碳中和目标。为了实现该重大发展战略目标，中国政府进行了系统谋划、总体部署，并提出具体的实现路径，在重点领域和行业的配套政策也陆续出台。碳达峰、碳中和事关全球可持续发展和人类命运共同体建设，我国"双碳"政策既是基于人类命运共同体的责任担当，又指明了国家产业升级的大方向。

"绿水青山就是金山银山"是新时代生态文明建设的核心理念，表明保护环境就相当于在发展经济，两者之间是辩证统一的关系，要在发展经济的同时，考虑环境的承载能力，使环境治理和经济协调发展，完成社会经济的可持续性发展。"宁要绿水青山，不要金山银山"，当保护环境与发展经济产生矛盾时，要首先保护环境。要想实现可持续发展，必须在发展的同时保护好环境。

1.4 "污染控制化学与工程"课程的主要内容

从图1.1可知，污染控制化学与工程是环境工程学的一个重要分支及核心组成部分，以化学和环境工程的理论方法为基础，以化学物质引起的环境问题为研究对象，以研究环境污染物质的化学行为、变化规律及其治理控制为目的。"污染控制化学与工程"课程的主要内容包括：①环境工程学概述；②水污染控制化学与工程，化学处理法、物理化学处理法、生物处理法、工业废水深度处理技术、城镇再生水回用技术；③大气污染控制化学与工程，颗粒污染物控制、气态污染物控制、光化学烟雾控制、温室效应控制、人居环境空气污染控制；④土壤污染控制化学与工程，土壤组成、土壤污染与危害、土壤污染控制工程；⑤固体废物处理与处置工程，固体废物的预处理技术、固体废物的资源化处理技术、固体废物的最终处置技术。

本课程的主要任务就是研究水、大气、土壤、固体废物中污染物质的控制与治理的化学原理、技术方法、污染控制装置与工程应用。

思考题

1. 简述环境问题、环境保护的产生及发展。
2. 简述环境工程学的主要任务及学科体系。
3. 如何从"绿水青山就是金山银山"中理解发展经济与保护环境的辩证关系？
4. "污染控制化学与工程"课程的主要学习任务是什么？
5. "污染控制化学与工程"课程的主要学习内容是什么？

主要参考文献

[1] 戴友芝, 黄妍, 肖利平, 等. 环境工程学 [M]. 北京：中国环境出版集团, 2019.

[2] 胡洪营, 张旭, 黄霞, 等. 环境工程原理 [M]. 3版. 北京：高等教育出版社, 2015.

[3] 将展鹏, 杨宏伟. 环境工程学 [M]. 3版. 北京：高等教育出版社, 2013.

[4] 佟玲. 生态文明思想及践行研究 [D]. 长春：东北师范大学, 2022.

[5] 习近平. 推进生态文明建设需要处理好几个重大关系 [J]. 求是, 2023 (22)：4－7.

[6] DAVIS M L, MASTEN S J. 环境科学与工程原理 [M]. 王建龙, 译. 北京：清华大学出版社, 2007.

第 2 章 水污染控制化学与工程

地球上的水储量丰富，71%的地球表面被水覆盖，但大部分是海洋，海水中盐分、矿物质含量高，不能直接饮用。淡水只占地球总水量的 2.8%，包括江河湖泊中的水、大气中的水蒸气、高山积雪、极地冰川、地下水等。大部分淡水是高山积雪和极地冰川，不能为人类全部饮用，因此，人类能利用的淡水极少，只占地球总水量的 0.01%。淡水资源是人类赖以繁衍、生存的重要战略资源。我国淡水资源总量为 2.8 万亿立方米，居世界第 6 位，但人均水量只相当于世界人均占有量的 1/4，居世界第 109 位。除了人均占有量少，我国水资源还具有空间分布不均衡、年内及年际变化大、许多地区缺水严重的特点。我国的淡水资源严重缺乏，而水污染会进一步降低水资源的质量，加剧水资源的紧缺，甚至导致水质型缺水。

污水是生活污水、工业废水、被污染的降水和其他污染水的总称。《污水综合排放标准》(GB 8978—1996)中将污水定义为在生产和生活中排放的水的总称。污染物的种类大致可分为固体污染物、耗氧污染物、营养性污染物、酸碱污染物、有毒污染物、油类污染物、生物污染物、感官性污染物和热污染物等。鉴于对生态环境的保护和社会可持续发展的需要，污水排放之前的处理及回用显得至关重要。

污水中的污染物种类多，往往需要通过几种方法或几个处理单元组合处理才能达到排放或者回用标准。具体采用何种处理系统，需要根据污水的水质和水量、排放标准、处理方法的特点、处理成本和回收经济价值等，调查、分析、比较后确定，必要时要进行小试、中试等试验研究。但无论采用何种处理系统，污水处理的原则首先是从清洁生产的角度出发，改革生产工艺和设备，减少污染物，防止污水外排，并进行综合利用和回收；对于必须外排的污水，处理方法因水质和要求而异。

针对不同的污染物特征，发展了各种不同的污水处理方法，按其作用原理分为物理处理法、化学处理法、物理化学处理法、生物处理法。物理处理法是利用重力或机械力去除污水中杂质的方法，如沉淀、过滤、气浮等，物理处理法可以单独使用，也可以与化学处理法、生物处理法等联合使用，此时物理处理法称为一级处理或初级处理，其去除对象主要是污水中的漂浮物和悬浮物。对于水中有毒有害的无机物、难以生物降解的有机物或胶体物质等杂质，可以采用化学或物理化学的方法进行处理。污水的化学处理法包括中和法、化学混凝法、化学沉淀法、氧化还原法等，是通过化学反应来分离、去除污水中杂质或将其转化为无害物质的污水处理法。污水的物理化学处理法是利用物理化学（传质）的原理，通过化工单元操作，如吸附、离子交换、萃取、膜分离等，实现污水中杂质的有效分离、去除，尤其适用于处理杂质浓度高的污水，在净水的同时达到回收利用有价值的杂质的目的，也适用于处理杂质浓度很低的污水，通常用于污水的深度处理。对于污水中容易生物降解的溶解有机质或胶体物质，尤其是当水量较大时，一般采用效率高、费用低的生物处理法进行处理。污水的生物处理法是利用微生物的新陈代谢作用，使污水中污染物分解、转化为稳定、无害的物质的处理方法。根据微生物的生长特性及其功能，通过调控污水处理条件（如溶解氧浓度），创造出有利于特定功能微生物生长繁殖的良好环境，增强微生物的代谢功能，促进微生物的增殖，以促进污水的净化过程。

本章主要介绍污水化学处理法、物理化学处理法、生物处理法的基本原理、操作、应用及新的研究进展，并基于此进一步介绍污水深度处理技术与城镇再生水回用技术。

2.1 化学处理法

通过药剂与污染物的化学反应，把废水中有毒有害的污染物转化为无毒或微毒物质的处理方法称为化学处理法。化学处理法包括中和法、化学混凝法、化学沉淀法、氧化法和还原法等。其中，与生物处理法相比，氧化还原法所需费用较高，但对于饮用水处理、特种工业水处理、有毒工业废水处理和以回用为目的的废水深度处理等场合很有必要。选择化学处理法应尽量遵循以下原则：①处理效果好，反应产物无毒无害，不用进行二次处理；②处理费用合理，所需药剂与材料易得；③操作特性好，在常温和较宽的pH范围内有较快的反应速度。

2.1.1 中和法

2.1.1.1 概述

酸碱废水的来源很广。酸性废水是pH<6的废水，主要来自冶金、金属加工、石油化工、化纤、电镀等行业的制酸或用酸过程排出的废水。酸性废水中有的含无机酸（如硫酸、盐酸等），有的含有机酸（如醋酸等），也有的酸性废水中多种酸并存。碱性废水是pH>9的废水，主要来自造纸、制革、炼油、石油化工、化纤等行业的制碱或用碱过程排出的废水。酸碱废水具有强腐蚀性，在排至水体或进入其他处理设施前，均须对其进行必要的处理。对浓度不同的酸碱废水宜采用不同的处理方法，其中，高浓度的酸碱废水往往要采用特殊的方法回收其中的酸和碱，对于酸含量小于5%或碱含量小于3%的低浓度酸碱废水，常采用中和法处理。中和法是使废水进行酸碱中和反应，从而调节废水的酸碱度，使其呈中性或接近中性，又或者是适宜后续处理的pH范围。其类型主要有3种，分别为均衡中和法、药剂中和法及过滤中和法。

2.1.1.2 中和法的类型

1. 均衡中和法

工业废水的水量和水质一般是不均衡的，往往随生产的变化而变化。为了进行水量的调节和水质的中和,以及减小高峰流量和高浓度废水的影响,须设置足够大容积的均衡池(酸碱废水存储池)作为预处理的一种设施或中和设备。均衡池容积根据酸碱废水周期排放量考虑,内壁应有防腐能力和空气搅拌混合设施。均衡中和法以酸性废水和碱性废水混合中和为目的,即在均衡池中将酸性和碱性废水相混合,若两种废水中和后还达不到规定的pH,则再加酸或碱进行适当的调节,使废水呈中性或接近中性。该方法的优点是实现了以废治废,极大地节约了中和试剂的用量,特别适用于距离相近且同时产生酸性废水和碱性废水的生产单位。

2. 药剂中和法

药剂中和法是指根据废水的酸性或碱性,投入碱性或酸性药剂,通过酸碱中和反应使废水呈中性或接近中性。对于碱性废水,常用的酸性中和剂有废酸、粗制酸和烟道气等。对于酸性废水,碱性中和剂有石灰、废碱、石灰石和电石渣等,有时也用NaOH、Na_2CO_3,但常用的是将石灰配制成石灰乳液,浓度在10%左右,进行湿投加。中和剂的投加量按照化学反应计量比进行估算,并通过试验确定。药剂中和法的基本处理流程如图2.1所示。

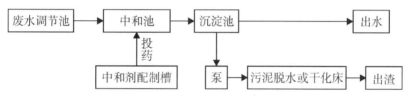

图2.1 药剂中和法的基本处理流程

药剂中和法的处理设置包括废水调节池、中和剂配制槽、投药装置、中和池、沉淀池及污泥脱水或干化床等。以酸性废水为例,废水调节池中的酸性废水进入中和池,并将中和剂配制槽中的石灰乳液中和剂通过投药装置加入中和池,酸性废水和中和剂在中和池中进行反应,同时应进行必要的搅拌,以防止石灰渣沉淀。中和反应快,废水与药剂边混合边中和,废水在中和池中的停留时间一般为5～20 min,然后进入沉淀池,沉淀池中的废水可停留1～2 h,产生的沉渣容积为废水量的10%～15%,沉渣含水率为90%～95%,沉渣在干化床上脱水干化。需要注意的是,石灰及其杂质容易造成管道和阀门堵塞。

中和池可采用间隙操作或连续操作方式。当废水量少时,适合采用间歇操作,设置2个中和池,交替进行工作;当废水量大时,适合采用连续操作。

3. 过滤中和法

过滤中和法常以粒状的石灰石、大理石、白云石($MgCO_3 \cdot CaCO_3$)或电石渣等作为中和的滤料,酸性废水通过滤料时发生中和反应。采用白云石时,中和反应为

$$MgCO_3 \cdot CaCO_3 + 4H^+ = Mg^{2+} + Ca^{2+} + 2CO_2\uparrow + 2H_2O$$

当废水中含有较高浓度H_2SO_4时,石灰石滤料表面会形成$CaSO_4$包裹层,导致中和滤料失去作用,因此,以石灰石为滤料时,废水中的H_2SO_4浓度不应超过2 g/L,如果废水中H_2SO_4浓度过高,可通过回流出水进行稀释。

过滤中和法使用的反应器有以下3种：

（1）普通中和滤池。普通中和滤池为固定床，水的流向分为平流式和竖流式，竖流式又分为升流式和降流式，滤层厚度一般为 1.0～1.5 m，滤料粒径一般为 3～8 cm。当废水中含有可能堵塞滤料的物质时，应进行预处理，然后再进入中和滤池，过滤速度一般不大于 5 m/h，接触时间不少于 10 min。一般采用升流过滤，升流式膨胀中和滤池如图 2.2 所示，废水从池的底部进入，通常采用大阻力配水系统，其直径不大于 2.0 m。在废水升流式流动与中和反应中产生的 CO_2 的冲击作用下，滤料膨胀并互相碰撞、摩擦，使滤料表面不断更新，从而防止滤料结壳，以更好地进行中和反应。该滤池对酸性废水处理的效果较好，但存在"短路"的问题。

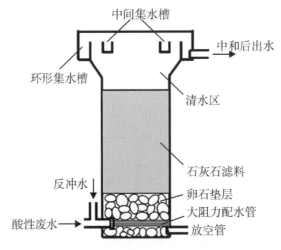

图 2.2　升流式膨胀中和滤池

（2）滚筒式中和滤池。滚筒式中和滤池如图 2.3 所示，滚筒与电机连接并受电机驱动，滚筒底部设置有支承轴，中部设置有减速器。废水和滤料通过滤池左端设置的进料口进入滚筒内，滤料在旋转滚筒中与酸性废水进行接触发生中和反应。滤料在旋转滚筒中不断翻转，可克服固定床中滤料堵塞和短路问题。同时，滤料在滚筒中的激烈摩擦碰撞使其表面快速更新，因此可处理较高浓度的酸性污水。滚筒的尾部垂直设置有穿孔隔板，中和后的水从滚筒右端出水口排出。

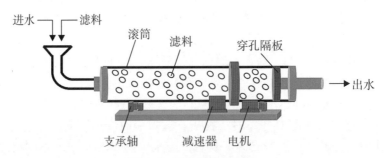

图 2.3　滚筒式中和滤池

(3) 喷淋塔。烟道气中 CO_2 含量可高达24%，此外还含有少量的 SO_2、H_2S，可以用于中和碱性废水。用烟道气中和碱性废水时，常用塔式反应器，如喷淋塔（图2.4）。碱性废水从塔上部进入，经由塔顶部的布液器喷出，流向惰性填料床，烟道气则从塔底鼓入填料床，水、气在填料床逆流接触过程中进行中和反应，使碱性废水和酸性烟道气都得到了净化，同时可以除去烟尘。烟道气中和法是一种以废治废的处理方法，节省中和药剂、设备简单、处理费用低，且对降低碱性废水 pH 的效果明显，pH 一般可由 10～12 降至 5～7。存在的问题是经中和后，废水中硫化物、色度、耗氧量都有所增加，须进一步处理。

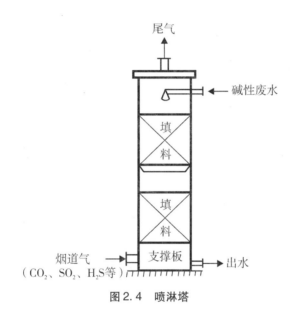

图 2.4 喷淋塔

2.1.2 化学混凝法

化学混凝法处理的对象主要是水中的微小悬浮固体和胶体杂质，它们极其稳定，能在水中长期保持分散悬浮状态，即使静置数十小时，也不会像大颗粒的悬浮固体那样在重力作用下自然沉降。化学混凝法是通过向废水中投加混凝剂，使废水中的微小悬浮固体和胶体杂质脱稳，并聚集为大的颗粒，进而通过沉淀或其他固液分离手段予以去除的废水处理技术。

2.1.2.1 混凝原理

1. 胶体的基本性质

胶体是一种高度分散的多相不均匀体系，它由分散相和分散介质组成，其中，分散相不连续，大小为 10^{-9}～10^{-7} cm，而分散介质是连续的。胶体具有特殊的动力学和电学性质。

（1）动力学性质。1827年，苏格兰植物学家布朗在观察悬浮的花粉时，发现花粉在水中不停地做无规则运动。这种热运动称为布朗运动。液体分子不断地随机撞击悬浮微粒，当悬浮微粒足够小时，由于受到的来自各个方向的液体分子的撞击作用而不平衡，其运动方向不断改变，形成无规则的运动路线，故不容易自然沉降。根据统计热力学的基本推导，在没有外力作用下，所有悬浮质点都有一定的热运动能，其平均动能可通过式(2.1)进行计算：

$$E = \frac{3}{2}kT \tag{2.1}$$

质点在x轴方向的运动速度为：

$$v_x = \sqrt{kT/m} \tag{2.2}$$

式中，k为波兹曼常数（1.38×10^{-23} J·K^{-1}），T为绝对温度（单位：K），m为质点质量，v_x为质点在x轴方向的运动速度。

由式(2.2)可知，只有质点质量m非常小，v_x才能显现出来，因此微小的胶体粒子能显示布朗热运动的动力学特征。

（2）电学性质。胶体粒子能在电场中做定向运动，表明胶体粒子带有电荷，除了上述的布朗运动使胶体稳定，带同种电荷的胶体粒子之间的排斥力也是胶体稳定的重要原因。胶体带电的原因包括晶格缺陷（图2.5）、颗粒表面基团的电离（图2.6）、颗粒对离子的优先吸附等。

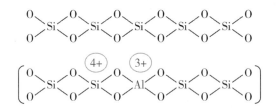

图2.5 晶体的晶格缺陷

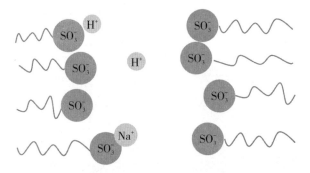

图2.6 颗粒表面基团的电离

2. 胶体粒子的电荷分布

胶体粒子表面带电，但整个胶体体系是呈电中性的。那么，正负电荷在颗粒表面是怎样分布的呢？有许多理论来说明胶体粒子表面的电荷分布，如亥姆霍兹双电层模型、顾义－切普曼模型和斯特恩双电层模型。

（1）斯特恩双电层模型。斯特恩双电层模型如图2.7所示。该模型要点可以概括为：带电的粒子表面的静电引力及范德华力对溶液中的反离子有吸附作用（又称为特性吸附作用），使其紧贴粒子表面形成一个紧密的离子吸附层（紧密层），称为斯特恩层，斯特恩层的厚度由被吸附离子的大小决定，大约为水化离子半径。吸附反离子的中心构成的平面称为斯特恩面，在斯特恩层外有一层弥散的扩散层。斯特恩双电层由紧密离子吸附层和扩散层组成。电位函数ψ在紧密层中呈直线下降，而在扩散层中符合顾义－切普曼规律。

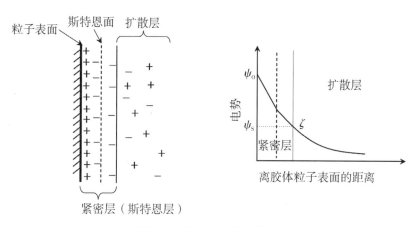

图2.7　斯特恩双电层模型

（2）胶体粒子的结构。胶体粒子的结构及其电位分布如图2.8所示。在胶体粒子中心的胶核由成百上千个分散相固体物质分子组成。胶核表面吸附了一层带同号电荷的离子，称为电位离子层。在电位离子层外有一个紧密吸附层和扩散层。在电场中，紧密吸附层随胶核一起运动，它和电位离子层一起构成了胶体粒子的固定层。扩散层受电位离子的引力较小，在电场中不随胶核一起运动。

胶核与溶液主体间由于表面电荷的存在而产生的电位称为总电位或ψ_0电位，而胶体粒子和溶液主体间由于胶体粒子剩余电荷的存在而产生的电位称为ψ_s。ψ_0和ψ_s都是一种概念上的电位，不能实测，不具有实际意义，但ψ_s在数值上近似等于电动电位ζ（胶体粒子水化层表面相对于溶液主体的电位差），电动电位ζ可用式(2.3)和电泳实验进行测定：

$$\zeta = 4\pi\mu u/DE \tag{2.3}$$

式中，μ为液体的黏度系数（单位：Pa·s）；u为胶体的运动速度，即带有水化层的胶体粒子表面相对于溶液主体的运动速度（单位：m/s）；D为液体的介电常数；E为电场强度。

通常，电动电位的绝对值越大，颗粒的分散体系越稳定。水相中颗粒分散稳定性的分界线认为是30 mV和－30 mV，即当电动电位高于30 mV或低于－30 mV时认为是

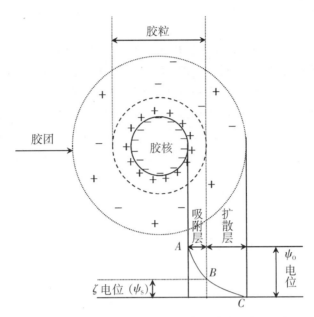

图 2.8　胶粒的结构及其电位分布示意

稳定体系，介于两者之间的则认为是不稳定体系。一般黏土的电动电位为 $-40 \sim -15$ mV，细菌的电动电位为 $-70 \sim -30$ mV。

3. 脱稳

废水预处理中的一项重要任务就是设法破坏这些胶体的稳定性，即脱稳，使之聚沉，以便进行固液分离，从而除去水中的这些胶体物质。脱稳的机理主要有压缩双电层的厚度、吸附-电性中和、吸附架桥、网捕作用。

(1) 压缩双电层的厚度。中国是首先采用明矾降低水中浑浊度的国家。水中胶粒的电动电位是保持其稳定分散状态的主要原因，对于一种特定的胶粒，其电动电位与其扩散层的厚度成正比，扩散层越厚，电动电位越高。因此，从胶体粒子的双电层结构可知，当向胶体溶液中加入电解质时，电解质中与胶体粒子带相反电荷的离子（称为反荷离子）向扩散层内渗透，从而中和胶体粒子的表面电荷，压缩了扩散层的厚度，降低了胶体的稳定性，从而实现脱稳。胶粒相互靠近时，范德华力占优势，如果胶粒发生相互碰撞，会相互吸引而聚集成大颗粒聚沉。通过压缩双电层的厚度使胶体脱稳，脱稳后的胶体相互聚结，称为凝聚（coagulation）。海水中含有盐类电解质，它们能使淡水中胶粒的稳定性降低而凝聚，因此在港湾处常常出现泥沙沉积。

(2) 吸附-电性中和。吸附-电性中和指胶核表面直接吸附带异号电荷的聚合离子、高分子物质、胶粒等，从而中和胶核表面的电荷，降低电动电位，实现胶体脱稳。

(3) 吸附架桥。在印度，有一种古老的使水变清的方法：将尼尔马利坚果仁加入水中，能在水中形成棉花絮状的沉淀，使水得到净化。自 20 世纪 60 年代以来，人们发现一些人工合成高分子也能起到同样或更好的效果。其原理是：三价铝盐或铁盐及其他高分子混凝剂溶于水后，经水解和缩聚反应形成线型高分子聚合物（图 2.9），其可被胶体微粒强烈吸附。这种线性聚合物分子结构较长，一端吸附某一胶粒，另一端吸附另一胶粒，即在相距较远的两胶粒间进行吸附架桥。吸附架桥作用使大量的胶体颗粒黏结在一起，随着吸附架桥作用的进行，颗粒逐渐变大，最后形成粗大而疏松的棉絮状絮凝体，此过程称为絮凝（flocculation）。这些高分子化合物也因此称为絮凝剂。

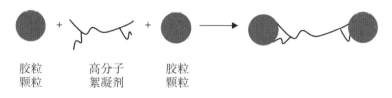

图2.9 线型高分子聚合物（絮凝剂）的吸附架桥作用示意

（4）网捕作用。当采用金属盐或氢氧化物［如 $FeCl_3$、$Ca(OH)_2$］等作为凝聚剂时，若投药量较大，则可迅速形成网状沉淀，其在沉淀过程中可以卷扫、网捕水中的胶体，使胶体黏结，继而共同沉淀下来。因此，网捕作用也称为卷扫作用或共沉淀作用，其特点是反应速度快。水和废水处理常常利用网捕作用。

在水处理中，往往是几种作用（凝聚、絮凝和共沉淀）综合在一起，故此过程称为混凝沉淀。但不同试剂有不同的侧重点，对高分子混凝剂而言，以吸附架桥为主；对低分子的无机混凝剂而言，则以压缩双电层的凝聚作用为主。

2.1.2.2 混凝剂和助凝剂

1. 混凝剂

用于水处理的混凝剂应满足以下要求：混凝效果好、无毒无害、价廉易得、使用方便。混凝剂的种类很多，按其分子结构，分为无机混凝剂、有机混凝剂和高分子混凝剂。具体分类见表2.1。

表2.1 混凝剂的分类

分类		混凝剂
无机混凝剂	无机盐（铝盐、铁盐最广泛）	$Al_2(SO_4)_3$、$FeSO_4$、$MaAl_2O_4$、$FeCl_2$、$ZnCl$、$TiCl_4$
	碱类	$Ca(OH)_2$
	金属电解产物	$Al(OH)_3$、$Fe(OH)_3$
	固体细粉	高岭土、膨润土、炭黑
有机混凝剂	阴离子型	月桂酸钠、硬脂酸钠、油酸钠、十二烷基苯黄酸钠、松香酸钠
	阳离子型	十二烷胺醋酸、十八烷基胺醋酸、松香胺醋酸、十六烷基三甲基氯化铵、十八烷基二甲基苄基氯化铵

(续上表)

分类		混凝剂
高分子混凝剂	低聚合度（相对分子质量为1000至数万）	
	阴离子型	海藻酸钠、羧甲基纤维素钠盐
	阳离子型	水溶性苯胺树脂盐酸盐、聚硫脲醋酸盐、聚乙烯氨基三氮茂、聚乙烯亚胺
	非离子型	淀粉、水溶性尿素树脂
	两性型	动物胶
	高聚合度（相对分子质量为数十万至数百万）	
	阴离子型	聚丙烯酸钠、水解聚丙烯酰胺
	阳离子型	聚丙烯酰胺曼尼希变性物、聚乙烯吡啶季铵盐、聚二丙烯季铵盐
	非离子型	聚丙烯酰胺、聚氧化乙烯

常用的混凝剂有铝盐、铁盐和聚丙烯酰胺（分子结构如图 2.10 所示），具体包括十八水合硫酸铝 $[Al_2(SO_4)_3 \cdot 18H_2O]$、七水硫酸亚铁 $(FeSO_4 \cdot 7H_2O)$、聚硫酸铁 {常称为聚铁，$[Fe_2(OH)_n(SO_4)_{3-0.5n}]_m$}、聚合氯化铝 {常称为聚铝，$[Al_2(OH)_{6-n}Cl_n]_m$}、聚丙烯酰胺。硫酸铝产品有精制和粗制两种。精制硫酸铝为白色晶体，含 50%~52% 的无水硫酸铝，湿式投加时一般先溶解成 10%~20% 的溶液。粗制硫酸铝中含杂质多，各地产品的无水硫酸铝含量不同，设计时一般可采用 20%~25% 的浓度投加。粗制硫酸铝价格低，用于废水处理时，投加量一般为 50~200 mg/L，但其质量不稳定，药液配置和废渣排除难度增加。硫酸铝混凝效果较好，使用方便，但是当水中铝浓度增加且水温低时，硫酸铝水解困难，形成的絮凝体较松散，效果不及铁盐。铁盐混凝剂的优点是凝结的絮凝体较易沉降，但出水中铁、锰的浓度和色度值较高。聚丙烯酰胺目前被认为是最有效的高分子混凝剂之一，在废水处理中常被用作助凝剂，与铝盐或铁盐配合使用。聚丙烯酰胺固体产品不易溶解，通常在有机械搅拌的溶解槽内配制成 0.1%~0.2% 的溶液再进行投加，稀释后的溶液保存期不宜超过 2 周。聚丙烯酰胺有极微弱的毒性，用于生活饮用水净化时，应注意控制投加量。因此，在满足水质要求的前提下，一般水厂均根据处理效率、综合价格及使用方便程度等因素，因地制宜地选择混凝剂品种。

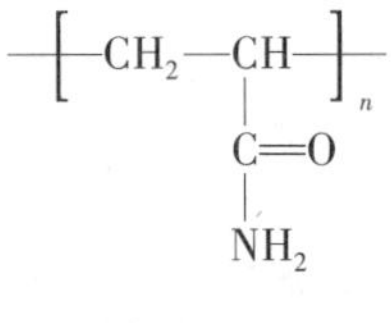

图 2.10 聚丙烯酰胺的分子结构

2. 助凝剂

当单用混凝剂效果不理想时，可以通过投加某种辅助药剂来调节和改善混凝条件，提高处理效率,这些辅助药剂便称为助凝剂。其作用如下:①调节 pH,常用石灰、NaOH 和 H_2SO_4 等助凝剂;②改善絮体的结构,常用活性硅酸、高岭土和聚丙烯酰胺等助凝剂;③减少有机物,当废水中有机物含量太高时,易起泡沫,使絮体不易沉降,此时可加氧化剂,如 Cl_2、$NaClO$、O_3 等破坏和除去部分有机物。

2.1.2.3 混凝工艺过程

在污水处理过程中,向污水中投加药剂,药剂与污水混合,使水中的胶体物质产生凝聚或絮凝,这一综合过程称为混凝过程。混凝工艺流程如图 2.11 所示,包括药剂的配制与投加、混合、反应和沉淀等过程。

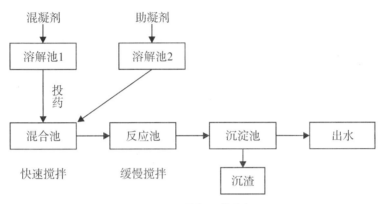

图 2.11 混凝工艺流程

(1) 药剂的配制与投加。混凝剂、助凝剂多采用湿法加料;铝盐、铁盐一般配制成 10%～20% 的溶液;当絮凝剂黏度高时,配成 0.5% 以下的溶液;碱多配制成 5% 左右的溶液进行投加。当药剂量小时,可在桶、池内人工调制;若用量大,则用水力法、机械法和压缩空气法等在溶解池中调制。

(2) 混合。混合的目的是使混凝剂等迅速而均匀地分布或者溶解在废水中,要求混合速度尽可能快,并使水产生强烈的湍动。这一过程在 10～30 s 内完成,一般不超过 2 min。混合分为泵前混合或泵后混合,泵前混合借助泵吸入,混合效果好,但 $FeCl_3$ 等药品会腐蚀泵;泵后混合靠文氏管产生的负压将药剂吸入,设备简单,但混合效果差。槽内混合多用机械混合槽。

(3) 絮凝反应池。混合完成后,水中已经产生细小的絮体,但还未到达自然沉降所需的粒度。絮凝反应池的作用是创造合适的水力条件,从而使细小絮体相互碰撞聚集,以形成较大的絮体,便于沉降。最常用的絮凝反应池为机械搅拌反应池,其优点是絮凝效果好、水头损失较小、可适应水质水量的变化,缺点是需要机械搅拌并经常检修。

(4) 沉淀池。反应池生成的絮体进入沉淀池,在池内进行固液分离。沉淀是一种物理处理方法。一般地,20～100 μm 的比重较大的颗粒,在重力的作用下,可通过其与水的密度差进行分离。常用沉淀池包括平流沉淀池、斜板(管)沉淀池、竖流式沉淀池、辐流式沉淀池等。

2.1.3 化学沉淀法

化学沉淀法是向废水中投加某种药剂（沉淀剂），该药剂与废水中的一些溶解态污染物直接发生反应，生成难溶沉淀物而析出，再通过固液分离去除沉淀物，从而达到去除水中溶解性污染物的目的。水处理中，常用化学沉淀法去除的有金属离子（如 Cd^{2+}、Pb^{2+}、Hg^{2+}、Cu^{2+}、Ni^{2+}、Cr^{3+}、Zn^{2+}、Fe^{3+}、Ca^{2+}、Mg^{2+} 等）及某些非金属离子（如 F^-、AsO_4^{3-}、SO_4^{2-}、PO_4^{3-} 等）。

固体盐（如 $BaSO_4$）加入水中后，水分子的正极、负极分别与固体盐表面的负离子、正离子相吸引，从而削弱了固体盐上的正负离子之间的相互作用，使部分或者全部正负离子脱离固体表面，形成水合离子进入溶液，这个过程称为溶解。相反，溶液中的离子不断地做无规则运动，其中正负离子运动中相互碰撞结合成固体盐或者重新回到固体表面，这个过程称为沉淀。溶解和沉淀过程不断进行，当速度相等时，达到溶解-沉淀动态平衡，此后，溶液中离子的浓度（严格讲是活度 a，当不考虑活度系数时，可用浓度代替活度）不再改变。在 $BaSO_4$ 的饱和溶液中存在下式所示的平衡：

$$BaSO_4(s) \rightleftharpoons Ba^{2+} + SO_4^{2-}$$

该平衡常数为 $K_s^{\ominus} = a_{Ba^{2+}} \times a_{SO_4^{2-}}$，其中，$K_s^{\ominus}$ 称为溶度积常数。溶度积常数的计算与溶解离子的活度、溶解-沉淀平衡方程中离子计量比有关。在标准条件下，某沉淀物的 $K_s^{\ominus}$ 是常数，其数值可查阅相关化学手册。当两种离子的浓度代入溶度积常数计算公式后得到的结果超过此盐（难溶盐或者难溶的氢氧化物）的 $K_s^{\ominus}$ 时，该盐将以沉淀形式析出，从而可通过固液分离实现水中离子的去除。溶度积常数越小，所需要的沉淀剂越少，沉淀也越容易析出。但是，易溶与难溶是相对的，可以利用较难溶解的物质作为沉淀剂去除能构成更难溶盐的某一离子。若溶液中有多种离子共存，加入沉淀剂后，优先达到溶度积的离子先沉淀，这称为分步沉淀法。各离子分步沉淀的次序取决于溶度积常数和有关离子的浓度。

通常，金属硫化物、氢氧化物或碳酸盐的溶度积常数较小，分别向水中投加硫化物（常为 Na_2S）、氢氧化物（一般常用石灰乳）、Na_2CO_3 等药剂可产生化学沉淀，以降低水中离子的浓度。加入小分子硫化物（如 Na_2S），形成的硫化物沉淀的溶度积常数非常小，如 HgS、CdS、CuS、PbS 的溶度积常数分别为 4.0×10^{-53}、7.8×10^{-27}、9.0×10^{-36}、8.0×10^{-28}，因此用硫化物去除废水中的金属离子是一种有效的方法，其优点是硫化物的溶解度比氢氧化物更低，易于沉淀，且反应的 pH 为 7~9，处理后的废水一般不用中和。但是，硫化物沉淀物颗粒小，易形成胶体，且硫化物沉淀剂本身会在水中残留，遇酸生成 H_2S 气体，产生二次污染，这在一定程度上限制了该法的应用。另外，由于电镀废水等含有稳定性非常高的重金属-有机络合物（如 Cu-EDTA、Ni-EDTA 等），因此无法用硫化物进行沉淀去除。基于重金属离子溶度积原理，电镀废水中的重金属-有机络合物主要遵循先氧化破络、后沉淀去除的原则。沉淀重金属，也可以考虑带硫螯合基团的小分子沉淀剂，如二硫代氨基甲酸盐（dithiocarbamate，DTC），但该方法中 2 个小分子沉淀 1 个重金属离子，存在原料利用率不高、络合作用不强、沉降性能差等问题。也可以考虑重金属高分子捕集剂,如黄原酸类重金属高分子捕集剂,但是高分子捕集剂存在基团数量有限、螯合空间位阻大等问题。鉴于此,学者提出并合成超分子沉淀剂,如含有 2 个官能团的 N,N′-哌嗪二硫代甲酸钠、含有 3 个官能团的 1,3,5-六氢三嗪三硫代甲酸钠,这些超分子沉淀剂可以与游离的 Ni^{2+}、Cu^{2+},甚至与络合的 Ni^{2+}、Cu^{2+} 迅速反应,形成沉降性能优异的配位超分子晶体。

2.1.4 氧化法

通过氧化剂与废水中的污染物进行氧化反应,从而将废水中的有毒、有害污染物氧化为无毒或者低毒物质的方法称为氧化法。废水处理中常用的氧化剂有空气中的 O_2、纯 O_2、O_3、Cl_2、漂白粉、NaClO、H_2O_2、CaO_2、$KMnO_4$、过硫酸盐等,常见氧化剂的标准电极电位见表 2.2。下面主要介绍其中的空气氧化法、高级氧化技术。

表 2.2 常见氧化剂的标准电极电位比较

氧化剂种类	标准电极电位 $\varphi^{\ominus}/V$
F_2	2.87
O_3	2.07
H_2O_2	1.77
MnO_2	1.68
HClO	1.63
ClO_2	1.50
Cl_2	1.36
$Cr_2O_7^{2-}$	1.33
O_2	1.23

2.1.4.1 常温空气(及纯氧)氧化法

在常温条件下,O_2 为弱氧化剂,故常用于处理易氧化的污染物,如地下水除铁、锰和工业污水脱硫。

$$4Fe^{2+} + O_2 + 10H_2O = 4Fe(OH)_3\downarrow + 8H^+$$
$$2Mn^{2+} + O_2 + 4OH^- = 2MnO_2\downarrow + 2H_2O$$

2.1.4.2 高级氧化技术(advanced oxidation processes,AOPs)

高级氧化技术又叫作深度氧化技术,是指在高温、高压、电、声、光辐照、催化剂等反应条件下,以原位产生具有强氧化能力的氧化剂(如·OH、·SO_4^- 等)为特点,使水体中的难降解有机物氧化成低毒或无毒的小分子物质,甚至彻底氧化为 CO_2 和 H_2O。

1. 湿式氧化法（wet air oxidation，WAO）

湿式氧化法是在高温、高压（高于150℃，一般大约300℃，0.5～20 MPa）下，利用纯O_2或者空气中的O_2作为氧化剂，将废水中的溶解态有机物氧化成CO_2和H_2O，从而达到去除污染物的目的的一种废水处理方法，其工艺流程如图2.12所示。

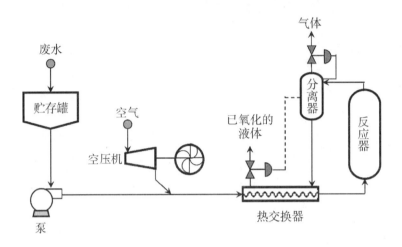

图2.12 湿式氧化的工艺流程

贮存罐中的废水通过高压泵打入热交换器，与反应后的高温氧化液体换热，温度上升到接近反应温度后进入反应器。反应所需的O_2由空压机打入反应器。在反应器内，废水中的有机物与O_2在高温、高压下发生氧化反应，从而将废水中的有机物氧化成CO_2和H_2O，或小分子有机酸等中间产物。反应后气液混合物经分离器分离，液相进入热交换器以预热将进入反应器的废水，实现热能回收（有机物与O_2反应放热）。高温、高压的尾气首先通过再沸器（如废热锅炉）产生蒸汽或经热交换器预热锅炉进水，其冷凝水由第二分离器分离后由循环泵打入反应器，分离后的高压尾气送入透平机产生机械能或电能。

典型的工业化湿式氧化系统不仅能处理废水，还能对能量进行梯级利用，减少有效能量的损失，维持并补充湿式氧化系统本身所需的能量。湿式氧化法的优点是适用范围广、处理效率高、二次污染少、氧化速率快、可回收能量及有用物料等。但其也存在局限性：①反应条件苛刻，一般在高温、高压的条件下进行，而且其中间产物往往为有机酸，对设备材料的要求较高，须耐高温、高压并耐腐蚀，因此设备费用大，投资高；②苛刻的反应条件使其仅适于小流量、高浓度的废水处理，对于低浓度、大水量的废水则不经济；③对某些有机物（如多氯联苯、小分子羧酸）的去除效果不理想，难以做到完全氧化。

2. 催化湿式氧化法（catalytic wet air oxidation，CWAO）

为了克服湿式氧化法的不足，自20世纪70年代以来，研究人员在传统的湿式氧化基础上采取了一系列改进措施，发现加入催化剂（如过渡金属化合物、贵金属等）可降低反应温度和压力，同时提高处理效果。这种加入催化剂的水热氧化技术被称为催化湿式氧化法。通常，其反应温度为 200～280 ℃，压力为 2～8 MPa，在催化剂作用下，催化纯 O_2 或者空气中的 O_2，使废水中的有机物氧化分解成 CO_2、H_2O 等无害物质，达到净化的目的。催化湿式氧化法具有净化效率高、流程简单、占地面积小等特点，可用于治理焦化、染料、农药、印染、石化、皮革等工业中高浓度难降解有机废水。

3. ClO_2 氧化法

ClO_2 是一种黄绿色气体，具有与 Cl_2 相似的刺激性气味，沸点为 11 ℃，凝固点为 −59 ℃，极不稳定，在水中浓度超过 10% 或空气中的体积浓度超过 10% 时便有爆炸性，爆炸时分解为 Cl_2 和 O_2，同时放出热量。ClO_2 易溶于水，溶解度约为 Cl_2 的 5 倍，在 20 ℃ 和 30 mmHg 条件下溶解度为 2.9 g/L，在 5 ℃ 和 60 mmHg 条件下溶解度为 11.5 g/L，溶解时形成黄绿色的溶液。ClO_2 在水中以稳定的分子形式存在。

ClO_2 常用的制备方法如下：

$$2NaClO_3 + 2NaCl + 2H_2SO_4 = 2ClO_2\uparrow + Cl_2\uparrow + 2Na_2SO_4 + 2H_2O$$

$$5NaClO_2 + 4HCl = 4ClO_2\uparrow + 5NaCl + 2H_2O$$

ClO_2 属于强氧化剂，其标准电极电位 $\varphi^{\ominus}$ 为 1.50 V（表 2.2），在水处理中可用作消毒剂及氧化剂，控制 $CHCl_3$ 或其他卤化物的生成、氧化水中酚类化合物、氧化饮用水中的铁离子和锰离子等。市售的 ClO_2 稳定液主要成分为 $NaClO_2$，其活化剂包括 H_2SO_4、HCl、柠檬酸（$C_6H_8O_7$）等，使用前进行活化，生成 ClO_2，从而进一步进行氧化、消毒。

4. O_3 氧化法

O_3 在常压下是一种淡蓝色气体，有特殊臭味。O_3 分子由 3 个 O 原子组成，每个 O 原子的杂化轨道核外电子排布为 $1s^2\,2s^2\,2p_x^2\,2p_y^1\,2p_z^1$，每个 O 原子都有 2 个未成对的电子，各占据 1 个 2p 轨道，位于中间的 O 原子与两侧 O 原子各形成 1 个 σ 键，O_3 中间的 O 原子进行了 sp^2 杂化，2 个 O 原子未成键的 2p 电子云共同形成 1 个 π 键，2 个 π 键之间因邻近 O 原子正负电荷的相互吸引而形成大 π 键结构，使原来杂化轨道的夹角从 120° 变为 116°49′，2 个 O 原子之间的键长为 1.278 Å，长度介于 O=O（1.21 Å）和 O—H（1.47 Å）之间。由于大 π 键的存在，电子云在 3 个 O 原子之间移动，形成共振结构，使 O_3 分子呈现弱极性特征，偶极距为 0.46 D，在偶极矩为 1.85 D 的强极性水中溶解度低。O_3 是一种强氧化剂，它的氧化能力仅次于 F_2，其标准电极电位为 2.07 V（表 2.2），O_3 分子的强氧化性来源于其电子构型，两端 O 原子带部分负电荷呈 Lewis 碱特性，而中间 O 原子带部分正电荷呈 Lewis 酸特性，与 O_2 相比，O_3 更加缺电子而具有更强的氧化性。O_3 不稳定，分解时放出大量热量，故其在空气中浓度达 25% 以上时，很容易爆炸。O_3 在水中的分解速度比在空气中快得多，因此，其在水中会迅速衰减。生产 O_3 的方法有无声放电法、放射法、紫外线法、等离子射流法和电解法等，工业上最常见的是无声放电法。O_3 在酸性溶液中稳定，而在碱性溶液中迅速分解。强氧化性的 O_3 可以氧化降解各种有机和无机污染物。随着臭氧制备技术的进步及制备成本的降低，O_3 被越来越多地用于水和废水的杀菌消毒、除臭脱色、除有机污染物等方面。影

响 O_3 氧化效率的因素主要是废水的性质、浓度、pH、温度，以及 O_3 的浓度和用量、O_3 的投加方式和反应时间等。

O_3 氧化法的优点是：氧化能力较强，反应快，能处理的有机污染物浓度范围大；氧化物转化为 O_2 和 H_2O，不产生二次污染，且兼有消毒作用；易于原位制备，不受运输限制，是氧化法中比较有发展前途的一种方法。O_3 氧化法的局限性是：O_3 制备耗电量较大，成本较高；氧化效率较低，选择氧化某些基团，可能导致产生有毒的中间产物，矿化率低；O_3 在水中溶解度低，来不及反应的 O_3 会逸出反应体系，造成 O_3 利用率低且需要额外尾气 O_3 淬灭装置，增加处理成本。

5. 催化 O_3 氧化法

为了克服 O_3 氧化法的不足，研究人员发现加入催化剂，如过渡金属化合物、贵金属等，可催化 O_3 产生氧化能力更强的羟基自由基等。一方面，O_3 迅速转化为各种高氧化能力的活性物质，提高了有机污染物的处理效率和矿化率；另一方面，液相 O_3 的迅速转化推动了 O_3 从气相到液相的传质，提高了 O_3 的利用率。催化 O_3 氧化法根据催化剂的类型可分为两类：一是均相催化 O_3 氧化（homogeneous catalytic ozonation），使用金属离子作为催化剂；二是非均相催化 O_3 氧化（heterogeneous catalytic ozonation），使用固体催化剂。

均相催化 O_3 氧化指在臭氧体系中投加均相催化剂，包括金属离子、过渡金属离子，如 Mn^{2+}、Fe^{2+}、Cu^{2+}、Ni^{2+} 和 Zn^{2+}，催化剂与污染物处于同一物相中，催化反应在一个物相体系内完成。均相催化 O_3 氧化技术的催化机理主要包括两种途径：一是金属离子增强 O_3 的分解，生成羟基自由基等活性氧物质，进一步降解与矿化污染物；二是金属离子结合有机分子生成络合物，被 O_3 和其他活性氧物质氧化。在均相催化 O_3 氧化过程中，过渡金属离子被氧化并还原再生成其初始形态，这保证了其循环和反应的进行。反应溶液的 pH、金属离子的种类和浓度，以及有机污染物的种类等，均可能影响催化 O_3 氧化的途径和均相催化机理。均相催化 O_3 氧化法的优点是氧化效率高、传质速率快、催化剂简单容易使用，缺点是离子型催化剂难以分离回收且容易造成二次污染。

非均相催化 O_3 氧化是指在 O_3 氧化工艺中加入固体催化剂，常温、常压下催化 O_3 分解产生更多强氧化性的·OH 等活性氧物质，从而有效降解难以用单独 O_3 氧化的高稳定性、难降解有毒有机污染物，达到最大限度地去除有机污染物的目的。1977 年，G. Smith 首次采用非均相催化 O_3 氧化技术（催化剂为 Fe_2O_3）处理水中苯酚（C_6H_5OH），随后相关研究逐渐增加。近年来，随着越来越多有毒、有害的生物难降解的新兴有机污染物和复杂废水的出现，非均相催化 O_3 氧化技术得到广泛的研究，在利用该技术去除难降解污染物、杀菌消毒及揭示催化机理等方面做了大量的研究工作。该技术已被应用于印染、造纸、石油、煤化工、医药、养殖等实际废水处理中。对于非均相催化 O_3 氧化法，稳定、高效、廉价的催化剂的研制是关键与核心。目前，非均相 O_3 氧化催化剂主要有四种类型：①金属氧化物，如 MnO_2、CeO_2 等；②负载型金属或金属氧化物，金属包括 Ru、Pa、Au 等贵金属，载体包括 SiO_2、Al_2O_3、TiO_2、CeO_2、沸石等；③碳材料，包括活性炭、C_3N_4 等；④天然矿物，如陶瓷和黏土等。近年来，利用比表面积工程、缺陷工程、晶面工程等实现对催化剂的电子结构调控，从而在不改变催化剂的主要组成的情况下,进一步强化了催化剂对 O_3 的吸附及活化性能,提高了非均相催化 O_3 氧化效率。与均相催化 O_3 氧化法中的离子型催化剂相比,固体催化剂具有易于回收使用、环境友好的特点。

6. Fenton 技术

1894 年,法国科学家 Fenton（Henry John Horseman Fenton）在一项科学研究中发现,酸性水溶液中 Fe^{2+} 和 H_2O_2 共存可以有效地将酒石酸（$C_4H_6O_6$）氧化。这项研究的发现为人们分析还原性有机物和选择性氧化有机物提供了一种新的方法,后人为纪念这位科学家,将 Fe^{2+}/H_2O_2 命名为 Fenton 试剂,使用这种试剂的反应称为 Fenton 反应。

H_2O_2 是相对稳定、没有腐蚀性的液体;可与水完全混溶,避免了溶解度的限制或排出泵产生气栓;无二次污染,能满足环保排放要求;氧化选择性高,在适当条件下选择性会更高。但是,H_2O_2 反应速度慢,氧化不彻底。Fenton 技术的原理是 Fe^{2+} 和 H_2O_2 之间的自由基链式反应催化生成·OH,具体反应机理如下:

$$Fe^{2+} + H_2O_2 \rightarrow Fe^{3+} + OH\cdot + OH^-$$

$$Fe^{3+} + H_2O_2 \rightarrow Fe^{2+} + HO_2\cdot + H^+$$

$$HO_2\cdot + H_2O_2 \rightarrow O_2\uparrow + H_2O + OH\cdot$$

$$RH + OH\cdot \rightarrow R\cdot + H_2O$$

$$R\cdot + Fe^{3+} \rightarrow R^+ + Fe^{2+}$$

$$R^+ + O_2 \rightarrow CO_2 + H_2O(R \text{ 中包括 } C、H、O \text{ 等})$$

上述系列反应中,自由基·OH 与有机物 RH 反应生成游离基 R·,R·进一步氧化生成 CO_2 和 H_2O,从而使废水的化学需氧量（chemical oxygen demand,COD）大大降低,其中,Fe^{3+} 还原生成 Fe^{2+} 的步骤是决速步骤。

Fenton 反应的工艺流程如图 2.13 所示。根据氧化反应池最佳 pH 条件要求,通过投加浓 H_2SO_4 或稀 H_2SO_4 来调节废水的 pH,pH 一般控制在 2.5～4.5 之间。可以采用管道混合器及带有水力搅拌、机械搅拌或空气搅拌的调酸池,催化剂可采用 $FeSO_4$,$FeSO_4$ 溶液质量百分浓度宜小于 30%,通过加药箱进入搅拌罐,采用水力搅拌、机械搅拌或空气搅拌,完成混合过程,然后进入管道混合器。H_2O_2 同样通过加药箱进入搅拌罐,然后进入管道混合器,与废水混合进入 Fenton 反应塔中完成氧化反应。反应塔中水力停留时间应根据进水水质、组成及出水要求,通过试验确定:用于预处理时,水力停留时间宜为 2.0～8.0 h;用于深度处理时,水力停留时间宜为 2.0～6.0 h。Fenton

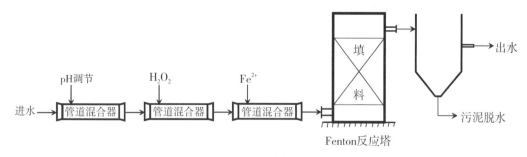

图 2.13 Fenton 反应的工艺流程示意

氧化反应中药剂投加量与投加比例应经试验确定，在缺乏试验数据的情况下参考以下投加比例：H_2O_2 与 COD 的浓度（单位：mg/L）比宜为 (1~2)∶1，H_2O_2 与 Fe^{2+} 的浓度（单位：mg/L）比宜为 (1~10)∶1。反应塔中出水经过加碱、混凝剂进行混凝沉淀后排除含铁污泥，实现水的净化。

Fenton 技术有以下优点：催化效率高，氧化能力强，可处理高浓度、难降解的有毒、有害废水；设备简单，建设费用低。Fenton 技术存在以下主要问题：① H_2O_2 成本高，大量储存有爆炸等风险，因此，目前电催化、超声催化等原位产生 H_2O_2 的研究备受关注；② Fe^{3+} 还原为 Fe^{2+} 的步骤为决速步骤，且 H_2O_2 的利用率不高，因此，采用助催化剂（如 MoS_2 等）可以提高 H_2O_2 的利用率，从而实现 Fe^{3+} 与 Fe^{2+} 之间的快速循环；③ Fenton 反应后均相催化剂与水难以分离，絮凝沉淀处理后产生大量铁泥，且 Fe^{3+} 可能留在溶液中形成二次污染，因此，基于固体催化剂的类 Fenton 技术及进一步与光和电耦合的光 - Fenton 技术和电 - Fenton 技术有大量相关研究；④ Fenton 反应的工作最佳 pH 为 2.5~4.5，容易造成设备腐蚀，此外废水需要调节 pH，增加药剂使用量及处理构筑物，某些基于固体催化剂的类 Fenton 反应具有宽的工作 pH 范围，可以克服此问题。固体催化剂的使用可以克服传统 Fenton 技术中存在铁泥、酸性工作 pH 范围窄等问题，但是，在提高催化剂活性与稳定性、促进液固传质、提高 H_2O_2 利用率、降低成本等方面，仍然需要进一步研究。

7. 多相光催化氧化

1972 年，Fujishima 和 Honda 首先发现了 TiO_2 在光照条件下可将水分解为 H_2 和 O_2。1976 年，Cary 等报道了在紫外光照射下，纳米 TiO_2 可使难降解的有机化合物多氯联苯脱氯后，纳米 TiO_2 光催化氧化法作为一种水处理技术就引起了各国众多研究者的广泛重视。至今，已发现有 3000 多种难降解的有机化合物可以在紫外线的照射下通过 TiO_2 光催化氧化迅速降解。

（1）光催化氧化机理。根据固体物理的理论，充满或部分充满价电子的能带称为价带，基态时不存在电子的能带称为导带，价带顶和导带底的能量差 E_g 即为禁带。其中，导体是没有禁带的，半导体的禁带宽为 0.2~4 eV，而绝缘体的禁带宽不小于 5 eV。光催化氧化机理如图 2.14 所示，当能量等于或大于禁带的光照射半导体时，价带上的电子被激发跃迁到导带，同时在价带上产生相应的空穴（h^+），形成具有强活性的电子 - 空穴对，其中，光电子可以还原电子受体，例如，还原 O_2 产生 $\cdot O_2^-$；而空穴则氧化催化剂表面吸附的 H_2O、OH^- 等，生成氧化能力极强的 $\cdot OH$，空穴也可以直接夺取有机物污染物上的电子使之氧化。光催化氧化机理的反应式如下：

$$TiO_2 + h\nu \rightarrow e^- + h^+$$
$$h^+ + H_2O \rightarrow \cdot OH + H^+$$
$$e^- + O_2 \rightarrow \cdot O_2^- + H^+ + HO_2 \cdot$$
$$2HO_2 \cdot \rightarrow O_2 + H_2O_2$$
$$H_2O_2 + \cdot O_2^- \rightarrow \cdot OH + HO^- + O_2$$

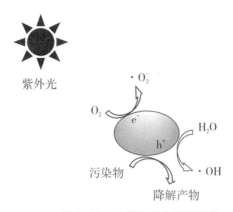

图 2.14　光催化氧化机理示意

光催化剂的价带顶和导带底的位置决定了其可以引起哪些氧化还原反应发生，TiO_2 的价带顶、导带底位置及各物质的电极电位如图 2.15 所示。

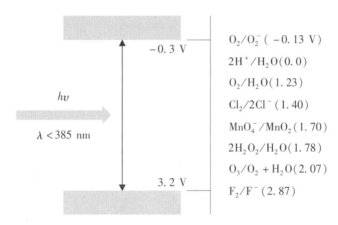

图 2.15　TiO_2 的价带顶、导带底位置及各物质的电极电位

（2）光催化氧化技术的应用。TiO_2 光化学稳定性高、耐光腐蚀，并且具有较深的价带能级和合适的导带，可使一些吸热的化学反应在被光辐射的 TiO_2 表面得到实现和加速，且 TiO_2 价廉无毒。为了进一步提高光催化效率及对太阳光或可见光的利用率，对现有催化剂进行改性并制备新型高效催化剂，阻止电子-空穴对复合；扩展催化剂吸收波长，提高对太阳光的利用率；在反应器方面，寻找合适的载体和固定化方法，实现大型光催化氧化反应器的设计，并寻求与其他技术的联用，如与生物技术、化学氧化技术、物理化学技术进行联用。光催化氧化技术用于饮用水及工业废水的深度处理，可去除水中微量的有机物和杀菌消毒，其优点是无须加入额外的氧化剂，但是，当其处理的水中有机污染物浓度较高时，处理效率低，处理时间长。

2.1.5 还原法

废水中的有些污染物，如六价铬［Cr(Ⅵ)］毒性很大，可用还原法将其还原成毒性较小的 Cr^{3+}，再使用化学沉淀法使其生成 $Cr(OH)_3$ 沉淀而去除。另外，一些难生物降解的有机化合物，如硝基苯等，毒性较大，且对微生物有抑制作用，难以被氧化，但在适当条件下，其可被还原成苯胺类。同样，氯苯或氯代烃类可以通过还原脱卤，生成烃、醇等，从而改善其可生物降解性和色度。还原法包括药剂还原法、电解还原法、生物还原法，此处介绍药剂还原法和电解还原法。

2.1.5.1 药剂还原法

通过化学药剂与废水中的污染物进行还原反应，将废水中的有毒、有害污染物还原为无毒或者低毒物质，提高可生化性。废水处理中常用的还原剂有 $FeSO_4$、$FeCl_2$、铁屑、锌粉、Na_2SO_3 等。

Fe 的标准电极电位为 -0.440 V，可以还原废水中的 Hg^{2+}、Cu^{2+} 等离子使其析出，自身被氧化为离子进入水中，如采用铁屑过滤法处理含汞废水，发生的化学反应如下：

$$Fe + Hg^{2+} = Fe^{2+} + Hg\downarrow$$
$$2Fe + 3Hg^{2+} = 2Fe^{3+} + 3Hg\downarrow$$

铁屑还原的效果主要与废水的 pH 有关，当 pH 低时，铁屑会还原水中 H^+，逸出 H_2。消耗铁屑的同时，包围在铁屑周围的 H_2 影响传质及反应的进行，因此，应先调整废水 pH 至合适范围，再进行处理。

纳米零价铁（Fe^0）是近年来研究得比较多的一种还原剂，其粒径小、表面能高、还原能力强、来源丰富、价格低廉。纳米 Fe^0 技术可以通过还原反应有效去除水中难降解的有机、无机污染物，该技术现在已成为水污染控制技术中一个非常活跃的研究领域。其除污原理实质是：电子从 Fe^0 转移到氧化物质（O_2、H^+、污染物）上，即 Fe^0 失去电子，Fe^0 附近的氧化物种得到电子发生还原反应，并生成 Fe^{2+} 和还原产物。其中若还原 O_2 则得到超氧自由基（$\cdot O_2^-$），并通过一系列自由基链反应构成氧化体系，进一步氧化降解污染物；若还原 H^+ 则得到强还原性的［H］，进一步还原降解污染物；若电子直接转移到污染物上，则直接得到污染物的还原降解产物。但是，在纳米 Fe^0 去除污染物技术中，活泼的 Fe^0 表面易氧化甚至自燃，生成铁氧化物钝化膜，阻碍电子传质，从而导致 Fe^0 失活，而且，Fe^0 亲水，其难与水体亲水性差的目标污染物完全接触而进行降解反应。因此，为了稳定 Fe^0 并促进污染物的传质，通常将 Fe^0 固定到多孔载体上，载体可以在一定程度上稳定 Fe^0 并防止其团聚，另外可以有效地吸附富集污染物，增加纳米 Fe^0 与目标污染物的接触，从而强化污染物传质。目前研究的载体包括碳材料（活性炭，石墨等）、树脂、二氧化硅、海藻酸盐等。

2.1.5.2 电解还原法

电解还原处理中，污染物在阴极上得到电子而发生直接还原，或者利用电解过程中产生的强还原活性物质使污染物发生间接还原。例如，电解还原处理含铬废水，以铁板为阳极，在电解过程中铁溶解生成 Fe^{2+}，在酸性条件下，CrO_4^{2-} 被 Fe^{2+} 还原成 Cr^{3+}，同时阴极上水电解析出氢气，产生 OH^-，废水 pH 逐渐升高，Cr^{3+} 和 Fe^{3+} 转化成 $Cr(OH)_3$ 及 $Fe(OH)_3$ 沉淀。$Fe(OH)_3$ 的凝聚作用促进 $Cr(OH)_3$ 迅速沉淀。

电解还原法的优点是占地面积少，易于实现自动化控制，药剂消耗量和废液排放量都较少，通过调节电解电压或电流，可以适应废水水量和水质大幅度变化带来的冲击。缺点是耗电和可溶性阳极材料消耗较大、副反应多，且电极容易钝化。

2.2 物理化学法

2.2.1 吸附法

2.2.1.1 吸附的基本概念

吸附是多孔固体与气体或液体体系接触时，有选择地将体系中的一种或多种组分富集到固体表面的过程。其中，被吸附到固体表面的组分称为吸附质，吸附吸附质的多孔固体称为吸附剂。吸附质从吸附剂表面逃逸到另一相中的过程称为解析，吸附与解析往往同时发生。

2.2.1.2 吸附剂

所有固体都具有一定的吸附作用，但是作为工业用的吸附剂需要具有以下特点：比表面积大、吸附容量大、吸附选择性好、稳定性好、机械强度高、廉价易得。下面介绍工业上常用的吸附剂。

（1）天然矿物质。硅藻土、活性白土、天然沸石的主要成分分别是 SiO_2、SiO_2 与 Al_2O_3、铝硅酸盐，经适当加工活化处理后即可作为吸附剂。尽管其吸附能力较弱、选择吸附分离能力较差，但是这些天然矿物质廉价易得。

（2）活性炭。活性炭是由煤或生物等热解得到的炭化产品，炭化过程中或炭化之后往往需要进行活化才能获得比表面积大的多孔结构活性炭。常用的活化方法有药剂活化法或水蒸气活化法。药剂活化法是指在炭化过程中加入 $ZnCl_2$、$MnCl_2$、H_3PO_4、KOH 等进行炭化、活化同步处理，目前多采用将 $ZnCl_2$ 直接与原材料混合的同时进行炭化和活化的方法。这种方法主要用于制炭粉，鉴于 $ZnCl_2$ 主要是微孔造孔剂，研究表明有机物（如柠檬酸、废油漆渣）在热解过程中可以释放出大量的气体，从而产生大量的大孔结构，因此将 $ZnCl_2$ 与柠檬酸或废油漆渣进行耦合造孔，可以获得具有大孔—介孔—微孔的梯级孔结构的活性炭。水蒸气活化法是先炭化、再活化的方法，即将干燥的炭原料经破碎、混合、成型后送入热解炉内，通常在 200～600 ℃下炭化，具体的炭化温度取决于原料的组成成分，包括水分、挥发性物质含量和分子结构，然后在 800～1000 ℃下部分气化形成多孔活性炭，气化过程中除了使用水蒸气外，还可以使用空气、

烟道气或 CO_2。活性炭的比表面积大，可达每克数百甚至上千平方米，活性炭表面具有疏水性，可以作为疏水和亲有机物的吸附剂，经表面氧化改性后，也可获得亲水的表面，用作亲水和亲离子的吸附剂。活性炭具有吸附容量大、热稳定性高、化学稳定性好、解析容易、可反复使用的特点。

（3）活性炭纤维。活性炭纤维是将活性炭编织成各种织物的一种吸附剂形式。由于其对流体的阻力较小，因此其装置更加紧凑。活性炭纤维的吸附能力比一般活性炭要高 1～10 倍。活性炭纤维分为两种：一种是将超细活性炭微粒加入增稠剂后与纤维混纺制成单丝，或用热熔法将活性炭黏附于有机纤维或玻璃纤维上，也可以与纸浆混粘制成活性炭纸；另一种是指以人造丝或合成纤维为原料，与制备活性炭一样经过炭化和活化两个阶段，加工成具有一定比表面积和一定孔分布结构的活性炭纤维。

（4）硅胶。硅胶是一种坚硬、多孔的无定形链状或网状结构的硅酸聚合物颗粒，其分子式为 $SiO_2 \cdot nH_2O$，是硅酸钠（$Na_2O \cdot nSiO_2$）水溶液用酸处理后生成的凝胶，通过控制其生成、洗涤和老化的条件，可调控其比表面积、孔体积和孔半径的大小。硅胶表面有许多羟基，是亲水性的极性吸附剂，易于吸附极性物质，如酚、氨、吡啶、水、醇等，而难以吸附非极性物质。

（5）活性 Al_2O_3。活性 Al_2O_3 是由含水 Al_2O_3 加热脱水制成的一种极性吸附剂。一般地，活性 Al_2O_3 并不是纯的 Al_2O_3，而是无定形的水合物凝胶和氢氧化物晶体构成的具有多孔刚性骨架结构的物质。活性 Al_2O_3 是无毒的坚硬颗粒，对多数气体和蒸汽稳定，浸泡在水或液体中不溶胀软化、崩裂破碎，具有良好的抗冲击和耐磨性能。

（6）沸石分子筛。沸石分子筛是由共用氧连接在一起的硅氧四面体和铝氧四面体三维骨架组成的硅铝酸盐晶体，Al^{3+} 取代 Si^{4+} 产生的过剩负电荷由一价或二价的金属阳离子（通常为碱金属或碱土金属阳离子）所平衡，其分子式为 $M_{x/n}[(AlO_2)_x(SiO_2)_y] \cdot mH_2O$，M 为金属阳离子，$n$ 为金属离子的价态，m 为结晶水的分子数，x 和 y 为化学式中原子配平数。每种沸石分子筛都有特定的均一孔径（如 0.3～1 nm），其大小随分子筛种类的不同而不同，但大致相当于分子的大小。沸石分子筛分为天然的和人工合成的。天然沸石的种类多，但并非都具有实用价值，目前实用价值较大的天然沸石有斜镁沸石、发沸石、片沸石、毛沸石、钙十字沸石、丝光沸石等。天然沸石储量大、价格低廉，但因为含有杂质、纯度低，在许多性能上不如人工合成沸石，所以人工合成沸石在工业生产中占有相当重要的地位。沸石分子筛的吸附特性及物理化学性质随硅铝比的变化而变化，硅铝比为 1～1.5、2～5、10～100 时，分别称为低硅铝比沸石、中硅铝比沸石、高硅铝比沸石。随着硅铝比的增加，沸石分子筛的极性逐渐减弱，低硅铝比沸石为强极性吸附剂，对极性分子具有很大的亲和力，可高效吸附气体或液体中的水分，实现脱水和深度干燥，在较高的温度和相对湿度下仍具有较强的吸附能力。另外，随着硅铝比的增加，沸石分子筛的酸性增加，阳离子含量减少，热稳定性提高，表面选择性从亲水变为疏水，抗酸性能提高。

（7）吸附树脂。吸附树脂是具有网络结构的合成大孔树脂，由苯乙烯、吡啶等单体和二乙烯苯共聚而成，可以通过在单体上或者聚合物分子上引入极性官能团（如磺酸基团）来增加其极性，也可通过交联进一步提高其稳定性，因此，吸附树脂具有非极性到高极性多种类型，其价格较活性炭贵，物理化学性能稳定，品种较多，可满足多种需求。

（8）金属有机框架聚合物（metal organic frameworks，MOFs）。MOFs 是一类新兴的吸附剂，其采用金属离子或者簇作为结点，采用多官能团有机物作为配体，进行反应生成的一类具有规则孔径的拓扑结构聚合物晶体。MOFs 的优点是其比表面积、孔径等物理化学性质可以通过金属和配体的选择及反应条件进行调控，可满足多种用途，缺点是制造成本高、水稳定性差，目前还处于研究阶段。

2.2.1.3 吸附热力学

在一定条件下，当吸附剂与吸附质在一定温度下充分接触时，吸附质会附着到吸附剂上，与此同时，附着到吸附剂上的吸附质也会脱离吸附剂表面而逸出，最后，当吸附和释放的吸附质分子数量相等时，达到吸附平衡，此时两相中吸附质的浓度不再发生变化。当固体和液体的性质一定时，平衡吸附量是关于溶质浓度和温度的函数，见式（2.4）：

$$q = f(c, T) \tag{2.4}$$

式中，q 为平衡吸附量，单位为 kg（吸附质）/kg（吸附剂）或 kmol（吸附质）/kg（吸附剂）。

通常情况下，吸附量随温度的上升而降低，随吸附质浓度的升高而增大，低温高浓度情况下吸附量大，在恒定温度下吸附剂的平衡吸附量 q 与吸附质在液相中的浓度的关系曲线称为吸附等温线。众多学者基于不同的模型和学说提出了描述等温吸附条件下吸附量与溶质浓度的关系式，称为等温吸附方程。由于吸附机理比较复杂，这些等温吸附方程只能适用于特定的吸附情况。下面介绍常用的等温吸附方程。

1. Freundlich 吸附等温式

液相的吸附机理比较复杂，溶剂可能跟吸附质形成竞争吸附，从而对吸附质的吸附产生影响，另外，吸附质的电离或者耦合也会对吸附机理和吸附量产生影响。在浓度范围狭窄的稀溶液中，若吸附分子不耦合或者解离，则可以用 Freundlich 吸附等温式来计算平衡吸附容量：

$$q = k\rho^{1/n} \tag{2.5}$$

式中，k 和 n 为经验常数，ρ 为溶液中溶质的浓度。

Freundlich 吸附等温式通常用于计算某种特定吸附质的吸附容量，在某些情况下，如在进行蔗糖、植物油、矿物油等的脱色处理时，尽管不知道吸附质的成分和性质，但是脱色前后的平衡色度之间符合 Freundlich 方程式。

2. Langmuir 吸附等温式

Langmuir 假设吸附剂表面性质均一，每个吸附位点只吸附 1 个吸附质分子，吸附剂表面所有的吸附机理相同，被吸附的吸附质分子是独立的，彼此之间没有相互作用力，也不影响其他吸附质分子的吸附，且吸附质在吸附剂表面为单层吸附。假设吸附剂表面的被吸附分子的覆盖率为 θ，则裸露率为 $1-\theta$，吸附速率 r_a、解吸速率 r_d、覆盖率 θ 分别见式（2.6）至式（2.8）：

$$r_a = k_a(1-\theta)c \quad (2.6)$$

$$r_d = k_d \theta \quad (2.7)$$

$$\theta = \frac{q}{q_m} \quad (2.8)$$

式中，k_a 为吸附速率常数；k_d 为解吸速率常数；c 为溶质的质量浓度，单位为 mg/L；q 为达到任一平衡状态时的吸附量，单位为 mg/g；q_m 为单位质量吸附剂覆盖满一层单分子层时的吸附量，即饱和吸附量，单位为 mg/g。

当吸附处于平衡状态时，吸附速率与解吸速率相等，即

$$k_a(1-\theta)c = k_d \theta \quad (2.9)$$

$$\theta = \frac{q}{q_m} = \frac{k_1 c}{1 + k_1 c} \quad (2.10)$$

式中，k_1 为 Langmuir 平衡常数，$k_1 = k_a/k_d$，其大小与吸附剂和吸附质的性质及温度有关，其值越大，表示吸附剂的吸附能力越强，可以通过实验确定。

式(2.10)整理后可得单分子层吸附的 Langmuir 方程，即

$$q = \frac{k_1 c q_m}{1 + k_1 c} \quad (2.11)$$

在吸附力很弱或浓度很低时，$k_1 c \ll 1$，式(2.11)中分母里的 $k_1 c$ 可以忽略不计，则式(2.11)可改为：

$$q = k_1 c q_m = k'c \quad (2.12)$$

式中，k' 为吸附常数，吸附量与吸附质浓度成正比。

在吸附力比较强，浓度较高时，$k_1 c \gg 1$，式(2.11)中分母里的 1 可以忽略不计，则式(2.11)可改为

$$q = q_m \quad (2.13)$$

此时，吸附量趋于饱和吸附量，吸附等温线趋近于一条渐近线。

Langmuir 吸附等温式可变形为线性方程，见式(2.14)：

$$\frac{1}{q} = \frac{1}{q_m k_1 c} + \frac{1}{q_m} \quad (2.14)$$

以实验获得的数据 $\frac{1}{q}$ 为纵坐标，以实验获得的数据 $\frac{1}{c}$ 为横坐标，可以求得饱和吸附量 q_m 和 Langmuir 平衡常数 k_1，如图 2.16 所示。

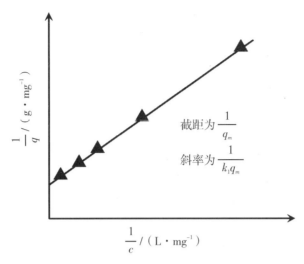

图 2.16 Langmuir 等温吸附线

2.2.1.4 吸附动力学

前述的平衡吸附容量仅仅表明了吸附过程中的吸附质在溶液和吸附剂之间的浓度分配极限，但是需要多长时间达到该极限，以及所需吸附设备的大小，都与吸附速率有关。吸附速率越快，所需要的吸附时间就越短，吸附设备容积也就越小，因此，除吸附容量外，吸附速率也是衡量吸附剂性能好坏的一个重要参数。

吸附速率由吸附剂对吸附质的吸附过程决定，吸附过程一般分为三个步骤。第一步是吸附质从流体相穿过液相界膜扩散到吸附剂外表面，称为颗粒的外扩散或膜扩散；第二步是吸附质从吸附剂的外表面通过细孔扩散到吸附剂的内表面，称为内颗粒的内扩散或孔隙扩散；第三步是吸附质在吸附剂内表面被吸附，称为吸附反应。通常，第三步吸附反应速率很快，其传质阻力可忽略不计，因此，吸附速率主要取决于颗粒外扩散和内扩散的速率。两者有时相差很大，因此，两者比较，吸附速率较慢的那步为决速步骤，当内扩散为决速步骤时，称为内扩散控制，反之为外扩散控制。吸附与脱附同时发生，随着吸附过程的进行，吸附速率减慢而脱附速率增加，直到达到吸附平衡，此时，吸附速率最小，吸附量达到饱和，实际生产过程，吸附时间不可能无限长，通常吸附是在非平衡状态下进行的。

设单位体积床层中吸附剂颗粒的外表面积（界膜面积）为 a，界膜厚度为 δ，流体相中吸附质的浓度为 c，吸附剂颗粒外表面上流体中吸附质浓度为 c_i，k_L 为界膜内吸附传质系数，D 为扩散系数，则吸附剂颗粒外表面界膜传质速率 N 可用式（2.15）表示：

$$N = k_L a(c - c_i) = \frac{D}{\delta} a(c - c_i) \tag{2.15}$$

提高溶液流速可降低界膜厚度 δ，增大界膜传质系数 k_L，从而提高吸附速率。吸附剂颗粒减小导致的界膜面积 a 增加、溶液浓度 c 的提高等都可提高吸附速率。

内扩散速率与吸附剂孔隙的大小、结构、吸附质分子大小等因素有关。设吸附质从吸附剂的外表面到内表面的传质系数为 k_s，吸附剂颗粒外表面的吸附容量为 q_i，颗粒的平均吸附容量为 q，则吸附剂颗粒内表面传质速率 N 可用式(2.16)表示：

$$N = k_s a (q_i - q) \tag{2.16}$$

吸附速率与界膜面积 a 成正比，而界膜面积 a 与颗粒直径的较高次方成反比，因此，吸附速率与吸附质颗粒直径的较高次方成反比，颗粒越小，内扩散阻力越小，扩散速率越快。

2.2.1.5 吸附操作

吸附操作分为间歇和连续两种方式，均包括以下三个步骤：流体中的吸附质被吸附在吸附剂上；吸附结束后，将带有吸附质的吸附剂从流体中分离出来；对吸附剂进行再生或更换新的吸附剂。因此，吸附工艺流程中的设备包括主吸附装置，以及脱附和再生设备。吸附装置主要的结构形式有以下四种：

（1）接触过滤吸附装置。接触过滤吸附装置是一种专门用于液体吸附的装置，通常是带有搅拌器的吸附池（槽或釜），污水和吸附剂在吸附池内充分搅拌混合，待两相吸附达到平衡或近似平衡后，静置沉淀，排出澄清液，或用压滤机进行固液分离，间歇地把吸附剂从水中分离出来。此法适合小规模的污水处理，生产上一般设置 2 个吸附池，一备一用，交替工作，吸附剂添加量为 0.1% ~ 0.2%，吸附时间为 10 ~ 60 min。按照原料、吸附剂性质和处理目的的不同，操作方式分为单级吸附（被处理污水和吸附剂仅接触 1 次）和多级吸附。多级吸附又分为逆流多级吸附和并流多级吸附，并流多级吸附中每级吸附中均使用新的吸附剂，而在逆流多级吸附中，被处理液多次逆流和吸附剂接触。接触过滤吸附流程如图 2.17 所示。

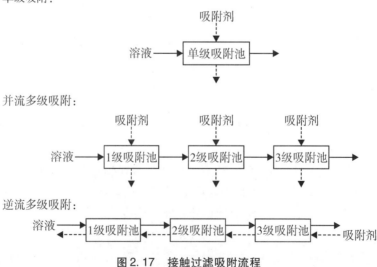

图 2.17 接触过滤吸附流程

（2）固定床吸附装置。固定床吸附装置把颗粒吸附剂填充到吸附装置中，使待处理污水从固定床的上方或者下方连续流入，与固定床中填充的吸附剂接触，进行吸附，这是污水处理中最常使用的方式。固定床吸附装置有立式、卧式、环式、抽屉式等多种形式，可采用单床、多床串联及多床并联操作。多床串联采用逆流操作时，床数越多，越接近于移动床。增加吸附床数能提高吸附剂的利用率。多床串联通常采用轮回式，即第一循环按第一、第二、第三……吸附塔的顺序通入流体，当第一吸附塔没有吸附能力时进行吸附剂再生或更换新的吸附剂，此时的循环将从第二塔开始，按第二、第三……第一吸附塔的顺序进行。固定床多用于处理污水量少或处理量多但吸附质浓度低的场合。含悬浮物的污水一般先经过砂滤等预处理再进行吸附，以防止床层堵塞。

（3）移动床吸附装置。在移动床内，污水由塔下部进入，从塔上部流出，与吸附剂逆流接触。每隔一定时间，从塔的上部加入一些新鲜的吸附剂，同时从塔的下部取出几乎吸附饱和的吸附剂进行再生，通常占床层总量5%～10%的吸附剂每天数次被取出再生。移动床吸附装置中吸附剂的利用效率比固定床高，且设备占地面积小。这种装置与前述的多床串联装置原理基本相同，但只需要一个吸附塔，因此建设投资费用较低。

（4）流化床吸附装置。待处理液体向上流过颗粒吸附剂床层时，若流速较低，则流体从颗粒间空隙流过而粒子不动，此时称为固定床。流速逐渐增加，以至于少数粒子出现翻动，床层体积增大，此时称为膨胀床。流速达到某一极限后，液体与粒子间的摩擦力与粒子的重力平衡，流体使粒子浮动起来，此时称为流化床，这种状态称为临界流态化，这时的空床线速度称为临界流化速度或最小流化速度。当流体流速进一步增加，导致床层均匀地逐渐膨胀，粒子分散在整个床层中，床层波动较小，此时称为散式流化。流化床是吸附剂处于流化状态操作的吸附装置。颗粒吸附剂在流化状态下具有流动性，其优点是接触面积大、传质效果好、无床层堵塞。但其也存在缺点，如流化床稳定操作要求较高、吸附剂的磨损大、对吸附剂粒径要求均匀等，因此，在水处理等工程中应用较少。

2.2.2 离子交换法

2.2.2.1 离子交换法原理

离子交换剂是一种带有可交换离子的不溶性固体，离子交换的实质是溶液中的离子与固体离子交换剂中的其他同性离子发生交换反应，从而实现溶液中该种离子的分离或去除的一种操作，是水处理中软化和除盐的主要方法之一，在污水处理中，主要用于去除金属离子。

离子交换反应是一种特殊的可逆化学吸附，例如，当含有 Ca^{2+} 的硬水通过 RNa 型离子交换树脂时，由于 Ca^{2+} 在液相与固相的浓度差，会发生离子交换反应，从而不断地消耗 RNa 型树脂上的可交换位点，直到达到吸附平衡，树脂及溶液中的离子浓度不再发生改变。树脂吸附饱和后，可用一定浓度的食盐水对失效的树脂进行再生，从而使树脂恢复为具有离子交换能力的 RNa。

$$2RNa + Ca^{2+} \underset{再生}{\overset{交换}{\rightleftharpoons}} R_2Ca + 2Na^+$$

在吸附平衡状态下，设离子交换的反应平衡常数（也可称为平衡选择系数）为 K，树脂中 Ca^{2+}、Na^+ 的离子浓度分别为 $[R_2Ca]$、$[RNa]$，而溶液中 Ca^{2+}、Na^+ 的离子浓度分别为 $[Ca^{2+}]$、$[Na^+]$，则有：

$$K = \frac{[R_2Ca][Na^+]^2}{[RNa]^2[Ca^{2+}]} \tag{2.17}$$

离子交换的反应平衡常数与树脂、离子及溶剂的特性有关。对于同种树脂及水溶剂，其大小取决于所交换离子的种类和价态，待处理污水中的离子包括一价离子、二价离子、三价离子等，离子价态不同，吸附反应的方程式配比系数不同，参与计算的离子浓度指数不同。但无论如何，K 值越大，说明该树脂对污水中该种离子（如 Ca^{2+}）的亲和力越强，有利于污水中该离子的交换反应。

2.2.2.2 离子交换剂

凡具有离子交换功能的物质均可称为离子交换剂，可以是天然的，也可以是合成的，按成分可分为有机离子交换剂（如磺化树脂）和无机离子交换剂（如沸石等）。在水处理中，常用人工合成的离子交换树脂，随着合成工业的发展，离子交换树脂的应用越来越广泛。

离子交换树脂是人工合成的高分子聚合物，由树脂本体（又称为母体或骨架）和活性基团两部分组成。生产离子交换剂的树脂母体最常见的是苯乙烯的聚合物，是线性结构的高分子有机化合物。在原料中，常加上一定数量的二乙烯苯作为交联剂，使线状聚合物之间相互交联，形成立体网状结构。树脂的外形呈球状，粒径为 0.6～1.2 mm（大粒径树脂）、0.3～0.6 mm（中粒径树脂）或 0.02～0.1 mm（小粒径树脂）。树脂本身不是离子化合物，并无离子交换能力，只有经适当处理加上活性基团后，才具有离子交换能力。活性基团由固定离子和活动离子（或称为交换离子）组成。固定离子固定在树脂的网状骨架上，活动离子则依靠静电引力与固定离子结合在一起，两者电性相反，电荷相等。

离子交换树脂的种类繁多，按树脂的类型和孔结构可分为凝胶型、大孔型和等孔型等；按树脂的骨架分子结构可分为苯乙烯系、酚醛系和丙烯酸系等；按树脂上的活性基团性质可分为强酸性（如—SO_3H）、弱酸性（如—COOH、—PO_3H_2）、强碱性 [如季铵碱（—NOH）、季铵盐（—N^+Cl^-）]、弱碱性（如—NH_2、—NHR、—NR_2），前两种带有酸性活性基团的称为阳离子交换树脂，后两种带有碱性活性基团的称为阴离子交换树脂，强酸性阳离子交换树脂由苯乙烯与二乙烯苯的共聚物经 H_2SO_4 磺化等生产过程制成，根据可交换离子的种类有 H^+ 型和 Na^+ 型两种，与阴离子交换树脂相比，阳离子交换树脂价格更便宜。

选择污水处理用离子交换树脂时，要综合考虑污水的成分、处理要求、树脂的物理化学性质及价格等。对于不同的污水，应通过试验确定合适的离子交换树脂及工艺流程。离子交换树脂的物理化学性质如下：

（1）离子交换树脂的有效 pH 范围。强酸、强碱性离子交换树脂的活性基团电离能力强，其交换能力基本上与 pH 无关。弱酸性离子交换树脂在低 pH 时不电离或仅部分电离，因此只能在碱性溶液中才有较高的离子交换能力；弱碱性交换树脂则在高 pH 时不电离或仅部分电离，只能在酸性溶液中才有较高的交换能力。各类型交换树脂的有效 pH 范围见表 2.3。

表 2.3　各类型交换树脂的有效 pH 范围

树脂类型	强酸性离子交换树脂	弱酸性离子交换树脂	强碱性离子交换树脂	弱碱性离子交换树脂
有效 pH 范围	1～14	5～14	1～12	1～7

（2）离子交换容量。离子交换容量是树脂最重要的性能，它定量地表示树脂交换能力的大小，单位为 mol/kg，其可分为理论交换容量和工作交换容量。前者指单位质量树脂中活性基团或可交换离子的总数，可用滴定法测定或者根据树脂的单元结构进行计算；后者指在给定工作条件下实际可利用的离子交换能力，其与树脂的再生方式和程度、污水组分、树脂层高度和填充方式、操作流速、温度等有关。

（3）交联度。离子交换树脂具有立体交联结构，这是由树脂合成时加入交联剂实现的，交联剂（如二乙烯苯）的用量影响树脂分子的交联度。交联度会对树脂的许多性能产生决定性的影响，包括影响树脂的交换容量、含水率、溶胀度、机械强度等。树脂的交联度越高，其孔隙率越低，密度越大，离子扩散速率越低，而且对半径较大的离子和水合离子的交换量较小。浸泡在水中时，交联度低，会发生过度溶胀甚至溶解，而交联度高则水化度较低，形变较小，比较稳定而不易碎裂。水处理中使用的离子交换树脂，交联度为 7%～10%。

（4）选择性。选择性是指离子交换树脂对不同离子有不同的亲和力，了解离子交换的选择吸附作用对于有效利用离子交换树脂去除溶液中的目标离子具有重要的实用意义。在实际应用中，当溶液中存在多种离子时，选择性由该树脂对各离子吸附的反应平衡常数 K 值决定，K 值越大，说明该树脂对交换离子的亲和力越强，交换离子越容易取代树脂上的可交换离子，即该树脂对交换离子的选择性越高。影响离子交换树脂选择性的因素很多，包括离子的水化半径、离子的化合价等。

A. 离子的水化半径。在水溶液中，离子通常会发生水化作用，其实际大小比单独离子的半径大。离子的水化半径影响其与离子交换树脂交换的容易程度，水化半径小的离子更容易被交换。按照水化半径的大小，各种离子与离子交换树脂的亲和力大小顺序如下。

一价阳离子：$Ag^+ > Cs^+ > Rb^+ > NH_4^+ \approx Na^+ > Li^+$

二价阳离子：$Ba^{2+} > Pb^{2+} > Sr^{2+} > Co^{2+} > Ni^{2+} \approx Cu^{2+} > Zn^{2+} \approx Mg^{2+}$

一价阴离子：$ClO_4^- > I^- > NO_3^- > Br^- > HSO_3^- > Cl^- > HCO_3^- > F^-$

H^+ 和 OH^- 比较特殊，其与树脂的亲和力的大小取决于树脂的性质。H^+ 与强酸性树脂的亲和力很弱，与 Li^+ 相当，但是，H^+ 与弱酸性树脂的亲和力很强。同样，OH^- 与碱性树脂的亲和力也类似。

B. 离子的化合价。离子的化合价越高，与树脂的亲和力越强，越容易发生离子交换，当化合价相同时，可进一步比较离子水化半径，如 $Th^{4+} > Al^{3+} > Ca^{2+} > Mg^{2+} > K^+ > NH_4^+ > Na^+ > Li^+$。

2.2.2.3 离子交换速率

离子交换平衡是指在具体操作条件下离子交换能达到的极限状态，达到平衡通常需要很长时间，在实际的水处理中，反应时间是有限的，不一定能达到平衡状态，因此有必要研究离子交换速率及其影响因素。

离子交换过程涉及有关离子的扩散和交换，其动力学过程主要包括 5 个步骤，以 H^+ 型强酸型阳离子交换树脂对水中 Na^+ 的交换为例，具体为：①边界水膜内的迁移，溶液中的 Na^+ 向树脂颗粒表面迁移，并通过树脂表面的边界水膜层扩散，到达树脂表面；②树脂交联网孔内的扩散，Na^+ 进入树脂颗粒内部的交连网孔，并扩散到达交换点；③离子交换，Na^+ 与树脂交换基团上可交换的 H^+ 进行交换反应；④交联网内的扩散，被交换下来的 H^+ 在树脂内部交联网中向树脂表面扩散；⑤边界水膜内的迁移，被交换下来的 H^+ 通过树脂表面的边界水膜层扩散进入溶液中。其中，步骤①和⑤称为液膜扩散或外扩散，步骤②和④称为孔道扩散或树脂颗粒内扩散，步骤③为离子交换反应，其反应速率通常很快，瞬间完成，因此，离子交换速率实际上由液膜扩散或者孔道扩散步骤控制，具体地，两者较慢的为决速步骤，其决定了离子交换速率的快慢。一般来说，当树脂的交联度和粒径都较小，而溶液中的离子浓度、流速与扩散系数都较低时，离子交换速率往往表现为液膜扩散控制，否则表现为孔道扩散控制。若属液膜扩散控制，则应考虑设备结构和操作条件，并改善流动状态，使液流分布均匀，提高液流流速，以便降低液膜阻力；若属颗粒内扩散控制，则应选择合适的树脂类型、粒度和交联度等。

离子交换速率可用式(2.18)表示：

$$\frac{dq}{dt} = \frac{D^0 \zeta(c_l - c_r)(1-\varepsilon_p)}{r_0 r} \tag{2.18}$$

式中，$\frac{dq}{dt}$ 为单位时间内单位体积树脂的离子交换量，单位为 $kmol/(m^3 \cdot s)$；D^0 为总的扩散系数，单位为 m^2/g；ζ 为与粒度均匀程度有关的系数；c_l 和 c_r 分别表示同一种离子在溶液相和树脂相中的浓度，单位为 $kmol/m^3$；ε_p 为树脂颗粒的孔隙率；r_0 为树脂颗粒的粒径，单位为 m；r 为扩散距离，单位为 m。

基于式(2.18)，可知影响离子交换速率的因素包括：

(1) 离子性质，包括化合价和大小。离子的化合价主要影响孔道扩散，由于离子在树脂孔道内的扩散与离子和树脂骨架之间存在库仑引力，因此离子的化合价越高，孔道扩散速率越慢。离子的大小影响扩散速率，离子水合半径越大，扩散速率越慢。

(2) 树脂的交联度。树脂的交联度越大，树脂越难以膨胀，其网孔就越小，离子在树脂网孔内的扩散就越慢。因此，交联度大的树脂的交换速率通常受孔道扩散控制。

(3) 树脂的粒径。树脂的粒径对液膜扩散和孔道扩散都有影响。树脂的粒径小，离子在孔道扩散的距离就短,同时,液膜扩散的表面积增加,因此,树脂的离子交换速率快。对于液膜扩散,离子交换速率与树脂的粒径成反比;对于孔道扩散,离子交换速率与树脂的粒径的平方成反比。但树脂的颗粒也不宜太小,因为颗粒太小会增加水流通过树脂层的阻力,而且在反冲洗中容易导致树脂流失。

(4) 水中离子浓度。由于扩散过程的推动力是离子的浓度差,因此溶液中的离子浓度的大小是影响扩散速率的重要因素。离子浓度较大时,其在水膜中的扩散很快,此时离子交换速率受孔道扩散控制,反之离子交换速率受液膜扩散控制。

(5) 溶液温度。温度升高,溶液的黏度降低,离子和水分子的热运动加强。因此,升高溶液温度,有利于提高离子交换速率。

(6) 流速或搅拌速率。树脂表面附近的水流紊动程度主要影响树脂表面边界水膜层的厚度,从而影响液膜扩散。增加树脂表面水流流速或提高搅拌速率,可以增加树脂表面附近的水流紊动程度,在一定程度上可提高液膜扩散速率,但是,水溶液的流速或搅拌速率增加到一定程度以后,其影响会变小。

2.2.2.4 离子交换工艺和设备

离子交换装置分为固定床和连续床两大类,固定床包括单层床、双层床、混合床,连续床包括移动床、流动床。

在废水处理中,单层固定床离子交换装置是最常用、最基本的一种形式。下面将主要介绍这种装置。在固定床装置中,离子交换树脂装填在离子交换器内,形成一定高度。在整个操作过程中,树脂本身都固定在容器内而不往外输送。

用于废水处理的离子交换系统一般包括预处理设备(一般采用砂滤器,用于去除悬浮物,防止离子交换树脂受污染和交换床堵塞)、离子交换器和再生附属设备(再生液配制设备)。

离子交换的运行操作包括 4 个步骤,分别为离子交换、反洗、再生、清洗。

(1) 离子交换。离子交换器的阀门配置如图 2.18 所示。操作时,开启进水阀和出水阀,其余阀门关闭。交换过程主要与树脂层高度、水流速度、原水浓度、树脂性能及再生程度等因素有关。当出水中的离子浓度达到限值时,应进行再生。

(2) 反洗。反洗的目的在于松动树脂层,以便再生时注入的再生液能分布均匀,同时也及时地清除积存在树脂层内的杂质、碎粒和气泡。反洗前先关闭进水阀和出水阀,打开反洗进水阀,然后再逐渐开大反洗排水阀进行反洗,反洗用原水。反洗使树脂层膨胀 40%~60%。反洗流速约为 15 m/h,历时约 15 min。

(3) 再生。再生前先关闭反洗进水阀和反洗排水阀,打开排气阀及清洗排水阀,将水加至离树脂层表面 10 cm 左右,再关闭清洗排水阀,开启进再生液阀,排出交换器内空气后,立即关闭排气阀,再适当开启清洗排水阀,进行再生。再生过程也就是交换反应的逆过程。具有较高浓度的再生液流过树脂层,将先前吸附的离子置换出来,使其交换能力得到恢复。再生是固定床运行操作中很重要的一环。再生液的浓度对树脂再生程度有较大影响。当再生剂用量一定时,在一定范围内,浓度越大,再生程度越高;但超过一定范围,再生程度反而下降。对于阳离子交换树脂,NaCl 再生液浓度一般采

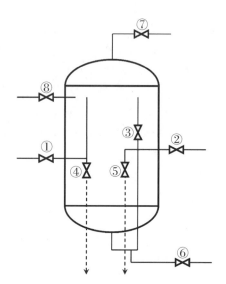

图 2.18 离子交换器的阀门配置
① 进水阀;② 出水阀;③ 反洗进水阀;④ 反洗排水阀;⑤ 清洗排水阀;⑥ 底部放水阀;⑦ 排气阀;⑧ 进再生液阀。

用 5% ～ 10%；HCl 再生液浓度一般采用 4%～6%；H_2SO_4 再生液浓度则不应大于 2%，以免再生时生成 $CaSO_4$ 黏着在树脂颗粒上。

(4) 清洗。清洗时，首先关闭进再生液阀，然后开启进水阀及清洗排水阀。清洗水最好用交换处理后的净水。清洗的目的是将树脂层内残留的再生废液清洗掉，直到出水水质符合要求为止。清洗用水量一般为树脂体积的 4 ～ 13 倍。

关于固定床离子交换器的设计计算，根据物料平衡原理，可得以下基本公式：

$$AhE = Q(c_0 - c)T \qquad (2.19)$$

式中，A 为离子交换器截面积，单位为 m^2；h 为树脂层高度，单位为 m；E 为交换树脂的工作交换容量，一般是全交换容量的 60%～80%，单位为 mmol/L；Q 为废水平均流量，单位为 m^3/h；c_0 为进水浓度，单位为 mmol/L；c 为出水浓度，单位为 mmol/L；T 为交换周期，单位为 h。

一般离子交换器都有定型产品，它的尺寸和树脂装填高度亦有相应规定。此时，可按式 (2.19) 计算交换周期。若自行设计，则可考虑 h 用 1.5 ～ 2.0 m，交换周期一般按 8 ～ 10 h，按式(2.19) 可以算出交换器截面积和交换器直径。根据交换器截面积和树脂层高度，即可算出交换树脂的装填量 $V = A \cdot h$。

2.2.3 膜分离法

2.2.3.1 膜分离概述

膜分离是利用天然或者人工合成的具有选择透过功能的薄膜，通过在膜两侧施加一种或多种推动力使水溶液中的某种组分选择性地优先透过膜，从而达到混合物分离或产物提纯、浓缩、纯化的目的。根据分离过程所采用的膜及施加的推动力不同，有扩散渗析、电渗析、反渗透、纳滤、微滤、超滤法等。

电渗析是在电场力作用下，溶液中的反离子发生定向迁移并通过膜，以达到去除溶液中离子的一种膜分离过程。所采用的膜为荷电的离子交换膜。目前电渗析已大规模用于苦咸水脱盐、纯净水制备等，也可以用于有机酸的分离与纯化。

微滤、超滤、纳滤与反渗透都是以压力差为推动力的膜分离过程。在膜两侧施加一定的压差，可使混合液中的一部分溶剂及小于膜孔径的组分透过膜，而微粒、大分子、盐等被截留下来，从而达到分离的目的。这四种膜分离过程的主要区别在于被分离物质的大小和采用膜的结构和性能不同。微滤的孔径范围为 $0.05 \sim 10\ \mu m$，压力差为 $0.015 \sim 0.2\ MPa$；超滤的孔径范围为 $0.001 \sim 0.05\ \mu m$，压力差为 $0.1 \sim 1\ MPa$；反渗透常用于截留溶液中的盐或其他小分子物质，压力差与溶液中的溶质浓度有关，一般为 $2 \sim 10\ MPa$；纳滤介于反渗透和超滤之间，脱盐率及操作压力通常比反渗透低，一般用于分离溶液中相对分子质量为几百至几千的物质。

2.2.3.2 扩散渗析和电渗析

人们早就发现，一些动物膜，如膀胱膜、羊皮纸（一种把羊皮刮薄做成的纸），有分隔水溶液中某些溶解物质（溶质）的作用。例如，食盐能透过羊皮纸，而糖、淀粉、树胶等则不能。这种以浓度差为推动力，通过薄膜选择性地透过某种物质来实现该物质从混合液中分离出来的方法，称为渗析法。起渗析作用的薄膜对溶质的渗透性有选择作用，称为半透膜。近年来半透膜有很大的发展，出现很多由高分子化合物制造的人造薄膜，不同的薄膜有不同的选择渗透性。半透膜的渗析作用有三种类型：①依靠薄膜中"孔道"的尺寸分离大小不同的分子或离子。②依靠薄膜的离子结构分离性质不同的离子，例如，用阳离子交换树脂做成的薄膜可以透过阳离子，叫作阳离子交换膜；用阴离子树脂做成的薄膜可以透过阴离子，叫作阴离子交换膜。③依靠薄膜有选择地溶解分离某些物质，例如，醋酸纤维素膜有溶解某些液体和气体的性能，从而使这些物质透过薄膜。一种薄膜只要具备上述三种作用之一，就能有选择地让某些物质透过而成为半透膜。在废水处理中最常用的半透膜是离子交换膜。在膜分离法中，物质透过薄膜的推动力有3种，分别为分子扩散作用（浓度差）、电位差、压力差。依靠分子自然扩散的是扩散渗析法，简称渗析法，而用电位差的是电渗析法。

电渗析中使用的是离子交换膜，海水淡化的电渗析如图2.19所示。在电渗析槽的阴阳电极之间将阴离子交换膜（简称阴膜，以符号 AM 表示）和阳离子交换膜（简称阳膜，以符号 CM 表示）交替排列，隔成宽度仅 $1 \sim 2\ mm$ 的小室，海水从渗析槽一侧进入，从另一侧流出，通直流电后，由于离子的导电性和离子交换膜的半透性，Na^+ 会向阴极迁移并穿过阳膜到达相邻的浓水室，Cl^- 会向阳极迁移并穿过阴膜也到达浓水室，因此，相邻两室中的海水，一个变淡，一个变浓，故渗析槽的出水管分成两路，一路收集淡水，另一路收集浓盐水。

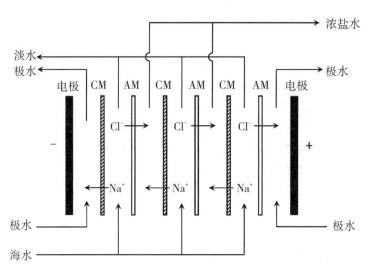

图 2.19 海水淡化电渗析示意

同时,在阳极和阴极还会发生以下电极反应:

阳极:

$$2Cl^- \rightarrow Cl_2 + 2e^-$$
$$2H_2O \rightarrow O_2 + 4H^+ + 4e^-$$

阳极室的水呈酸性。

阴极:

$$2H_2O + 2e^- \rightarrow H_2 + 2OH^-$$

阴极室的水呈碱性。

浓差极化是电渗析过程中普遍存在的现象,以 NaCl 溶液电渗析中的迁移过程为例,在直流电场的作用下,Na^+ 和 Cl^- 分别向阴极和阳极定向迁移,分别透过阳膜和阴膜,并各自传递一定的电荷,电渗析中电流的传导是靠正负离子的运动来完成的,Na^+ 和 Cl^- 在溶液中的迁移数可近似认为是 0.5。根据离子交换膜的选择性,阴膜只允许 Cl^- 通过,因此 Cl^- 在阴膜内的迁移数要大于其在溶液中的迁移数,为维持正常的电流传导,必然要动用膜边界层的 Cl^- 以补充此差数,这样就造成边界层和主流层之间出现浓度差 $(c_b - c_m)$,当电流密度增大到一定程度时,离子迁移被强化,使膜边界层内的 Cl^- 浓度 c_m 趋于零时,边界层内的水分子就会被解离成 H^+ 和 OH^-,OH^- 将参与迁移以补充 Cl^- 的不足,这种现象即为浓差极化现象,使 c_m 趋于零时的电流密度称为极限电流密度,极限电流密度用式(2.20)表达:

$$I_{lim} = \frac{ZD_{bl}fc_b}{\delta_{bl}(t_m - t_{bl})} \tag{2.20}$$

式中,Z 为阴离子的价态(如对于 Cl^-,$Z=1$);D_{bl} 为水边界层的扩散系数;f 为法拉第常数,$f = 26.8$ A·h/mol;c_b 为溶液主体中阴离子的浓度;δ_{bl} 为边界层厚度;t_m 和 t_{bl} 分别为膜中和边界层中阴离子的迁移数。

达到极限电流密度时,继续增大电位差,不会使阴离子的通量继续增加,由式

(2.20)可知,极限电流密度取决于主体溶液中阴离子的浓度 c_b 和边界层厚度 δ_{bl},为了减少浓差极化,必须减小边界层的厚度,因此,电渗析槽的设计和流体力学条件非常重要。

以上以阴离子为例说明了极化现象,阳离子也有类似情况,但阳离子在边界层中的迁移性要比同样价态的阴离子略低,因此,在流体力学条件相近时,阳离子交换膜比阴离子交换膜更容易达到极限电流密度。

2.2.3.3 反渗透和纳滤

反渗透和纳滤是利用半透膜对水溶液中低相对分子质量溶质的截留作用,以高于溶液渗透压的压差为推动力,使水透过半透膜,从而获得纯水和浓缩液的方法。反渗透和纳滤在本质上非常相似,分离所依据的原理也基本相同,两者的差别仅在于所分离的溶质的大小和所用压差的高低。

渗透与反渗透过程如图 2.20 所示,当半透膜两侧溶剂中溶质浓度不同,即溶剂化学位不同时,溶剂就会从化学位较大的一侧向化学位较小的一侧流动,直到两侧溶剂的化学位相等。

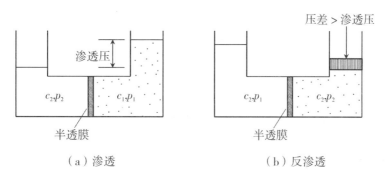

图 2.20 渗透与反渗透过程

溶质中溶剂的化学位可用理想溶液的化学位表示:

$$\mu_w = \mu_w^0 + RT\ln x + V_{mw} p \tag{2.21}$$

式中,μ_w 为指定温度、压力下溶液中溶剂的化学位;μ_w^0 为指定温度、压力下纯溶剂的化学位;x 为溶液中溶剂的摩尔分数;V_{mw} 为溶剂的摩尔体积,单位为 m^3/mol;p 为压力,单位为 Pa。

由式(2.21)可知,指定温度、压力下,纯溶剂的化学位要大于溶液中溶剂的化学位。图 2.20(a)表示了渗透过程,假定膜左侧为纯水,右侧为废水溶液,由于水溶液中水的浓度 c_1 小于纯水的浓度 c_2,因此纯水的化学位更大,纯水会透过半透膜到达废水侧,废水侧液面不断上升,直到废水侧与纯水侧的压差等于渗透压时,达到动态平衡,此即为渗透过程;如图 2.20(b)所示,如果要阻止纯水侧向废水侧渗透,就需要在废水侧施加额外压力,当膜两侧的压差大于渗透压时,此时水从废水侧穿过半透膜到达纯水侧,从而获得纯水和浓缩水,这种依靠外界压力使溶剂从高浓度侧向低浓度侧渗透的过程就称为反渗透。

在反渗透过程中，溶液的渗透压是非常重要的数据，对于多组分体系的电解质水溶液，其渗透压可用式(2.22)进行计算：

$$\pi = RT \sum_{i=1}^{n} \Phi_i c_i \qquad (2.22)$$

式中，Φ_i 为某组分的渗透压系数，c_i 为某组分的物质的量浓度，n 为溶液中的组分数。

自 20 世纪 50 年代以来，许多学者先后提出了反渗透膜和纳滤膜的各种透过机理和模型，主要有：①氢键理论。其由 Reid 等人提出，并用乙酸纤维素膜加以解释。该理论是基于水分子能与膜以氢键结合而发生联系并进行传递，即在压力作用下，溶液中的水分子和乙酸纤维素的活化点——羧基上的氧原子形成氢键，而原来的水分子形成的氢键被断开，水分子解离出来，随之转移到下一个活化点，并形成新的氢键，这一连串的氢键的形成与断开使水分子通过膜表面的致密活性层，进入膜的多孔层，然后畅通地流出膜外。②优先吸附-毛细孔流机理。1960 年，Sourirajan 在 Gibbs 吸附方程基础上，提出了解释反渗透现象的优先吸附-毛细孔流机理。以 NaCl 水溶液为例，当水溶液与膜表面接触时，若膜的物化性质使膜对水具有选择性吸水斥盐的作用，则在膜与溶液界面附近的溶质浓度就会急剧下降，在膜界面上形成一层吸附的纯水层。在压力的作用下，优先吸附的水就会渗透通过膜表面的毛细孔，从而获得纯水。纯水层的厚度与溶质和膜表面的化学性质有关，当膜表皮层的毛细孔孔径接近或等于纯水层厚度 t 的 2 倍时，该膜的分离效果最佳，能获得最高的渗透通量；当膜孔径大于 $2t$ 时，溶质就会从膜孔中心泄露出去，因此 $2t$ 称为膜的临界孔径。③溶解-扩散机理。目前认为，该机理能较好地说明反渗透膜的传递过程。该模型只适用于溶质浓度低于 15% 的膜的传递过程。该模型中水通量随着压力升高呈线性增加，但溶质的通量几乎不受压差的影响，只取决于膜两侧的浓度差。

2.2.3.4 微滤和超滤

在微滤和超滤过程中采用的膜一般为多孔膜，微滤膜的分离孔径为 0.05 ~ 10 μm，超滤膜的孔径范围为 1 nm ~ 0.05 μm，前者孔径相对较大，分离对象是颗粒物，后者孔径相对较小，分离对象是胶体和大分子物质。

微滤和超滤的主要机理有：①在膜表面及微孔内被吸附（一次吸附）；②溶质在膜孔中停留而被去除（阻塞）；③在膜表面被机械截留（筛分）。一般认为，物理筛分起主导作用，因此，膜孔的大小和形状对分离过程起主要作用，而膜的物化性质对分离性能的影响不大。

通过微滤或超滤膜的水通量可由 Darcy 定律描述，即

$$N_w = K_w \Delta p \qquad (2.23)$$

式中，N_w 为膜通量，K_w 为渗透系数，Δp 为膜上施加的压力。

对于超滤过程，被膜所截留的通常为大分子物质，大分子溶液的渗透压较小，由浓度变化引起的渗透压变化对分离过程的影响不大，可以不予考虑，但超滤过程中的浓差极化对通量的影响则十分明显，因此浓差极化现象是超滤过程中予以考虑的一个重要

问题。

超滤过程中的浓差极化现象及传递模型如图 2.21（a）所示。当含有不同大小分子的混合液通过膜面时，在压力差的作用下，混合液中小于膜孔的组分透过膜，而大于膜孔的组分被截留。这些被截留的组分在紧邻膜表面形成浓度边界层，使边界层中的溶质浓度（c_m）远远高于主体溶液中的浓度（c_b），形成由膜表面到主体溶液之间的浓度差。浓度差的存在使紧靠膜面的溶质反向扩散到主体溶液中，这就是超滤过程中的浓差极化现象。在超滤过程中，一旦膜分离投入运行，浓差极化现象是不可避免的，但是可逆。

超滤过程中的凝胶层形成现象如图 2.21（b）所示。超滤过程中被截留的溶质大多为胶体和大分子物质，这些物质在溶液中的扩散系数很小，因此，由浓差极化引起的向主体溶液中的反向扩散通量远比渗透通量低，这样膜界面上这些物质会慢慢积累，浓度增加，当其在膜表面上的浓度超过其在溶液中的溶解度时，便会在膜表面形成凝胶层，此时的浓度称为凝胶浓度（c_g），该凝胶层一旦形成，膜表面上的凝胶层溶质浓度 c_g 和主体溶液溶质浓度 c_b 的浓度梯度即达到最大值。再增加超滤压差，凝胶层厚度增加，使凝胶层阻力增加，会抵消增加的超滤压差，实际渗透通量不会因为超滤压差的增加而明显增加。因此，一旦凝胶层形成，渗透通量就与超滤压差无关。

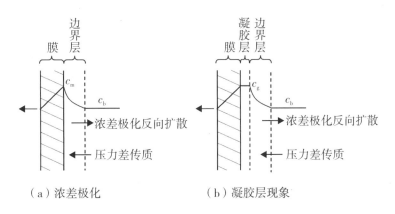

图 2.21　超滤过程中的浓差极化和凝胶层形成现象

2.3　生物处理法

2.3.1　生物处理法概论

模仿自然界自净的规律，通过工程学的措施为污染物的分解者——微生物提供合适的环境（温度、pH、营养、溶解氧等），以强化微生物对污染物的降解和转化，达到消除环境污染的目的。

2.3.1.1 微生物的特点及其与污染控制的关系

微生物是一些微小生物的总称,它既包括细菌、放线菌、支原体、衣原体等原核微生物,也包括酵母菌、霉菌、原生动物、微型藻类等真核微生物,还包括非细胞型的病毒。

微生物有以下特点:①种类多。我们目前所了解的微生物大约有10万种,估计只占自然界中微生物的10%。近年来由于分离培养方法的改进,微生物新种发现的速度在日益增加。将来的某一天,微生物的总数可能会超过目前动植物的总和。②繁殖快。在生物界中,微生物具有最高的繁殖速度。例如,大肠杆菌20 min便可繁殖1代,以二分裂法递增,即$2n$递增,1 d繁殖72代,共2^{72}个。③数量多。例如,土壤是微生物的大本营,其中的细菌达每克几亿个;人体肠道内细菌达100万亿个左右;人的一个喷嚏中飞沫含细菌4500~150000个,感冒患者的更是多达8500万个。④代谢强度大。有人估计乳酸杆菌1 h内产生的乳酸为其体重的1000~10000倍,但一个人要产生相当其体重1000倍的代谢物则需要40多年。⑤易变异。微生物的个体一般是单细胞或接近于单细胞,它们与外界环境直接接触,因此具有易变异的特点。加之它们繁殖快,数量多,因此即使变异率很低,也可能在短时间内出现大量变异的后代,但这种变异可能有利于废水处理。⑥体积小,比表面积大。假设人的比表面积为1,则与人等重的大肠杆菌的比表面积为30万。

2.3.1.2 水中主要微生物

细菌是一类原核单细胞生物,不含具体的细胞核。按形态可分为球菌、杆菌和螺旋菌,其大小为0.5~5 μm,传代时间为几十分钟,多数细菌对pH和温度变化十分敏感,一般喜欢中性环境。按营养的摄取方式可分为:①自养菌。自养菌能利用各种无机物合成自身所需的有机物,包括化能自养菌和光能自养菌。前者在转化无机物的过程中获得能量,废水处理中的硝化菌就属于此类;后者通过光化学反应获得所需的能量,其种类很少。②异养菌。异养菌将自然界的有机物作为碳源,以无机氮或者有机氮作为氮源。废水处理中主要依赖各种异养菌使有机污染物降解。异养菌按照呼吸方式的不同又分为需要溶解氧才能维持生长的好氧菌、生活在无氧环境中的厌氧菌、在有氧和无氧环境中均能生活的兼性厌氧菌。

真菌是一种真核生物,广泛存在自然界中。现在已经发现了超7万种真菌,有些可用以生产工业原料(柠檬酸等),进行食品加工(酿造酱油等),制造抗生素(如青霉素、灰黄霉素),但也可让产品发霉变质,部分霉菌还可引起病害,如头癣、脚癣等。真菌包括霉菌和酵母菌,前者是多细胞的,能产生纤细的菌丝;后者是单细胞的,不能形成菌丝。它们都以有机碳为碳源,在有氧条件下生存,但对氧的要求很低,只有细菌需氧量的1/2左右。真菌在pH为2~9的范围下均可生存,最适宜的pH为5~6。在活性污泥中,真菌的菌丝起到活性污泥凝聚骨架的作用,但其数量过多会引起污泥膨胀。

藻类是一大群能进行光合作用的自养型生物。按色素的颜色划分,藻可分为绿藻、褐藻和红藻。有些藻类设法离开了水，如绿球藻属可生活在树皮或潮湿的旧墙上。在自然水体中，藻类会产生令人不愉快的气味和颜色，因此人们不希望其生长。但藻类能进行光合作用，放出 O_2，对氧化塘的生物净化有帮助。

原生动物是动物中最原始的、最低等的单细胞动物，生活在有氧的环境中，大小为 10～100 μm。它们虽然个体小，但是一个完整的有机体，具备动物所必需的摄取营养、呼吸、排泄和生殖等功能。它们能够捕食水中的有机物和细菌等。生物处理中常见的原生动物有肉足虫、鞭毛虫、纤毛虫等，它们对营养和环境条件的变化比较敏感，其存在与否能反映活性污泥的工作状态是否正常。

后生动物为多细胞动物。它们的结构比前述 4 种微生物均要复杂，体内有各种器官。后生动物有多种类型，这里只关心水中微型后生动物，如轮虫、甲壳虫和线虫等，其常与原生动物一起成为指示生物的重要成员。轮虫以细菌、原生动物和有机颗粒为食，需氧程度比较高，常生活在比较干净的水中，在活性污泥里它的多少往往是处理效果的标志，但数量太多可能破坏污泥的结构，使污泥松散，是生物处理中微生物老化的反映。线虫可以以固体有机物为食，好氧，在活性污泥和生物膜中均有发现。甲壳类动物以细菌和藻类为食，生活在有氧的条件下，在缺氧条件下只能生活几小时。藻类较多的氧化塘可用甲壳类动物净化。甲壳类动物的存在表明水中有机物很少，溶氧浓度较高。

2.3.1.3 生物处理方法分类

1. 好氧生物处理法

有机物的好氧分解过程如图 2.22 所示。

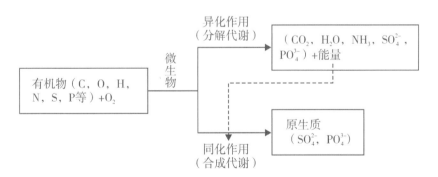

图 2.22 有机物的好氧分解过程

好氧生物处理法的分类如图 2.23 所示。

$$\text{自然条件}\begin{cases}\text{水体自净}——\text{天然水体、氧化塘}\\\text{土壤净化}——\text{污水灌溉}\end{cases}$$

$$\text{人工条件}\begin{cases}\text{悬浮生物法}——\text{活性污泥法、氧化沟、氧化塘}\\\text{固着生物法}——\text{生物滤池、生物转盘、接触氧化法}\end{cases}$$

图 2.23　好氧生物处理法的分类

2. 厌氧生物处理法

厌氧生物处理法分为两个阶段。第一阶段为产酸阶段，有机物降解为有机酸（如蚁酸、乙酸、丁酸和氨基酸）和醇类，以及 NH_3、硫化物、CO_2 等无机物，并放出能量。它包括两个时期，第一时期为酸性消化期，此时大量产酸，pH 迅速下降（可达 5 以下），为酸性发酵期；第二时期为酸性减退期，此时有机酸和含氮化合物开始分解，生成 NH_3、胺和碳酸盐等碱性物质，pH 逐步上升，同时放出 H_2S 和硫醇等恶臭气体。第二阶段为产气阶段或者碱性分解阶段，甲烷菌以第一阶段产生的有机酸和醇等为营养源，产生 CH_4、CO_2、NH_3、H_2 等气体，其中，CH_4 占 50% 以上。此阶段 pH 上升，可达 7 以上，最适宜 pH 为 6.8～7.2。

有机物的厌氧分解过程如图 2.24 所示。

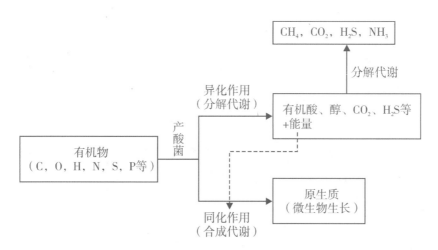

图 2.24　有机物的厌氧分解过程

厌氧生物处理法的分类如图 2.25 所示。

$$\text{自然条件}——\text{高温堆肥、厌氧塘}$$

$$\text{人工条件}\begin{cases}\text{悬浮生物法}——\text{厌氧消化、化粪池、上流式厌氧污泥床}\\\text{固着生物法}——\text{厌氧滤池、厌氧流化床}\end{cases}$$

图 2.25　厌氧生物处理法的分类

2.3.2 活性污泥法

2.3.2.1 活性污泥的基本概念

有机废水经过一段时间的曝气后，水中会产生污泥状絮体，这种污泥状絮体就是活性污泥，其含有多种细菌、真菌、原生动物和后生动物，还包含一些无机物和被分解的有机物，它们组成了一个特有的生态系统。因此，活性污泥实际上是一个经过专门驯化的好氧微生物群体，它们中最重要的是细菌。活性污泥的特性是结构疏松、表面积大，对有机物有着强烈的吸附和氧化分解能力。在条件适当的时候，活性污泥又具有自身凝聚和沉降性能。从废水处理的角度来看，这些特点都是十分可贵的。

2.3.2.2 活性污泥法的基本概念及基本流程

活性污泥法是一种好氧生物处理废水的重要方法，它是利用悬浮在废水中人工培养的微生物群体——活性污泥对废水中的有机物和某些无机毒素产生吸附、氧化分解而使废水得到净化的方法。

活性污泥法的基本流程如图 2.26 所示。活性污泥中微生物以存在于污水中的各种有机污染物为营养，在溶解氧存在的条件下，对混合微生物群体进行连续的培养，并通过凝聚、吸附氧化分解和沉淀等作用来去除有机物。活性污泥法在形式上有多种，但它们的流程基本相同，大体有 4 个步骤。

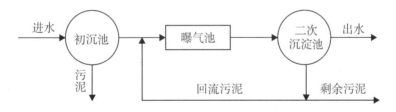

图 2.26 活性污泥法的基本流程

（1）初次沉淀。主要去除泥沙及大颗粒悬浮物，根据废水的特性的不同，有时可以省去这一步。

（2）曝气。这是核心步骤，通过一定的设备向曝气池内分散空气，为生物氧化作用提供充足的 O_2 并使污水得到搅拌处于悬浮状态。这一状态有利于微生物和废水中有机物、溶解氧的充分接触和反应。

（3）二次沉淀池（二沉淀池）。对活性污泥和已处理的水进行固液分离。活性污泥有较好的沉降性能，一般无须加入絮凝剂。

（4）污泥回流。一部分污泥将作为菌种与污水混合，回流到曝气池。

2.3.2.3 活性污泥性能的评价指标

活性污泥法处理的关键在于具有足够数量和高活性的活性污泥。通常用以下 5 个指标来评价活性污泥的优劣：

（1）污泥浓度，也称为混合液悬浮固体（mixed liquor suspended solid，MLSS）浓度。污泥浓度指曝气区内 1 L 混合液所含悬浮固体的量，单位为 mg/L，它反映活性污泥所含微生物的多少。然而，实际测得的 MLSS 浓度是混合液的过滤残渣，包括具有活性的微生物群体、自身氧化的残留物、微生物不能氧化的有机物和无机物等四部分，只能大致反映活性污泥处理有机物能力的强弱。

（2）污泥沉降比（sludge settling velocity，SV）。污泥沉降比指 1 L 混合液静置沉降 30 min 后沉淀污泥占混合液的百分比。它能反映出污泥的凝聚性能、沉降性能和污泥量的多少。对一般城市污水来说，污泥沉降比常为 15%～30%。当活性污泥的凝聚性能、沉降性能良好时，污泥沉降比的大小反映出污泥数量，因此在废水处理站中以它为依据来控制排泥时间和排泥的次数。当污泥沉降比超过废水处理站正常运行范围时，就排放一部分污泥，以免曝气池由于污泥多、耗氧快而造成缺氧，影响处理效果。但有时污泥沉降比大，不是污泥量多，而是由于污泥的凝聚性能、沉降性能差，因此难以沉淀。这是曝气池的工作不正常的表现。此时要结合其他污泥指标（如污泥浓度等）查明原因，采取措施。总之，因为污泥沉降比的测定比较简单，也能说明一定的问题，所以在废水处理站往往每天测 1 次。

（3）污泥体积指数（sludge volume index，SVI），简称为污泥指数（sludge index，SI）。这是衡量活性污泥沉降性能的指标，指曝气池混合液经 30 min 沉淀后 1 g 污泥所占体积，单位为 mL/g，其计算方法见式（2.24）：

$$SVI = SV/MLSS \qquad (2.24)$$

SVI 反映活性污泥的疏松程度和凝聚、沉降的性能。污泥指数过低，说明污泥细小紧密，无机物多，缺乏活性和吸附的能力；污泥指数过高，说明污泥将要膨胀，污泥不易沉淀，此时丝状菌过多。对一般城市污水来说，污泥体积指数常以 50～150 mL/g 为宜。

（4）污泥负荷。污泥负荷指单位质量或单位体积的活性污泥在单位时间内所能去除有机物的量，单位为 kg/(kg·d) 或 kg/(m³·d)：

$$L_w = QS/VX \qquad (2.25)$$
$$L_V = QS/V \qquad (2.26)$$

式中，L_w 为污泥的质量负荷，单位为 kg/(kg·d)；L_V 为污泥的容积负荷，单位为 kg/(m³·d)；V 为曝气池的容积，单位为 m³；Q 为废水的流量，单位为 m³/d；X 为曝气池活性污泥的浓度，单位为 kg/m³；S 为废水中有机污染物的浓度，单位为 kg/m³。

（5）污泥龄 T_s。污泥龄指活性污泥在曝气池中的平均停留时间，即曝气池的活性污泥全部更新一次的时间。对于间歇式实验装置，其污泥龄与水力停留时间相同，但对于实际的连续流动活性污泥系统，由于存在回流污泥，其污泥龄大于水力停留时间，等于曝气池中活性污泥的总量除以每天流出活性污泥的总量。具体计算见式（2.25）：

$$T_s = VX/QX_i \qquad (2.25)$$

式中，V 为曝气池的体积，单位为 m³；X 为曝气池活性污泥的浓度，单位为 kg/m³；Q 为废水的流量，单位为 m³/d；X_i 为排出水中污泥的浓度，单位为 kg/m³。

一般地，泥龄长，污泥量也少，但污泥龄太长，将使污泥老化，影响污泥的沉淀性能和生物活性。普通活性污泥的泥龄一般为 3～4 d。

2.3.2.4 活性污泥工艺

活性污泥工艺是一种广泛而有效的传统生物处理方法，也是一项极具发展前景的污水处理技术，这体现在它对水质水量的广泛适应性、灵活多样的运行方式、良好的可控制性、运行的经济性，以及通过厌氧或缺氧区的设置使之具有生物脱氮、除磷的效能等方面。活性污泥工艺有 3 种。

(1) 普通活性污泥法（传统活性污泥法）。这是最早使用的活性污泥形式，其工艺流程如图 2.26 所示，其特点是使用推流式曝气池（图 2.27）。污水和回流污泥在曝气池的前端进入，在池内呈推流形式流动至池的末端，由鼓风机通过扩散设备或机械曝气机曝气并搅拌。因为廊道的长度比要求为 5～10，所以一般采用 3～5 条廊道。在曝气池内进行吸附、絮凝和有机污染物的氧化分解，即吸附阶段和氧化阶段在同一池内完成。水中有机物的浓度沿池长方向逐渐降低。出口端污泥一般已进入内源代谢期，此时污泥易于混凝和沉淀。同时，此污泥处于"饥饿"状态，对有机物有较强的吸附性和氧化性，该法的生物需氧量（biochemical oxygen demand，BOD）和悬浮固体去除率很高，可达 90%～95%，且水质稳定、污泥少。缺点是曝气时间长（4～8 h），故曝气池容积大；需氧量是沿池长逐渐减少的，而供氧量是均匀的，因此造成供氧不合理，前段有机物负荷高，耗氧速率快，供氧不足，后段供氧过量。

图 2.27 推流式曝气池示意

(2) 氧化沟（oxidation ditch）。Carrousel 氧化沟是 1967 年由荷兰 DHV 公司研制成功的，当时开发这一工艺的主要目的是寻求一种渠道更深、效率更高和机械性能更好的系统设备，以改善和弥补当时流行的转刷式氧化沟的技术弱点。

Carrousel 氧化沟是一个连续环形反应池（图 2.28），污水与回流污泥一起进入氧化沟系统，使用定向控制的曝气和搅动装置，向混合液传递水平速度，从而使被搅动的混合液在氧化沟闭合渠道内循环流动。因此，氧化沟具有特殊的水力学流态，既有完全混合式反应器的特点，又有推流式反应器的特点，沟内存在明显的溶解氧浓度梯度。氧化沟断面为矩形或梯形，平面形状多为椭圆形，沟内水深一般为 2.5～4.5 m，宽深比为 2∶1，亦有水深达 7 m 的，沟中水流平均速度为 0.3 m/s。氧化沟曝气混合设备有表面曝气机、曝气转刷或转盘、射流曝气器、导管式曝气器和提升管式曝气机等，近年来配合使用的还有水下推动器。Carrousel 氧化沟的特点是：氧化沟通常在延时曝气条件下进行，污水停留时间长，污泥负荷低；在用转刷曝气时，动力消耗小，噪声小；由于曝气装置只设置在氧化沟的局部区段，离曝气机不同距离处形成好氧、缺氧及厌氧区段，但它们之间的界限不是十分清晰，故除磷、脱氮效率一般。

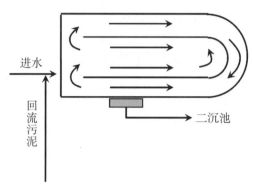

图 2.28 Carrousel 氧化沟

（3）序批式活性污泥法（sequencing batch reactor，SBR）。早在 1914 年 Arden 和 Lockett 发明活性污泥法时，首先采用的就是这种 SBR 系统，但由于当时的自动监控技术水平较低，间歇处理的控制阀门十分烦琐，操作复杂，因此 SBR 逐渐被连续式活性污泥法所取代。近几十年来，工业和自动化控制技术的飞速发展为 SBR 的再度深入研究和应用提供了有利的条件。20 世纪 70 年代初，美国圣母大学教授 R. Irvine 在实验室对 SBR 进行了系统的研究，并于 1980 年在美国环保局的资助下，在印第安纳州的卡尔弗城建成了世界上第一个工业规模的 SBR 污水处理厂。此后，SBR 逐渐在欧美和日本等地推广开来。我国的第一座 SBR 污水处理厂于 1985 年在上海吴淞肉联厂建成，处理量为 2400 t/d。目前，SBR 工艺在国内已广泛用于屠宰、缫丝、啤酒、化工、鱼品加工、制药等工业废水和生活污水的处理。SBR 的特点是将曝气池与沉淀池合二为一，生化反应分批进行，基本工作周期为进水期、反应期、沉淀期、排水期和闲置期（图 2.29）。一个运行周期的时间依有机负荷及出水要求而定，一般为 4～12 h，其中反应期占 40%。

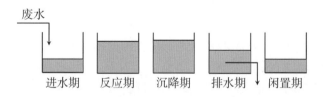

图 2.29 序批式活性污泥法 SBR 的工作周期

SBR 的关键设备是旋转式滗水器。为了保证排水时不会扰动池中各水层，使排出上清液始终位于最上层，就要使用一种能随水位变化而调节的出水堰，即滗水器。SBR 的特点是：①构造简单、投资少。SBR 中曝气、沉淀在同一池内，省去了二沉池、回流装置和调蓄池等设施，基建投资较低，特别适合乡村地区或小型城市废水处理系统。

②控制灵活，可满足各种处理要求。在SBR运行过程中，一个周期中各个阶段的运行时间、总停留时间、供气量等都可按照进水和出水的要求而加以调节。③污泥沉淀效率高。在沉降期，废水在静止状态下沉降，因此污泥沉淀时间短、效率高。总之，SBR在工业废水的处理上应用十分广泛，并显示出独特的优点。

2.3.3 生物膜法

2.3.3.1 生物膜法的概念与发展

19世纪末，德国科学家在研究土壤净化污水过滤田的基础上，创造了生物膜法，并应用于生产。与其后出现的活性污泥法相比，该法的体积负荷和BOD去除效率都较低，环境卫生条件也较差，处理设备易堵塞，于是在20世纪40—60年代其有逐渐被活性污泥法取代的趋势。但到了20世纪60年代，由于新型合成材料的大量生产和环境保护对水质要求的进一步提高，生物膜法又获得了新的发展。近年来，属于生物膜法的塔式生物滤池、生物转盘，特别是生物接触氧化和生物流化床得到了较多的研究和应用。

生物膜法是依靠固定于固体表面的微生物来净化有机污染物的好氧生物处理法。污水从上向下散布，在其流经滤料表面的过程中，有机污染物经过吸附、O_2向生物膜的扩散及生物氧化等作用被分解，故称为生物膜法。

2.3.3.2 生物膜法的净化机理

1. 生物膜的形成（挂膜）

生物膜净化装置中填充着许多碎石等滤料（挂膜介质），有机废水均匀地淋洒在介质表面上后，便沿介质表面向下渗流，在供氧充分的条件下，接种的或废水中原有的微生物就被吸附在介质表面，并开始吸附废水中的有机物，将其作为食料，通过同化作用逐渐在介质表面形成带有黏液的微生物膜。此膜便是生物膜的雏形。

随着微生物不断生长，生物膜的厚度不断增加，生物膜的结构也发生了变化。膜的表层和废水相接触，吸取废水中的营养和O_2比较容易，微生物生长繁殖比较迅速，形成以好氧生物为主的好氧层；在其内部，O_2很少，某些厌氧微生物恢复活性，逐渐形成以厌氧微生物为主的厌氧层（图2.30）。厌氧层是微生物膜生长到一定厚度才出现的。

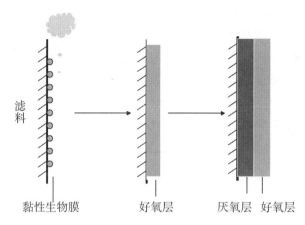

图 2.30 生物膜中厌氧层和好氧层的形成

生物膜有以下特点：①在低负荷的生物滤池中，由于有机物氧化较完全，膜生长较慢，厌氧层和好氧层的界限不明显，只有在高负荷的情况下，生物膜的生长才迅速。它从开始到成熟要经历潜伏和生长两个阶段，一般城市生活污水在 20 ℃ 左右的条件下大致需要 30 d 的时间才能被净化。②生物膜并不是毫无变化地附着在滤料表面，而是不断地增长，脱落，再增长。脱落的原因有水力冲刷、膜自身的重量、原生动物的松动、厌氧层和介质的黏结力较弱等。③生物膜是该法处理的基础，必须有足够的数量才能达到净化水的目的。一般认为生物膜介于 2～3 mm 较为理想。如果生物膜太厚，会影响通风，甚至堵塞。

2．生物膜中微生物的特征

生物膜中的微生物与活性污泥中的大致相同，它们都以细菌和菌胶团为主，但又有各自的特点，生物膜中丝状菌多，有时还起主要作用。生物滤池的污水从上而下流动，逐渐得到净化。水质从上而下也不断发生变化，因此对生物膜上的微生物种群有很大影响。上层水中大多是以有机物为食料的好氧菌，下层水中则是传代时间较长的硝化菌、原生动物等。

3．生物膜中的物质迁移和净化机理

由于生物膜的吸附作用，在其表面有一层很薄的水层，称为附着水层。附着水层的有机物浓度因被生物膜摄取而变得比废水本体的浓度要低得多，因此，当废水沿固体介质流动时，有机物便从流动的水中扩散到附着水层中去，并进一步被生物膜吸附摄取，废水中的 O_2 也通过附着水层传递给生物膜。生物膜在 O_2 充足的情况下，对有机物进行氧化分解，将其转变为无机盐和 CO_2，它们沿相反的方向扩散进入附着水层。生物膜中的微生物在这一过程中获得能量和营养，不断生长繁殖，因此生物膜不断变厚。而在生物层内部，由于 O_2 不能透入，出现厌氧层，并产生有机酸、NH_3 和 H_2S 的等。随着厌氧层不断变厚，靠近载体表面处的微生物由于得不到营养而死亡脱落，并开始增长新的生物膜，生物膜就这样处在一个不断生长、脱落、更新的循环中，从而保持生物膜的活性。

2.3.3.3 普通生物滤池

生物滤池是在污水灌溉的基础上发展起来的人工生物处理法，1893年在英国试验成功，1900年后开始用于废水处理工程，并迅速地在欧洲和北美广泛应用。生物滤池的主要特征是池内的滤料是固定的，废水自上向下流过表面，由于和不同层面微生物接触的废水的水质不同，微生物的组成也不同，且微生物的食物链长，故产生的污泥量少。生物滤池根据设备类型的不同可分为普通生物滤池和塔式生物滤池，也可根据承受废水的负荷的大小分为低负荷生物滤池（普通生物滤池）和高负荷生物滤池。

（1）结构。生物滤池结构如图2.31所示，一般由钢筋混凝土或砖石砌筑而成，池平面多以圆形为主，主要组成为滤料、池壁、布水系统和排水通风系统。滤料作为生物膜的载体，对生物滤池的工作有影响。滤料越小，表面积越大，生物膜的面积越大，但滤料太小，空隙也就越小，通风阻力也就越大，易出现堵塞，一般石块的粒径选择3～10 cm。滤料下层为承脱层，石块可稍大，以免上层脱落的生物膜累积造成堵塞。石块大小的选择还要考虑滤池的有机负荷，若负荷高，则要选择较大的石块，否则，由于废水营养浓度高，微生物生长快而造成堵塞。以前常采用碎石、炉渣和焦炭，近年多采用塑料（如聚氯乙烯、聚乙烯和聚苯乙烯等）加工成的波纹板、蜂窝管、环形及空心圆柱等复合滤料。这些滤料比表面积大、空隙率高，空隙率可达90%以上，大大改善膜的生长及通风条件，使处理能力大大提高。

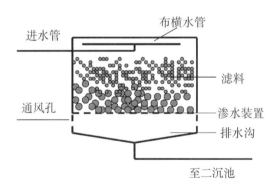

图2.31 生物滤池的结构

（2）池壁。池壁由钢筋混凝土或砖石砌成。池壁高出滤料表面0.5～0.9 m，以防风力干扰，保证布水均匀。

（3）排水通风系统。它用来排出处理水，支承滤料及保证通风。排水系统通常分为两层，滤料下的渗水装置及底部的集水沟和排水沟。

2.3.3.4 移动床生物膜反应器（moving bed biofilm reactors，MBBR）

MBBR已发展成为一种高效的、可靠的去除有机物和脱氮的生物技术，其结构如图2.32所示。反应器中装填填料，挂膜成功后，长满生物膜的填料的密度与水接近，在气流作用下，在整个反应器中流动，填料的流化状态使气、水、固三相之间具有较好的传质。MBBR具有构筑物简单、占地面积少、污泥产量低、生物质浓度高、污泥停留时间长的优点。MBBR使用的填料多为聚乙烯、聚丙烯及其改性材料，这类填料由于表面光滑，不容易挂膜，挂膜易脱落；聚氨酯泡沫填料具有丰富的孔结构，易于挂膜，但是价格较贵。MBBR工艺也存在以下缺点：容易出现局部填料堆积、高微生物浓度高，需要较大的曝气量，运营能耗也更高。

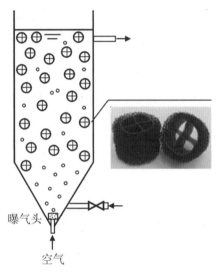

图 2.32　移动床生物膜反应器示意

2.3.3.5　接触氧化池

接触氧化池结构如图 2.33 所示，池中装填各种挂膜介质，并全部浸没在废水中，在滤料的支撑下部设置曝气管，用压缩机等向内曝气供氧，同时带动废水在滤料间隙循环流动。它实际上是普通生物滤池和活性污泥的结合，因此它又称为浸没曝气法和固定活性污泥法。

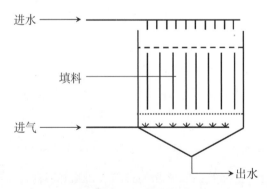

图 2.33　接触氧化池

接触氧化池有以下特点：①在活性污泥中，丝状菌对多数有机物具有较强的氧化能力，但丝状菌过多容易引起污泥膨胀问题，而在生物接触氧化池中，丝状菌在填料空隙间呈立体结构，不易发生污泥膨胀问题，净化效率高；②有较高的生物浓度，一般活性污泥的污泥浓度为 2～3 g/L，接触氧化的污泥浓度可达 10～12 g/L；③缺点是填料价格高，投资大。

2.3.4 厌氧消化法

2.3.4.1 厌氧消化法概述

厌氧消化法是指在无氧条件下，通过厌氧微生物的作用，将污水中的各种有机物分解转化为 CH_4、CO_2 等物质的过程，故也称为厌氧生化法。

厌氧消化法以前多用于城市污水处理厂的污泥、有机废料及部分高浓度有机废水的处理，在构筑物形式上主要采用普通消化池。水力停留时间长、有机负荷低等缺点，较长时期内限制了它在废水处理中的应用。

20 世纪 70 年代以来，世界能源的短缺日益突出，能产生能源的厌氧技术受到重视，研究和实践不断深入，开发了各种新型的工艺和设备，大幅度提高了厌氧消化法的效率。目前，厌氧消化法不仅可以处理有机污泥和高浓度有机废水，也能处理中、低浓度的有机废水，包括城市生活污水（除磷），它是环境工程与能源工程中的一项重要技术。

2.3.4.2 厌氧消化法的基本原理

厌氧消化处理是一个复杂的微生物化学过程，但从产物类型出发，它能简单分为水解产酸和产气两个阶段，也可以细分为水解产酸、产氢产乙酸和产甲烷三个阶段。

第一阶段为水解产酸阶段，即复杂的大分子、不溶性有机物先在胞外酶的作用下水解为小分子、溶解性有机物，然后渗入细胞内，分解产生有机酸、醇和醛等。

第二阶段为产氢产乙酸阶段，即在产氢产乙酸细菌的作用下，第一阶段产生的各种有机酸转化为 CH_3COOH、H_2 及 CO_2：

$$CH_3CH_2CH_2CH_2COOH + 2H_2O \rightarrow CH_3CH_2COOH + CH_3COOH + 2H_2 \uparrow$$
$$CH_3CH_2COOH + 2H_2O \rightarrow CH_3COOH + 3H_2 \uparrow + CO_2 \uparrow$$

第三阶段为产甲烷阶段，可通过以下反应式产 CH_4，对产 CH_4 的贡献各占 1/3：

$$4H_2 + CO_2 \rightarrow CH_4 + 2H_2O$$
$$CH_3COOH \rightarrow CH_4 + CO_2$$

2.3.4.3 厌氧消化工艺

20 世纪 70 年代以来，厌氧生物处理法的研究进展很快，开发出了许多新的废水厌氧处理工艺，如上流式厌氧污泥床反应器、厌氧流化床反应器、厌氧膨胀床反应器和厌氧生物转盘法等。

1. 传统消化池（化粪池）

传统消化池（化粪池）的构造如图 2.34 所示。一般地，消化池内不设搅拌设备，因此池内污泥有分层现象，仅一部分池容积起有机物分解作用，池底部容积主要用于贮存和浓缩污泥。

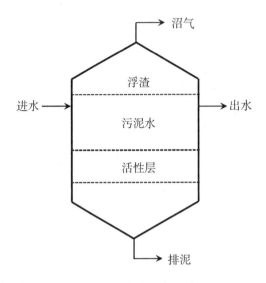

图 2.34　传统消化池（化粪池）

传统消化池（化粪池）的特点为：结构简单，造价低；污水停留时间短，污水与厌氧微生物的接触较差，处理效率低，一般作为预处理。

2. 厌氧接触法

厌氧接触法的工艺流程如图 2.35 所示。为了克服普通消化池不能停留或补充厌氧活性污泥的缺点，在消化池后设沉淀池，将部分污泥回流至消化池。它的流程类似于传统的好氧活性污泥法，但消化中用机械方法或泵循环等进行搅拌。

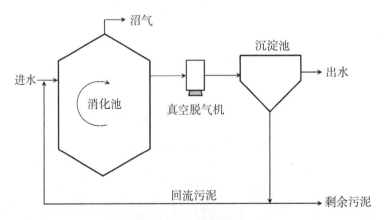

图 2.35　厌氧接触法

厌氧接触法有以下特点：①由于回流了污泥，消化池中能维持较多的甲烷菌。回流量一般为污水投入量的 2～3 倍，可保持消化池中固体浓度为 2～3 g/L。消化池流出的悬浮固体内的气体不利于沉淀，可用真空脱气去除。②它对于处理悬浮物含量较高的有机废水的处理效果较好。这是因为微生物可大量附着在悬浮物上，使微生物与废水的接触面积增大，悬浮污泥的沉降性能也较好。据报道，对于 BOD 为 1000～1800 mg/L 的肉类加工废水，在中温下，经过 6～12 h 的消化，其 BOD 去除率可达 90%以上。

3. 厌氧滤池

厌氧滤池的构造如图 2.36 所示。为了在厌氧反应器中维持较多的生物，防止已生成的微生物随水流走，研制了厌氧滤池。这种滤池中填满了不同种类的填料，与一般的好氧生物滤池相同。整个填料浸没在水中，顶部密封，一般是从底部进水，顶部出水。由于厌氧微生物附着在填料表面，不随水流走，因此细胞的平均停留时间（污泥龄）可长达 100 d 左右。

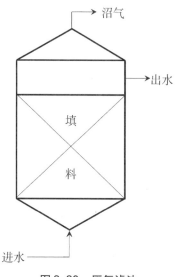

图 2.36　厌氧滤池

厌氧滤池的优点是池内有较高的微生物浓度，处理能力较强，出水的悬浮固体较少；厌氧滤池的缺点是易堵塞，特别是在滤池下部的生物膜较厚时。因此，它主要用于含悬浮固体很少的溶解性有机废水的处理。

4. 升流式厌氧污泥床（upflow anaerobic sludge blanket，UASB）反应器

UASB 是由荷兰瓦格宁根农业大学的教授 Letting 等人于 1972—1978 年研发出来的，于 20 世纪 80 年代初在高浓度有机工业废水的处理中得到日趋广泛的应用。

UASB 结构如图 2.37 所示，废水自下而上地通过厌氧污泥床，床体底部是一层沉淀性能很好的污泥层，中部是一层悬浮层，上部是澄清区。澄清区设有三相分离器，用以完成气、液、固三相的分离。被分离的消化气由上部导出，被分离的污泥则自动落到下部的反应区。厌氧消化产生的微小气泡对污泥床有缓慢的搅拌作用。

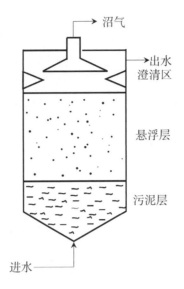

图 2.37　升流式厌氧污泥床反应器

（1）污泥悬浮层。污泥悬浮层位于 USAB 的中部。它占整个反应器容积的 70% 左右，其中的污泥浓度低于污泥层，通常为 15～30 mg/L，由高度絮凝的污泥组成，一般为非颗粒状污泥，其沉速要明显小于颗粒污泥的沉速。污泥容积指数一般为 30～40 mL/g 之间，靠来自污泥床中上升的气泡使此悬浮层得到良好的混合。污泥悬浮层担负着整个 USAB 反应器有机物降解量的 10%～30%。

（2）沉淀区。沉淀区位于 UASB 反应器的上部，其作用是使由于水流的夹带作用而上升的流入出水区的固体颗粒沉淀下来，并沿沉淀区底部的斜壁滑下而重新回到反应区内，以保证反应器中污泥不致流失，进而保证污泥床中污泥的浓度。

（3）三相分离器。典型的三相分离器如图 2.38 所示。三相分离器一般设在沉淀区的下部。三相分离器主要由集气区和折流挡板组成。有时也将沉淀装置看作它的组成部分之一。它的主要作用是将沼气、固体和液体三相加以分离，将沼气引入集气室，将处理水引出出水区，固体颗粒导入反应区。

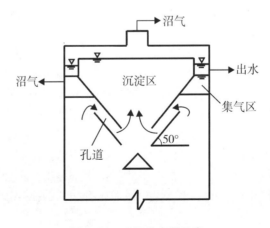

图 2.38　三相分离器示意

UASB 反应器处理工艺是目前研究较多、应用日趋广泛的新型污水厌氧生物处理工艺，它具有其他厌氧处理工艺（厌氧滤池）难以比拟的优点：①气、液、固三相的分离实现了一体化；②通常情况下不会发生堵塞；③生物固体的停留时间可长达 100 d；④它的微生物浓度高，因此可容许很高的有机负荷；⑤具有很高的处理能力和处理效率，适合各种高浓度的有机废水的处理，是一项具有很大发展前景的污水厌氧处理工艺。

2.3.4.4 厌氧消化法和好氧生物处理法的比较

与好氧生物法比较，厌氧消化法的优点有：①应用范围广。好氧法因供氧的限制，一般只适用于中、低浓度的有机废水的处理，而厌氧生化法不仅能处理中、低浓度的有机废水，也可以处理高浓度的有机废水。②能耗低，且能产沼气，运行成本低。好氧生物法需要消耗大量的能量供氧，而厌氧消化法不需曝气供氧，且产生的沼气可作为能源。一般厌氧消化法的动力消耗只有活性污泥法的 1/10。③剩余污泥量少，且其浓缩性、脱水性良好；④ N、P 营养需要量较少。好氧生物法一般要求 BOD、N、P 的比为 100∶5∶1，而厌氧法一般要求 BOD、N、P 的比为 100∶2.5∶0.5，对 N、P 缺乏的工业废水所需投加的营养盐量较少。⑤厌氧活性污泥可以长时间储存，厌氧反应器可以季节或间歇性运转。与好氧反应器相比，在停止运行一段时间后，能较迅速启动。

厌氧消化法的缺点有：①厌氧微生物增殖缓慢，因此厌氧设备启动和处理时间比好氧设备长；②出水往往达不到排放标准，需要进一步处理，故一般在厌氧处理后串联好氧处理；③厌氧处理系统操作控制因素较为复杂。

2.4 工业废水的深度处理技术

污水根据来源一般可以分为生活污水、工业废水、初期雨水及城镇污水，其中，工业废水指工业生产过程中排出的废水、废液。工业废水种类繁多、污染物成分复杂。工业废水中往往含有较高浓度的有机污染物、氨氮、石油类污染物、重金属等有毒有害物质，污染比较严重，是城镇污水中有毒、有害污染物的主要来源，也是本节讨论的主要内容。为了生态环境的可持续性发展，污水必须经过处理，一是处理达到排放标准后回到自然水体中，二是达到回用标准后再生利用。根据处理的程度，污水处理可分为一级处理、二级处理、三级处理（深度处理）。一级处理也叫预处理，是指通过沉淀、气浮、过滤等物理方法去除污水中的悬浮状固体物质，或通过絮凝、中和等化学方法，使污水中的强酸、强碱和过浓的有毒物质得到初步净化，为二级处理提供适宜的水质条件。二级处理是在一级处理的基础上，再用生物法对污水进行进一步的处理，主要是去除可生物降解的可溶性有机污染物和部分胶体污染物，用以减少污水中的 BOD 和部分 COD。近年来，有采用化学法作为二级处理主体工艺的趋势，且随着化学药剂品种的不断增加，以及处理设备和工艺的不断改进而得到推广，如含磷酸盐废水和含胶体物质的废水须用化学混凝沉淀法处理。三级处理又叫深度处理，是指城市污水或工业废水经一级、二级处理后，为了达到更高的水排放标准或者达到一定的回用水标准，针对二级处理后的水做进一步处理。深度处理主要是去除难生物降解的有机物和废水中溶解的无机污染物、颜色和异味，有时也指去除 P 和 N 等。深度处理的方法有絮凝沉淀法、砂滤法、活性炭法、臭氧氧化法、膜分离法、离子交换法、电解处理、湿式氧化法、催化氧化法、蒸发浓缩法等物理化学方法与生物脱氮、脱磷法等及其组合工艺。深度处理方法费用昂贵，管理较复杂，但为了保护环境及减少水资源的消耗，深度处理还是在逐步推行。针对不同的污水，采用不同的深度处理工艺。工业深度处理的总体目标是满足更严格的环保要求或者进行回收利用。

2.4.1 无机废水深度处理技术

2.4.1.1 重金属废水深度处理技术

1. 电解法

电解法是常见的处理技术，主要是指在直流电的作用下，废水中的带电重金属离子迁移到阴极，被还原为金属单质，金属单质沉积到反应器底部或者阴极表面，从而实现水中重金属物质的回收。Armstrong 等的研究表明，金属电沉积具有选择性，30 多种金属离子可以从水溶液中电沉积到阴极上，电解法处理重金属废水就是利用此原理将溶解态的重金属离子转化为零价金属而去除。电解法的优点是在实际应用中不需要添加任何的化学试剂，因此也不会对周边环境造成严重污染；操作简单，运行可靠；在回收重金属的同时去除部分有机污染物。但是，随着电解反应的持续进行，原溶液中的金属离子浓度不断下降，导致溶液电阻率不断地升高，耗电量也会不断增加，因此该方法不适用于低浓度的重金属废水处理，只适合高浓度的重金属废水的处理。

2. 化学沉淀法

化学沉淀法是目前应用最广泛的重金属废水处理方法，在化学沉淀过程中，化学物质与重金属离子形成不溶性沉淀物，沉淀物可以通过沉淀或过滤与水分离，经处理的水可达标排放或重复利用。传统的化学沉淀处理方法主要包括氢氧化物沉淀法、硫化物沉淀和铁氧体沉淀。氢氧化物沉淀主要对去除水体重金属污染物中的 Pb、Ni、Cd、Be、Ag、Hg、V、Ti、Cu、Zn、Co 效果显著。硫化物沉淀法对水体金属污染物 Zn、Hg、Pb、Ni、Ag、Cu、Cd 去除效果显著。根据表2.4 中各金属离子的溶度积常数可知，除 Ni 外，重金属离子与 S^{2-} 能生成溶度积常数很小的硫化物。因此，用硫化物去除废水中的金属离子是一种有效的方法。很多重金属硫化物溶解度比其氢氧化物的更低，且反应的 pH 为 7～9，处理后废水一般不用中和。但是，硫化物沉淀物颗粒小，易形成胶体，且硫化物沉淀剂本身在水中残留、遇酸生成 H_2S 气体、产生二次污染，这一定程度上限制了该法的应用。改进的硫化物沉淀法为：在需处理的废水中加入硫化物离子和另一重金属离子，加进去的重金属的硫化物比废水中的重金属的硫化物更易溶解，废水中原有的重金属离子就比添加进去的重金属离子先分离出来，避免硫离子残留问题的同时防止有害气体 H_2S 生成。氢氧化物沉淀法和硫化物沉淀法最关键的问题是无法沉淀稳定的络合重金属，如 Cu-EDTA 和 Ni-EDTA。

表2.4 各金属离子的溶度积常数

物质名称	分子式	K_{sp}	物质名称	分子式	K_{sp}
氢氧化铝	Al(OH)$_3$	2×10^{-32}	硫化汞	HgS	4×10^{-53}
氢氧化镉	Cd(OH)$_2$	5.9×10^{-15}	硫化镉	CdS	7.8×10^{-27}
氢氧化铬	Cr(OH)$_3$	6×10^{-31}	硫化铅	PbS	8×10^{-28}
氢氧化亚铁	Fe(OH)$_2$	8×10^{-16}	硫化亚铜	Cu$_2$S	2×10^{-47}
氢氧化铁	Fe(OH)$_3$	4×10^{-38}	硫化铜	CuS	9×10^{-36}
氢氧化锰	Mn(OH)$_2$	1.9×10^{-13}	硫化银	Ag$_2$S	2×10^{-49}
氢氧化镍	Ni(OH)$_2$	6.5×10^{-18}	硫化镍	NiS	3×10^{-19}
氢氧化锌	Zn(OH)$_2$	1.2×10^{-17}	硫化锌	ZnS	1×10^{-21}
氢氧化镁	Mg(OH)$_2$	1.2×10^{-11}	硫化钴	CoS	3×10^{-26}
氢氧化钴	Co(OH)$_3$	1×10^{-43}	硫化锰	MnS	1.4×10^{-15}

铁氧体法是一种处理重金属废水的有效常用方法。向废水中投加铁盐，通过控制 pH、氧化、加热等条件，使废水中的重金属离子与铁盐生成稳定的铁氧体共沉淀物，然后采用固液分离的手段，达到去除重金属离子的目的。铁氧体法形成的污泥化学稳定性高，易于固液分离和脱水。该法能够直接处理含重金属的阴离子废水，如 $Cr_2O_7^{2-}$、CrO_4^{2-}、MnO_4^- 等，同时也能去除各种重金属离子，处理后重金属离子剩余浓度特别低，且具有设备简单、投资少、操作简便、水质适应强、沉淀物易脱水、处理效果好等优点。但是，在形成铁氧体过程中需要加热（约 70 ℃），能耗较高，处理后盐度高，不能处理络合物废水。

传统沉淀法有以下缺点：产生的污泥靠重力沉降，出水水质不易稳定达标；为使废水处理达标，必须加入 PAM（高分子絮凝剂），这会堵塞后段反渗透膜，导致难以实现废水回用；投入铝盐、铁盐等混凝剂辅助沉淀生成，使沉淀污泥成分复杂，不利于回收，污泥属有毒危险固体废物；不同金属元素氢氧化物的沉淀 pH 差别较大，这就从理论上决定了共存金属离子不能在同一 pH 条件下完成共沉淀作用；络合电镀废水中含有络合剂，如 NH_3、氰化物、氮川三乙酸、柠檬酸、酒石酸等，会造成金属氢氧化物沉淀无法生成或络合，废水沉淀效率差。

3. 现代化学沉淀法

由于传统沉淀法存在上述局限性，一些新型重金属废水处理沉淀剂被开发出来。带螯合基团的小分子沉淀剂包括三硫代碳酸盐、三巯三嗪三钠、硫代氨基甲酸盐等，其中，硫代氨基甲酸盐是研究和使用得比较多的一类重金属沉淀剂。但是，这些金属沉淀剂在实际应用中仍存在一些不足之处，如原料利用率不高、络合能力不强、絮体松散、沉淀性能差等。

黄原酸类重金属捕集剂是应用广泛的重金属捕集剂种类之一，通常由醇和二硫化碳在碱性环境中合成。黄原酸类重金属捕集剂包括乙基黄原酸盐和天然高分子改性的黄原酸醋。黄原酸类重金属捕集剂分为可溶性黄原酸醋和不溶性淀粉黄原酸醋两种。可溶性黄原酸醋在使用过程中存在两个问题：一是可溶性黄原酸醋本身稳定性差，容易发生氧化，水解，分解反应；二是可溶性黄原酸醋和重金属形成的沉淀物难以从水相中分离。用稻草、木屑等代替淀粉原料合成不溶性淀粉黄原酸醋，既实现了变废为宝，又节省了原料成本，但是固体废物多。

含硫代氨基甲酸螯合基团的高分子捕集剂通常由伯胺或仲胺在碱性环境中与二硫化碳反应合成，但是该类捕集剂成本高，高分子链上活性基团数量有限，螯合空间位阻大。因此，开发了一些新型的超分子沉淀剂，这些沉淀剂为含1个或2个活性基团的小分子，与重金属离子发生配位反应后，可以生成链状或网络状的高分子配合物，这些超分子沉淀剂不仅可以高效地沉淀重金属离子，对络合重金属离子也具有很好的去除效果。例如，N,N′-哌嗪二硫代氨基甲酸钠[disodium N,N′-bis-(dithiocarboxyl) piperazine，BDP]，其分子结构如图2.39所示。处理初始pH为5.5，初始Cu^{2+}浓度为25 mg/L、50 mg/L、100 mg/L的Cu-EDTA废水时，在BDP过量化学计量比10%的情况下，络合Cu^{2+}的剩余浓度分别降至0.08 mg/L、0.04 mg/L、0.48 mg/L。

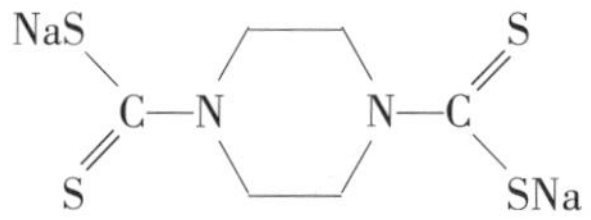

图2.39 BDP结构式

4. 生物化学法

生物化学法是利用微生物处理，将废水中可溶性金属离子转化为沉淀或有利于沉淀的物质，从而达到废水处理目的的一种处理方法。按处理机理的不同，生物化学法可分为生物吸附法、生物絮凝法、生物转化法。

生物吸附法是利用生物体自身的化学结构及其成分特征，吸附废水中的金属离子，并通过固液分离将金属离子从水中去除，其原理主要是通过微生物的表面的基团（如$—NH_2$、$—OH$和$—PO_4$等）与重金属离子的络合作用。根据金属离子被微生物所吸附的部位的不同，可将生物吸附分为细胞外吸附/富集、细胞表面吸附/沉积、细胞内富集。

生物絮凝法是利用微生物自身或其产生的具有絮凝活性的代谢物，使废水中重金属通过絮凝沉淀作用而被除去的一种方法。生物絮凝剂的来源广泛，有些细菌、真菌、酵母菌等，其自身可作为絮凝剂，即菌体絮凝剂；有些藻类和真菌，其胞内提取物可作为絮凝剂，如组成细胞壁的结构成分几丁质、葡聚糖等；有些细菌的细胞外代谢物，如细菌分泌的荚膜和黏液类物质，亦可作为絮凝剂。尽管来源不同，微生物絮凝剂的成分也不同，但主要成分都是多糖、纤维素、核酸和蛋白质等大分子物质。通常情况下，絮凝剂的相对分子质量大，絮凝效果较好；絮凝剂的结构组成中若线性结构所占比例大，则其絮凝活性高。

生物转化法是利用微生物作用,将废水中的可溶性重金属离子转化为不溶性化合物,从而达到废水处理目的的一种处理方法。虽然重金属离子超过一定浓度会对微生物具有毒害作用,但是某些微生物(金属耐受菌)可以通过生物解毒作用对重金属毒性产生抗性。如假单胞杆菌属、酵母菌和霉菌等,这些微生物可将废水中的重金属离子摄入细胞内再去除,又如真核微生物通过利用金属硫蛋白来螯合体内重金属。有些微生物在其生长代谢过程中可分泌特异的氧化还原酶,催化一些变价金属元素发生氧化还原反应,使金属离子的溶解度或毒性降低。例如,许多好氧和厌氧微生物能将 Cr(Ⅵ)还原为 Cr^{3+}。另外,还可以利用硫酸还原菌将 SO_4^{2-} 还原成 S^{2-},沉淀重金属。

物理化学方法在处理含重金属浓度为 $10^{-3} \sim 10^3$ mg/L 的废水时,存在原材料成本和操作费用高、处理效率低等问题。生物化学法更适于低浓度、大流域的重金属废水处理,特别是金属离子浓度低于 100 mg/L 时,生物化学法更加有效。此外,生物吸附剂具有来源广泛、吸附速度快、吸附量大、吸附去除率高、易回收、节能和环境友好等优点。但是,生物化学法中运用的功能菌繁殖速度慢,平均需要 24 h 以上,且处理后废水虽然达标,但尚有大量微生物,需要杀菌,不能回用于工业生产。

5. 吸附法

吸附法利用离子交换树脂、特种树脂、活性炭吸附废水中的重金属离子,来达到去除重金属离子的目的。其中,离子交换树脂(如含磺酸基团的阴离子交换树脂)再生会产生酸碱废水,且对于络合金属废水处理效果不理想。特种树脂(如含氨基和羧基等络合基团的树脂)再生也会产生酸碱废水,且价格昂贵。活性炭再生困难,处理络合金属废水效果不理想。

离子交换法去除水中重金属离子的优势较为突出,该技术是利用树脂中具有交换功能的基团从废水中对重金属离子进行交换,达到了良好的去除效果。离子交换树脂法曾是我国工业废水治理中应用最广泛的技术之一。它因具有处理容量大、能够除去各种金属离子、处理水质好、可以回用等优点,越来越受到重视,成为处理工业重金属废水的主要方法之一。离子交换树脂法处理含 Ni 废水的应用很广。用丙烯酸型弱酸性阳离子交换树脂处理镀 Ni 漂洗水,曾一度引起电镀界的兴趣。工业上采用离子交换树脂处理含 Zn 废水也比较成熟。H^+ 型、Na^+ 型离子交换柱交替处理碱性、酸性含 Zn 废水,基本可实现闭路循环。离子交换树脂除 Cu 效果也颇佳。离子交换法适用于处理浓度低而排放量大的重金属废水。此法的缺点是树脂易被氧化和污染,对预处理要求较高,再生烦琐,费用较高。

吸附剂主要是具有高比表面积或表面具有高度发达的空隙结构的物质。这些吸附剂具有制备简单、操作简便、效率高、可多次循环等优点。其中最为常用的吸附剂主要是活性炭。活性炭具有很强的吸附能力,污染物去除率高,但处理成本较高,因此应用受到限制,只能用于低浓度的废水处理。近年来在这方面的研究主要集中在寻求更为合适的新型廉价吸附材料,如沸石、硅藻土、花生壳、锯屑等,取得了一系列的成果。由于这些吸附剂存在再生的困难,应用难以推广。

2.4.1.2 含盐废水深度处理技术

含盐废水是指含盐质量百分浓度高于1%的废水,高含盐废水指总溶解固体和有机物质量百分浓度高于3.5%的废水。含盐废水主要来源于印染、化工、制药、制革和海产品加工等生产领域,来源不同,产生的高含盐废水不同,含无机盐离子也不同。通常为 Na^+、K^+、Mg^{2+}、Cl^-、SO_4^{2-} 等,且具有 COD 浓度高、色度大、硬度高和生化性差等特点。含盐废水的深度处理技术包括基于膜分离的电渗析法、超滤及纳滤法、反渗透法,以及电容脱盐法。

1. 电渗析法

电渗析是电化学过程和渗析扩散过程的结合,在外加直流电场的驱动下,利用离子交换膜的选择透过性(阳离子可以透过阳离子交换膜,阴离子可以透过阴离子交换膜),阴离子、阳离子分别向阳极和阴极移动,使淡室中盐浓度降低,浓室中盐浓度增加,从而实现含盐废水的分离、浓缩和淡化。电渗析是一种成熟的废水处理技术,具有性价比高、操作方便、环境友好等显著优点而被广泛应用于水处理领域。由于电渗析脱盐过程没有相变,并且该技术预处理要求低、占地面积小,因此在处理高含盐废水方面具有独特的优势。在处理相同盐浓度的含盐废水中,机械式蒸汽再压缩技术浓缩需要耗能 $20\sim25\ kW\cdot h/m^3$,而电渗析技术只需要耗能 $7\sim15\ kW\cdot h/m^3$。因此,电渗析在应用于高含盐废水中表现出良好的浓缩性能和节能潜力。常用的水处理电渗析器是由几十到几百个膜对组成,这些膜对的集合称为膜堆,膜堆是电渗析技术最核心的部分,而离子交换膜是膜堆的核心。影响含盐废水电渗析处理效果的因素有膜污染、膜堵塞和不同电价离子选择性离子交换膜问题。该技术单独应用及与其他技术组合可用于制药、食品加工、印染、煤化工和制革等含盐废水处理,电渗析法的优点是能耗低(相对于蒸发)、药剂消耗量小、环境污染小、操作简单、易于实现机械化和自动化、水的利用率高。电渗析技术在膜分离技术领域里是一项比较成熟的技术。近年来,随着对传统电渗析过程的改进,尤其是双极膜电渗析技术和填充床电渗析技术的发展,电渗析技术成为新的热门研究领域。但是,该技术易产生膜污染及结垢,不能去除水中低分子量有机物。

2. 超滤及纳滤法

超滤与纳滤类似,是在某种推动力的作用下进行的液相分离过程。进水中的小分子在压力的作用下通过选择透过性膜,而大分子和大颗粒物被介质膜阻隔,起到分离的效果。超滤膜材料通常是不对称的结构,常见的超滤膜组件有管式、平板式、卷式、中空纤维式等。目前最成熟、应用最广泛的是中空纤维式超滤膜。超滤膜可用于水体脱盐、污水的净化和再生回用。纳滤膜表面通常带有负电荷,具有荷电效应,对二价和多价离子具有较高的截留率,对单价离子的截留率偏低。纳滤膜常用于不同价态离子的分离、盐类的脱除等。

3. 反渗透法

反渗透是指在水溶液一侧施加大于渗透压的压力,溶液中的水就会透过半透膜反流向纯水一侧,而溶质被截留在溶液中,从而达到除盐的目的。与纳滤膜相比,反渗透膜的孔径更小，因此能够有效去除水中的盐分、有机物、重金属、色度和异味等，目前已被广泛应用到饮用水深度处理、工业废水及苦咸水的脱盐处理等领域。反渗透法的发展时间已经有几十年，技术已相对成熟，能实现对废水中95%以上盐类的处理，而且脱盐率较高。同样，反渗透法中存在着膜污染、设备腐蚀等问题，其中最主要的是膜污染问题。有机污染物容易在膜表面形成污堵，废水硬度也会在浓缩过程中升高，形成结垢，使膜寿命缩短，要频繁清洗，影响工艺的正常运行。

4. 电容脱盐法

电容脱盐是近年来兴起的一种清洁、节能、高效的脱盐废水处理技术。该方法利用电荷吸附的作用脱除水溶液中的盐离子，脱盐和再生过程均不添加任何化学药剂，仅通过施加外电压实现废水的脱盐，再生也仅通过电极的放电原位完成，没有二次污染；与蒸发等热相变方法相比，电容脱盐具有显著的节能性；与反渗透、电渗析等膜法相比，具有电容材料使用寿命长、抗结垢等优点，在海水淡化、废水的深度处理等方面都显示出广阔的发展前景。

2.4.1.3 含氰废水深度处理技术

含氰废水特指含有氰化物的废水。氰化物，是一类含碳氮三键（—C≡N）的化合物。工业中常使用到氰化物，在冶金工业中氰化物常用来提取金属Au、Ag等；在电镀行业中，基于其良好的配位性能可用作电镀液，另外还可用于各种有机高聚物的合成，如合成纤维、合成橡胶等。CN^-具有剧毒性，对人体与环境危害严重。含氰废水的深度处理技术包括碱性氯化法、因科法、膜分离法与辐射法。

1. 碱性氯化法

碱性氯化法是国内外最常见且使用最广泛的技术，工艺成熟。其原理是，在碱性环境下，在氯系氧化物（如NaClO、Cl_2、漂白粉）的作用下，将氰化物转化为无毒的CO_2和H_2O。该反应分为两个阶段。第一阶段，控制pH在10~11之间，CN^-在ClO^-的作用下被氧化为CNCl，CNCl在碱性条件下水解为毒性不大的CNO^-。第二阶段，控制pH在7.5~8之间，氰酸盐离子在ClO^-的作用下，最终被氧化为CO_2和N_2。

$$CN^- + ClO^- + H_2O \rightarrow CNCl + 2OH^-$$

$$CNCl + 2OH^- \rightarrow CNO^- + Cl^- + H_2O$$

$$2CNO^- + 3ClO^- \rightarrow CO_2\uparrow + N_2\uparrow + 3Cl^- + CO_3^{2-}$$

该法处理效果较好，能有效地去除游离的CN^-，便于操作管理，节省工厂处理污水成本，但不适用于处理高浓度含氰废水，因为浓度太高很容易产生CNCl气体，污染环境，对操作人员危害大；难以去除稳定的铁氰络合物，且NaOH和NaClO用量太大，对管道、设备腐蚀严重，需要使用抗腐蚀的破氰反应器。因此，在实际操作中，不仅要对相关设备采取相应的防腐措施，还要特别注意采取预防措施，防止产生的毒性气体造成人员安全事故。

2. 因科法

因科法是在1982年由美国Inco公司研发并应用的除氰技术。该技术原理是利用烟

气中 SO_2 与 O_2 的氧化作用，以废水中的 Cu^{2+} 为催化剂，将污水中氰化物氧化为碳酸氢盐与铵盐。该法不仅达到了去除氰化物的目的，也有效去除了铁氰络合物。改进的因科法利用 $Na_2S_2O_5$ 替代 SO_2 作为氧化剂。因科法具有反应快、处理效果好、药剂来源广等优点，但该去除氰化物的方法不能回收污水中的有用物质，经济性稍显不足。

3. 膜分离法

膜分离技术利用膜的选择透过性，膜两侧存在 CN^- 的浓度差，促进 CN^- 的扩散和去除，经酸化处理的含氰废水通过膜后被碱液吸收，生成 NaCN，实现分离提纯。该法简单快速、处理效率高，但成本较高，且易造成膜污染。

4. 辐射法

辐射法是一种处理含氰废水的新兴技术，其原理是 CN^- 被辐射在废水中产生的活性基团分解为无毒无害或低毒的中间产物，不光降低了毒性，也提高了废水的可生化性。辐射法处理含氰废水污染物降解彻底，不会产生二次污染，几乎不需要加入其他化学试剂；但也存在相应的缺点，如处理成本过高，目前尚未大规模使用。

2.4.1.4　氨氮废水深度处理技术

废水中的氨氮是指以游离 NH_3 和 NH_4^+ 形式存在的氮，主要来源于石油、化工、食品、制药等行业。氨氮废水的排放，不仅造成水体富营养化、生态失衡，甚至对人和动物有毒害作用。氨氮废水的深度处理技术包括吹脱法、折点氯化法、化学沉淀法与生化法。

1. 吹脱法

吹脱法是国内处理高浓度氨氮废水的常用方法，可分为空气吹脱与超重力吹脱。该法的原理是利用 NH_4^+ 的反应平衡，在碱性条件下，转化为 NH_3，以气体形式逸出去除。空气吹脱是不断地向废水中鼓入空气形成微小气泡，游离 NH_3 吸附至气泡吹脱，受水温、pH 与气液比影响。该方法简单方便，去除效果好，但是所需 pH 较高，要加入大量的碱和大量的鼓气，只能去除氨氮，加大了运行成本，且易造成二次污染。超重力吹脱法，超重机为吹脱装置，空气为气提剂，利用高速旋转使物质产生离心力，形成超重力环境，产生强大剪切力，在气液相之间形成迅速更新的巨大相界面，使各分子间扩散和相间传质过程远快于常规重力环境下的，相间传质速率比传统塔器中提高 1～3 个数量级，大大强化了微观混合和传质过程，使 NH_3 被解吸到气相中，达到快速脱除的目标。该方法具有高效、低成本、占地面积小的优点，易于工程化。

2. 折点氯化法

向废水中投入 Cl_2 或 NaClO，生成强氧化性的 HClO，将 NH_4^+ 氧化为 N_2 去除。当投加量达到某一值时，氨氮含量趋近于 0，游离 Cl^- 生成且含量最低，投加量超过此数值，游离 Cl^- 浓度升高，该点为折点。折点氯化法反应速度快，去除效果好，但只适用于低浓度氨氮废水，在高浓度氨氮废水的处理过程中，该方法对 Cl_2 的需求量大，导致其运行维护费用偏高，同时反应过程会产生 NH_2Cl 和氯代有机物副产物，造成水体的二次污染，需要在排放前对水体进行氯吸收。

3. 化学沉淀法

化学沉淀法是向废水中添加化学试剂，与 NH_4^+ 反应生成不溶性沉淀，去除废水中氨氮的方法。目前常见的化学沉淀法为磷酸铵镁沉淀法，向氨水中投加镁盐与磷酸氢盐，与 NH_4^+ 反应生成 $MgNH_4PO_4 \cdot 6H_2O$。该法不仅能有效去除氨氮，生成的沉淀可作为复合肥料与化工原料，具有回收价值。该法操作简单，在高浓度氨氮废水处理中占有优势。但是，该法的化学试剂使用量大，产生更多污泥，在生成沉淀的同时发生副反应，不仅降低了氨氮去除率，废水中有 P 与 Mg^{2+} 残留，易造成二次污染。

4. 生化法

传统的生化脱氮分为两个阶段：好氧环境下，硝化菌、亚硝化菌将氨氮氧化为 NO_2^-、NO_3^-，称为硝化作用；厌氧环境下，反硝化菌将 NO_2^-、NO_3^- 还原为 N_2，称为反硝化作用。通常将两个阶段分在不同反应器中完成，有 A/O 工艺、A^2/O 工艺，反应流程较长，反应设备占地面积大。为克服此缺点，新型生化脱氮技术开始被采用。

同步硝化反硝化法，没有单独设立缺氧区，在一个反应器内完成硝化、反硝化过程，实现同步脱氮。该法是利用反应器内部溶解氧分布不均匀，在反应器内部不同区域分别营造了缺氧环境与富氧环境，硝化菌与反硝化菌共存并发挥作用。除了反应器不同空间上的溶解氧不均匀，反应器在不同时间点上的溶解氧变化也可认为是同步硝化反硝化过程。该法有效地保持反应器中 pH 稳定，不需要酸碱中和，不需要外加碳源；节省反应器体积，缩短反应时间，通过降低硝态氮浓度来减少二沉池污泥漂浮。

厌氧氨氧化法，在厌氧条件下，厌氧氨氧化菌以 CO_2 为碳源，以亚硝态氮为电子受体，将氨氮氧化为 N_2。与常规的生物脱氮方法相比，其优势在于不需要曝气，充分降低充氧电耗；不用有机碳源，节约了外加碳源所需的运行费用；不涉及异养型的反硝化菌，降低了剩余污泥产量。

短程硝化反硝化法，是将硝化过程产物控制在 NO_2^- 阶段，然后进入反硝化阶段，即不完全硝化反硝化，省去了将 NO_2^- 氧化为 NO_3^- 的时间与成本。可节省氧供应量约 25%，降低能耗，节省反硝化所需碳源，在 C 与 N 之比一定的情况下提高总氮去除率，减少污泥生成量可达 50%，减少投碱量，缩短反应时间，反应器容积也随之减少。

2.4.1.5 含磷废水深度处理技术

工业原材料的生成、高磷洗衣粉的使用，以及农业活动中农药、化肥的残留，均会造成水体的磷污染。含磷废水的排放会造成水体富营养化，水生生物的死亡，破坏生态平衡，影响人类正常生活。常见的含磷废水处理技术有吸附法、化学沉淀法、生物法。

1. 吸附法

吸附法是使用高比表面积的吸附剂，通过物理吸附、化学吸附或离子交换，将 PO_4^{3-} 从废水中分离。常用的吸附剂有活性炭、粉煤灰等。以粉煤灰为例，其主要来源于电厂发电，是煤燃烧产生的固体废物，主要成分有 SiO_2、Al_2O_3、FeO、Fe_2O_3、CaO、TiO_2、MgO、K_2O、Na_2O、SO_3、MnO_2 等氧化物。粉煤灰具有多孔蜂窝煤结构，具有吸附能力，金属氧化物（如 CaO）溶于水，形成的阳离子与磷酸盐生成沉淀，通过吸附作用、絮凝作用、助凝作用与沉淀作用去除水中磷酸盐。该法操作简单，不需要投加化学试剂，不造成二次污染，但是只适用于低浓度含磷废水。

2. 化学沉淀法

化学沉淀法是目前较为成熟，使用广泛的技术。通过投加化学试剂，与磷酸盐反应生成不溶性固体，从而分离去除。常见的除磷化学试剂有铁盐、铝盐、钙盐、镁盐。铁盐与铝盐的金属阳离子与 PO_4^{3-} 反应生成沉淀，金属阳离子可以同时水解生成羟基络合物，起吸附作用。钙盐除磷是化学沉淀法中最常用的，该除磷方法的核心原理就是生成 $Ca_3(PO_4)_2$ 沉淀和羟基磷灰石。镁盐除磷是指在含磷废水中加入镁盐与铵盐，与 PO_4^{3-} 反应生成复盐 $MgNH_4PO_4$，具有回收价值。化学沉淀法操作简单，在水质波动情况下，去除效果稳定，但是需要大量试剂，且产生大量难以处理的高磷污泥。

3. 生物法

生物除磷主要通过活性污泥中的聚磷菌完成。在厌氧条件下，聚磷菌为获取能量，把细胞内多聚磷酸盐水解为正磷酸盐释放，吸收污水中易降解的COD，同化成细胞内碳能源存贮物聚 β-羟基丁酸或聚 β-羟基戊酸。在好氧条件下，聚磷菌以 O_2 为电子受体，对体内的聚 β-羟基丁酸进行分解和代谢并产生能量，过量提取含磷废水中的磷酸盐，能量以 ATP 形式贮存，其中一部分转化为聚磷酸盐，最后通过排放剩余污泥的方式实现除磷的目的。生物法除磷成本低，不产生二次污染，但对水质变化敏感，对于高盐的含磷废水，微生物种类单一，除磷效果差，需要与其他技术联用。

2.4.2 有机废水深度处理技术

以有机污染物为主要组成的废水称为有机废水，通常来源于造纸、食品、石油、化工等行业，主要成分有碳水化合物、蛋白质、芳香族化合物、木质素等，在与微生物接触时，会耗费大量 O_2，故被称为耗氧污染物。有机废水不达标排放会造成水体溶解氧下降，影响水生生物的生存，溶解氧耗尽时，有机物厌氧分解产生 H_2S、NH_3 等刺激性气体，导致地表水水质恶化。有机废水深度处理技术有吸附法、高级氧化技术、零价铁和还原脱氯等。

1. 吸附法

吸附作为物理化学技术之一，可通过物理吸附、化学吸附、离子交换等方式将废水中有机污染物在固体吸附剂表面富集去除。污水处理中常用的吸附剂有硅藻土、活性氧化铝、沸石分子筛、活性炭、大孔树脂等。

活性炭处理含酚废水。含酚废水广泛来源于石油化工厂、树脂厂、焦化厂和炼油化工厂。实验表明，孔隙结构以微孔为主的活性炭纤维（activated carbon fiber, ACF）对苯酚的吸附容量为 248 mg/g，吸附饱和后经多次再生，吸附容量几乎不变，吸附性能比活性炭好。室温时，在酸性或中性条件下，向 100 mL 浓度为 282 mg/L 的含酚模拟废水投加活性炭纤维 0.5 g，恒温振荡 30 min，苯酚去除率可达 91%。

炼油厂含油废水经隔油、气浮和生物处理后，再经砂滤和活性炭过滤深度处理，废水的含酚量从 0.1 mg/L 降至 0.005 mg/L，氰含量从 0.19 mg/L 降至 0.048 mg/L，COD 从 85 mg/L 降至 18 mg/L。

2. 高级氧化技术

高级氧化技术（advanced oxidation process），利用强氧化性自由基降解污染物，·OH 产生是这一技术的核心。·OH 的氧化还原电位高达 2.8 V，仅次于 F，但是 F 有污染。·OH 除了自身的强氧化性质，无选择性，可直接与污水中难降解有机物发生反应，将有毒大分子转化为毒性较低的小分子，提高可生化性，甚至直接将有机物矿化为 CO_2 和 H_2O。另外，·OH 可以引发自由基链式反应，产生更多自由基参与氧化反应。高级氧化技术反应速度快，适用范围广，处理效果高，污染物分解彻底，且无二次污染。常用的高级氧化技术有 Fenton 氧化、光催化氧化技术、O_3 氧化技术、电化学氧化、超声波氧化、超临界氧化及它们之间的组合工艺。下面介绍 O_3 氧化技术。

O_3 氧化技术处理有机废水。O_3 具有杀菌、脱色、除臭、降解有机污染物的功能。O_3 与污染物有两种反应机理。第一种是 O_3 的直接反应，有选择性地对有机物分子中的不饱和键进行氧化，将难降解的大分子转化为小分子，提高了废水的可生化性；第二种是 O_3 在水中生成 ·OH 的间接反应，·OH 需在紫外光、过氧化氢投加等手段辅助或金属催化剂催化作用下生成。由于 ·OH 具有 2.8 V 的氧化还原电位，远大于 O_3 的 2.07 V，其在水中可进行非选择性氧化有机污染物，将大分子彻底矿化为 CO_2 和 H_2O，有效地减少了污水中 COD 含量。

O_3 处理装置主要由 O_3 发生器、O_3 反应器与剩余 O_3 去除设备组成。O_3 的产生是此工艺的前提。通常，O_3 发生器采用空气或者 O_2 为 O_3 来源，其中 O_2 源制得的 O_3 纯度、浓度更高。O_3 的制造方法分为电解法与放电法。电解法是通过电极电解 H_2O 得到 O_3，此种方法得到的 O_3 量较小。为得到大量 O_3，常采用放电法，将空气或 O_2 转化为 O_3。O_3 反应器指气、水接触设备，O_3 在发生器中产生后，扩散进待处理污水中，通常采用微孔扩散器、鼓泡塔或喷射器、涡轮混合器等。在反应中，O_3 很难 100% 利用，剩余 O_3 随尾气外排，须去除，常采用活性炭法、热分解法去除 O_3。

O_3 催化氧化处理工艺对污染物去除彻底，无二次污染，操作简单，可实用性强，多用于市政污水及工业园区污水深度处理及再生回用。

3. 零价铁

零价铁（zero valent iron，ZVI）的标准氧化还原电位为 -0.44 V，较低的电位可将难降解的大分子还原为小分子物质，提高了废水的可生化性。此外，Fe 作为地壳中含量第四丰富的元素，其来源广，材料简单易得，还能以废铁屑作为原料，以废治废。作为一种廉价高效的处理剂，ZVI 已经受到了水处理行业的广泛关注。

ZVI 处理染料废水。ZVI 与偶氮染料接触，可还原偶氮键，破坏染料分子的发色基或助色基，完成脱色。实验研究了 ZVI/Cu 双金属降解处理酸性橙Ⅱ，沉积在 ZVI 表面的 Cu 加速了 ZVI 钝化，使在较宽的 pH（3~8）范围内都能完全降解酸性橙Ⅱ。该实验的机理不是通过产生自由基，而是通过还原降解与生成的铁氢氧化物的吸附作用去除染料分子。ZVI 常与 H_2O_2 或超声波结合使用，在协同作用下处理染料废水。

ZVI 去除废水中硝基苯。硝基苯类化合物难被生物降解，ZVI 处理可提高其可生化性。ZVI 的作用机理可分为电场作用、氢的还原作用、铁离子的混凝作用、铁的还原作用，将硝基苯首先还原为亚硝基苯，再获 2 个电子还原为羟基苯胺，进一步还原为可生化降解的苯胺。实验证明，在 pH 为 6.0～7.5 范围内，Eh 值在 -266～-172 mV 的条件下，硝基苯的降解率达到了 97.4%。

4. 还原脱氯

氯代有机物作为溶剂、润滑剂、农药等原料，在工业、农业上被广泛使用。氯代有机物具有疏水性，是一类持久性污染物，可通过食物链富集，且具有毒性，对人类健康与环境安全均有严重危害。由于氯原子引发的化合物结构特性，氯代有机物难以被生物降解，因此脱氯是降解的关键步骤，除 ZVI 技术可以实现还原脱氯外，电催化还原脱氯由于反应条件温和，有选择性，无二次污染，也是一种实用前景很好的技术。

电催化还原氯代有机物可分为两种形式：直接还原，污染物直接在阴极得到电子还原，破坏碳氯键，如高氯代烃类转化为低氯代烃类；间接还原，指利用电解过程生成强还原性物质，对污染物进行还原。相对于直接还原，间接还原可以发生在阴极附近，本体溶液中也可同时发生，这有利于提高污染物降解效率。

2.5 城镇再生水回用技术

2.5.1 概述

再生水（reclaimed water），指污水经过适当的处理，达到一定水质要求，满足某种使用功能，可以安全、有益地使用。污水再生处理，指以生产再生水为目的，对污水及达到排放标准 GB 8978—1996 或 GB 18918—2002 的污水处理厂出水进行净化处理的过程。作为第二水源，再生水回用一方面可以减少地下水、地表水等新鲜水的消耗量，节约了宝贵的水资源，另一方面减少了进入环境的污水的排放量，缓解了水环境污染问题。2021 年，国家发展改革委联合九部门印发的《关于推进污水资源化利用的指导意见》中明确了我国污水再生利用的发展目标、重要任务和重点工程，标志着污水再生利用上升为国家行动计划。再生水回用是推进我国生态文明建设的重要举措，促进我国社会高质量、可持续发展。

2.5.2 回用途径

城镇污水具有水量稳定、水质可控、就近可用等优势，污水经处理达到回用水质标准后，可回用于工业、农业、城市杂用、景观娱乐、补充地表水和地下水等，推动水资源化循环利用。《城市污水再生利用分类》（GB/T 18919—2002）根据用途将污水回用类型分为五类，其中，工业、农业和城市杂用是城市污水回用的主要对象（表 2.5）。

表 2.5 城市污水再生利用类别

序号	分类	范围	示例
1	农、林、牧、渔业用水	农田灌溉	种子和育种、粮食与饲料作物、经济作物
		造林育苗	种子、苗木、苗圃、观赏植物
		畜牧养殖	畜牧、家畜、家禽
		水产养殖	淡水养殖
2	城市杂用水	城市绿化	公共绿地、住宅小区绿化
		冲洗厕所	厕所便器冲洗
		道路清扫	城市道路的冲洗及喷洒
		车辆冲洗	各种车辆冲洗
		建筑施工	施工场地清扫、浇洒、灰尘抑制、混凝土制备与养护、施工中混凝土构件与建筑物冲洗
		消防	消防栓、消防水炮
3	工业用水	冷却用水	直流式、循环式
		洗涤用水	冲渣、冲灰、消烟除尘、清洗
		锅炉用水	中压、低压锅炉
		工艺用水	熔料、水浴、蒸煮、漂洗、水力开采、水力输送、增湿、稀释、搅拌、选矿、油田回注
		产品用水	浆料、化工制剂、涂料
4	环境用水	娱乐性景观环境用水	娱乐性景观河道、景观湖泊及水景
		观赏性景观环境用水	观赏性景观河道、景观湖泊及水景
		湿地环境用水	恢复自然湿地、营造人工湿地
5	补充水源水	补充地表水	河流、湖泊
		补充地下水	水源补给、防止海水入侵、防止地面沉降

2.5.3 回用水水质标准

为贯彻我国水污染防治与水资源开发方针，提高城镇污水回用效率，确保回用水的安全利用，推动再生水行业发展与技术进步，我国制定了《城市污水再生利用》系列标准。根据《城市污水再生利用分类》（GB/T 18919—2002），回用水水质标准包括

《城市污水再生利用 工业用水水质》（GB/T 19923—2024）、《城市污水再生利用 城市杂用水水质》（GB/T 18920—2020）、《城市污水再生利用 景观环境用水水质》（GB/T 18921—2019）、《城市污水再生利用 农田灌溉用水水质》（GB 20922—2007）及《城市污水再生利用 地下水回灌水质》（GB/T 19772—2005）。

1. 工业用水水质标准

以城市再生水为水源，工业用水可用作冷却用水（直流式或循环式补充水）、洗涤用水、锅炉补给水和工艺与产品用水。回用水再利用方式不同，其要求的水质标准也不同，基本控制指标及指标限值参照《城市污水再生利用 工业用水水质》（GB/T 19923—2024）。

2. 城市杂用水水质标准

城市杂用水是指城市污水经一定再生工艺处理后用于冲洗厕所、车辆清洗、城市绿化、道路清扫、消防及建筑施工等非饮用的再生水，基本控制指标及指标限值参照《城市污水再生利用 城市杂用水水质》（GB/T 18920—2020）。

3. 景观用水水质标准

景观环境用水是满足景观环境功能需要的用水，即用于营造和维持景观水体、湿地环境和各种水景构筑物的水的总称，包括观赏性景观环境用水、娱乐性景观环境用水及景观湿地环境用水，基本控制指标及指标限值参照《城市污水再生利用 景观用水水质》（GB/T 18921—2019）。

4. 农业用水水质标准

城市污水再生处理后，用于农田灌溉，用水水质可根据不同作物种类进行分类。为加强农田灌溉水质监管，保障耕地、地下水及农产品安全，制定了《城市污水再生利用 农田灌溉用水水质》（GB 20922—2007）。

5. 地下水回灌水质标准

以城市污水再生水为水源，在各级地下水饮用水源保护区外，以非饮用为目的，采用地表回灌和井灌的方式进行地下水回灌，基本控制指标及指标限值参照《城市污水再生利用 地下水回灌水质》（GB/T 19772—2005）。

2.5.4 《水回用导则》系列国家标准

2021年12月31日，国家市场监督管理总局、国家标准化管理委员会批准正式发布了《水回用导则》系列国家标准。《水回用导则》系列国家标准为首次制定，包括以下3项标准：《水回用导则 再生水厂水质管理》（GB/T 41016—2021）、《水回用导则 污水再生处理技术与工艺评价方法》（GB/T 41017—2021）、《水回用导则 再生水分级》（GB/T 41018—2021）。

此次发布的《水回用导则》，标准技术水平与国际标准接轨，填补了国内污水资源化领域标准空白，将为我国污水资源化利用发展和节水型社会建设提供重要标准依据，对于加强再生水分级管理、引导污水再生处理技术开发与优化进步、促进再生水行业快速发展具有重要意义。

1. 《水回用导则 再生水厂水质管理》

目前的水质管理仅以再生水厂末端出水口典型水质指标的浓度控制为主,而不同再生水厂的污水水源及其处理工艺存在较大差异,缺乏对水源与处理工艺关键节点的水质管理、风险识别及管控。《水回用导则 再生水厂水质管理》(GB/T 41016—2021)的发布给再生水厂水质管理提供了规范系统的指导。该标准规定了再生水厂水质管理的相关术语和定义、目标、措施、检测监控与报告及制度,提出了基于危害分析与关键控制点(hazard analysis and critical control point,HACCP)体系的再生水厂水质管理措施(图2.40),包括危害识别方法、关键控制点设置和管控要求、水质异常应对措施、应急管理措施等内容,这也是首次将HACCP体系引入我国再生水水质管理。

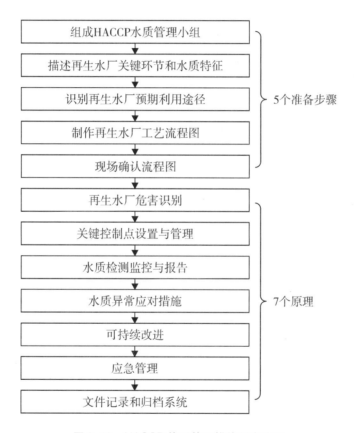

图 2.40 HACCP 体系管理措施制定流程

为实现再生水厂全流程水质管理与风险管控,水源及四级污水处理回用工艺均被设置为关键控制点(critical control point,CCP),如图2.41所示。

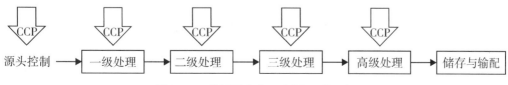

图 2.41 典型再生水厂 CCP 设置示例

2. 《水回用导则 污水再生处理技术与工艺评价方法》

《水回用导则 污水再生处理技术与工艺评价方法》（GB/T 41017—2021）规定了污水再生处理技术与工艺评价的相关术语和定义、评价指标体系、评价程序与要求，适用于污水再生处理技术与工艺的评价。

该标准的评价指标由一级指标与二级指标组成（表2.6）。一级指标用于对具体指标进行分类，包括技术指标、经济指标、环境指标和可靠性指标；二级指标用于定量或定性评价。根据评价需要，也可设立其他二级、三级或更多级指标，设立的指标应定义明确、内涵清晰。评价指标体系的设立全面系统地反映了污水再生处理技术与工艺技术在经济性、环境性及可靠性等方面特点。

表2.6 评价指标体系

一级指标	二级指标
技术指标	出水水质、污染物去除率、单位溶剂去除负荷、单位占地面积去除负荷、污泥产生量等
经济指标	单位水量建设费用、电耗和电耗费用、药耗和药耗费用、水耗和水耗费用、人工和人工费等
环境指标	臭气产生量、温室气体释放量等
可靠性指标	水质波动率、水质达标率、冗余度、鲁棒性、弹韧性等

根据再生处理技术与工艺的特点，确定科学合理的评价周期、取样时间与取样频次。评价程序主要包括明确评价对象、明确边界条件、明确评价目的、选取评价指标、收集评价资料、开展评价实验、开展综合评价、撰写评价报告、开展专家咨询、完善评价报告和形成评价报告等步骤，如图2.42所示。科学合理的评价指标体系与规范系统的评价程序描述了再生处理技术与工艺的性能特点，确定了技术（工艺）适用边界与约束条件，也为处理技术（工艺）提供了改进指导。

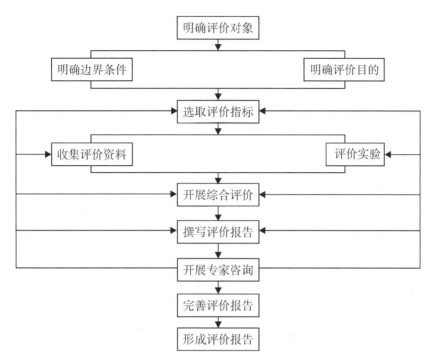

图 2.42 污水再生处理技术与工艺评价程序

3.《水回用导则 再生水分级》

《水回用导则 再生水分级》（GB/T 41018—2021）规定了以城镇污水为水源的再生水的分级，适用于城镇再生水配置利用规划、安全管理、效益评价、价格确定、再生水利用统计和标识等。

根据污水再生处理工艺，将再生水分为 A、B、C 共 3 个级别（表 2.7）。根据再生水质基本要求，可将再生水进一步分为 10 个细分级别。采用二级处理和消毒工艺生产的再生水评价为 C 级再生水，采用三级处理和消毒工艺生产的再生水评价为 B 级再生水，采用高级处理和消毒工艺生产的再生水评价为 A 级再生水。二级处理是污水经一级处理去除水中悬浮物后，用生物方法进一步去除污水中胶体和溶解性有机物的过程。三级处理是在二级处理后，进一步去除污水中污染物的过程。高级处理是为满足特定用户需求，在三级处理的基础上，进一步强化无机离子、微量有毒有害污染物和一般溶解性有机污染物去除的水质净化过程。水质达到相关要求时，再生水可用于相应用途。A 级再生水也可用于 B 级和 C 级再生水的相应用途，B 级再生水也可用于 C 级再生水相应用途。

表 2.7 再生水分级

级别		水质基本要求[a]	典型用途	对应处理工艺
C	C2	GB 5084—2021（旱地作物、水田作物）[b]	农田灌溉[c]（旱地作物）等	采用二级处理和消毒工艺。常用的二级处理工艺主要有活性污泥、生物膜法等
	C1	GB 20922—2007（纤维作物、旱地谷物、油料作物、水田谷物）[b]	农田灌溉[c]（水田作物）等	
B	B5	GB 5084—2021（蔬菜）[b] GB 20922—2007（露地蔬菜）[b]	农田灌溉[c]（蔬菜）等	在二级处理基础上，采用三级处理和消毒工艺。三级处理可根据需要，选择以下1个或多个技术：混凝、过滤、生物滤池、人工湿地、微滤、超滤、O_3等
	B4	GB/T 25449—2010	绿地灌溉等	
	B3	GB/T 19923—2024	工业利用（冷却用水）等	
	B2	GB/T 18921—2019	景观环境利用等	
	B1	GB/T 18920—2020	城市杂用等	
A	A3	GB/T 1576—2018	工业利用（锅炉补给水）等	在三级处理基础上，采用高级处理和消毒工艺。高级处理和三级处理可以合并建设。高级处理可根据需要，选择以下1个或多个技术：纳滤、反渗透、高级氧化、生物活性炭、离子交换等
	A2	GB/T 19772—2005（地表回灌）	地下水回灌（地表回灌）等	
		GB/T 19772—2005（井灌）	地下水回灌（井灌）等	
	A1	GB/T 11446.1—2013	工业利用（电子级水）	
		GB/T 12145—2016	工业利用（火力发电厂锅炉补给水）	

[a] 当再生水同时用于多种用途时，水质可按最高水质标准要求确定；也可按用水量最大用户的水质标准要求确定。

[b] 农田灌溉的水质指标限值取 GB 5084—2021 和 GB 20922—2007 中规定的较严值。

[c] 农田灌溉应满足《中华人民共和国水污染防治法》的要求，保障用水安全

2.5.5 回用处理技术

根据住房城乡建设部印发的《"十四五"城镇污水处理及资源化利用发展规划》（2021年6月），到2025年，全国地级及以上缺水城市再生水利用率目标达到25%以上，京津冀地区达到35%以上，黄河流域中下游地级及以上缺水城市力争达到30%，这一目标将推动我国再生水回用技术快速发展。污水回用的前提在于污水处理效果，因此城镇再生水回用须以城镇污水处理工艺为基础，再结合不同回用用途的再生水的水质

标准进行处理技术组合。因此，回用处理技术是在传统城市污水处理技术的基础上，将达到技术、经济、环境、可靠性指标的水处理技术进行综合集成，实现污水资源化循环利用。

思考题

1. 简述物理处理法、化学处理法及生物处理法的作用原理、处理对象分别是什么。
2. 中和法适合处理什么浓度的酸碱废水？主要类型有哪三种？
3. 酸碱中和法中，常用的酸性中和剂有哪些，常用的碱性中和剂有哪些？
4. 酸性废水进行过滤中和时，常用的滤料有哪些，常用的中和反应器有哪些？
5. 简述化学混凝法的处理对象及原理。
6. 简述常用的混凝剂及特点。
7. 简述化学沉淀法的原理及去除对象，化学沉淀剂有哪些，各自有何特点，化学沉淀与混凝沉淀有何不同。
8. 简述超分子沉淀剂的沉淀原理及特点。
9. 氧化法与还原法的去除对象分别是什么？
10. 简述高级氧化的原理、去除对象、分类。
11. 简述 Fenton 法的原理、特点及局限性。
12. O_3 氧化法的特点及局限性有哪些？常用的 O_3 催化剂有哪些？
13. 光催化氧化法的特点及局限性有哪些？常用的光催化剂有哪些？
14. 简述纳米零价铁技术的原理、处理对象。
15. 简述吸附法的原理、处理对象、适用场景，以及常用的吸附剂。
16. 简述活性炭活化的目的、活化方法。
17. 简述活性炭的吸附机理，以及影响活性炭吸附容量和吸附速度的活性炭性能。
18. 与活性炭和分子筛相比，金属有机框架聚合物吸附剂有何特点？
19. 简述离子交换法的原理、处理对象、影响因素。
20. 简述膜分离法的分类、原理、处理对象。
21. 简述浓差极化现象。
22. 简述超滤过程中的浓差极化和凝胶层形成现象。
23. 与化学处理法相比，生物处理法的特点是什么？
24. 简述生物处理法的分类及原理。
25. 简述活性污泥法的原理、特点及性能评价指标。
26. 简述生物膜法的原理、特点。与活性污泥法相比，生物膜法的优势是什么？
27. 简述厌氧消化法的基本原理及去除对象。
28. 与好氧生物处理法相比，厌氧生物处理法的优缺点是什么？
29. 重金属废水深度处理技术有哪些？简述重金属-络合物处理难点及处理技术。
30. 含盐废水深度处理技术有哪些？
31. 含氰废水深度处理技术有哪些？
32. 氨氮废水深度处理技术有哪些？

33. 含磷废水深度处理技术有哪些？某总磷含量为 1.0 mg/L 的废水，其中主要为有机膦，要实现总磷含量低于 0.3 mg/L 以达标排放，可以采用什么深度处理技术？
34. 难降解有机废水的深度处理技术有哪些？各自特点是什么？

参考文献

［1］戴友芝，黄妍，肖利平. 环境工程学［M］. 北京：中国环境出版集团，2019.

［2］丁海燕. 城镇污水处理厂再生水回用工程实例分析［J］. 中国资源综合利用，2021，39（9）：191－193.

［3］高延耀，顾国维，周琪. 水污染控制工程［M］. 5 版. 北京：高等教育出版社，2023.

［4］胡洪营，张旭，黄霞，等. 环境工程原理［M］. 3 版. 北京：高等教育出版社，2015.

［5］将展鹏. 环境工程学［M］. 3 版. 北京：高等教育出版社，2013.

［6］马军，刘正乾，虞启义，等. 臭氧多相催化氧化除污染技术研究动态［J］. 黑龙江大学自然科学学报，2009，26（1）：15.

［7］潘涛，李安峰，杜兵. 废水污染控制技术手册［M］. 北京：化工工业出版社，2013.

［8］王瑞霖，张洪良，张功良，等. 基于污水处理厂提标改造需求的难降解工业废水处理工艺改进——以湖南省某城镇污水处理厂为例［J］. 环境工程学报，2021，15（11）：3781－3788.

［9］郑才林，江慧，陈浩，等. 融入城市景观的地下式再生水厂设计与运行——以安康市江南再生水厂为例［J］. 环境工程学报，2021，15（9）：3121－3127.

［10］BURTCH N C, JASUJA H, WALTON K S. Water stability and adsorption in metal-organic frameworks［J］. Chemical reviews，2014，114（20）：10575－10612.

［11］CHEN C T, ZHOU L Z, ZHANG H J, et al. Eco-friendly lignin-based N/C cocatalysts for ultrafast cyclic fenton-like reactions in water purification via graphitic N-mediated interfacial electron transfer［J］. ACS ES&T engineering，2022，3（2）：248－259.

［12］CHEN C, WANG Y Y, HUANG Y J, et al. Overlooked self-catalytic mechanism in phenolic moiety-mediated Fenton-like system：formation of Fe(Ⅲ) hydroperoxide complex and co-treatment of refractory pollutants［J］. Applied catalysis, B. Environmental：an international journal devoted to catalytic science and its applications，2023，321（31）：122062，2－11.

［13］CHEN L H, SUN M H, WANG Z, et al. Hierarchically structured zeolites：from design to application［J］. Chemical reviews，2020，120（20）：11194－11294.

［14］DAIGGER G T, KUO J, DERLON N, et al. Biological and physical selectors for mobile biofilms, aerobic granules, and densified-biological flocs in continuously flowing wastewater treatment processes：a state-of-the-art review［J］. Water research，2023，242：120245.

[15] DAVIS M L, MASTEN S J. 环境科学与工程原理 [M]. 王建龙,译. 北京:清华大学出版社, 2007.

[16] FU F L, CHEN R M, XIONG Y. Application of a novel strategy – coordination polymerization precipitation to the treatment of Cu^{2+}-containing wastewaters [J]. Separation and purification technology, 2006, 52 (2): 388 – 393.

[17] FU F L, CHEN R M, XIONG Y. Comparative investigation of N, N′-bis-(dithiocarboxy) piperazine and diethyldithiocarbamate as precipitants for Ni (II) in simulated wastewater [J]. Journal of hazardous materials, 2007, 142 (1/2): 437 – 442.

[18] FU F L, DIONYSIOU D D, LIU H. The use of zero-valent iron for groundwater remediation and wastewater treatment: a review [J]. Journal of hazardous materials, 2014, 267: 194 – 205.

[19] KASPRZYK-HORDERN B, ZIÓLEK M, NAWROCKI J. Catalytic ozonation and methods of enhancing molecular ozone reactions in water treatment [J]. Applied catalysis B: environmental, 2003, 46 (4): 639 – 669.

[20] POHL A. Removal of heavy metal ions from water and wastewaters by sulfur-containing precipitation agents [J]. Water air and soil pollution, 2020, 231 (10): 437 – 442.

[21] PÉREZ-BOTELLA E, VALENCIA S, REY F. Zeolites in adsorption processes: state of the art and future prospects [J]. Chemical reviews, 2022, 122: 17647 – 17695.

[22] TIAN S H, TU Y T, CHEN D S, et al. Degradation of acid orange II at neutral pH using $Fe_2(MoO_4)_3$ as a heterogeneous Fenton-like catalyst [J]. Chemical engineering journal, 2011, 169 (1/2/3): 31 – 37.

[23] YAN Q Y, LIAN C, HUANG K, et al. Constructing an acidic microenvironment by MoS_2 in heterogeneous fenton reaction for pollutant control [J]. Angewandte chemie, 2021, 60 (31): 17155 – 17163.

[24] YU G F, WANG Y X, CAO H B, et al. Reactive oxygen species and catalytic active sites in heterogeneous catalytic ozonation for water purification [J]. Environmental science & technology, 2020, 54 (10): 5931 – 5946.

[25] ZHANG L, QIU Y Y, ZHOU Y, et al. Elemental sulfur as electron donor and/or acceptor: mechanisms, applications and perspectives for biological water and wastewater treatment [J]. Water research, 2021, 202: 117373.

[26] ZHANG Q, CUI Y J, QIAN G D. Goal-directed design of metal-organic frameworks for liquid-phase adsorption and separation [J]. Coordination chemistry reviews, 2019, 378: 310 – 332.

[27] ZHAO Y Y, TONG T Z, WANG X M, et al. Differentiating solutes with precise nanofiltration for next generation environmental separations: a review [J]. Environmental science & technology, 2021, 55 (3): 1359 – 1376.

[28] ZHU Y, FAN W H, ZHOU T T, et al. Removal of chelated heavy metals from

aqueous solution: a review of current methods and mechanisms [J]. Science of the total environment, 2019, 678: 253-266.

第3章 大气污染及其控制工程

大气污染及其控制工程是环境工程学的一大重点。它是为了对付各类大气污染物而对一系列污染物排放控制技术进行研究的工程，目的是让天更蓝，空气更清新，以保障人们的健康。本篇主要介绍了颗粒污染物和气态污染物两种污染物类型的相关控制技术、光化学烟雾和温室效应两大环境问题的污染原理及防范控制措施，以及人居环境的污染控制技术。

2023年11月，国务院印发了《空气质量持续改善行动计划》，这是国务院发布的第三个大气污染治理行动计划。生态环境部总工程师、大气环境司司长刘炳江指出，当前，我国大气污染治理进入了负重前行、爬坡过坎的关键期，虽然我国已成为世界上空气质量改善速度最快的国家，但空气质量从量变到质变的拐点还没有到来。为了人民的幸福生活，为了"天更蓝、水更清"的共同理想，大气污染控制工程的发展尤为重要。

3.1 颗粒污染物的控制

为贯彻《中华人民共和国环境保护法》，防治环境污染，改善空气质量，保障人体健康和生态安全，促进技术进步，生态环境部于2013年制定了《环境空气细颗粒物污染综合防治技术政策》。2021年，为全面总结并推广大气重污染成因与治理攻关项目的组织实施机制和研究成果，强化O_3污染防治科技支撑，提升各地细颗粒物（$PM_{2.5}$）和O_3污染协同防控的科学性、精准性和有效性，生态环境部开展$PM_{2.5}$和O_3污染协同防控"一市一策"驻点跟踪研究工作，制订了《细颗粒物和臭氧污染协同防控"一市一策"驻点跟踪研究工作方案》。2013年以来，对颗粒污染物的控制一直受到重点关注，是大气污染控制中重要的一部分。

3.1.1 颗粒污染物的定义

颗粒污染物是指悬浮在气体介质中的固体或液体微小颗粒。颗粒污染物又称为气溶胶状态污染物。在大气污染中，气溶胶是指沉降速度可以忽略的小固体粒子、液体粒子或它们在气体介质中的悬浮体系。

在《环境空气质量标准》（GB 3095—2012）中，根据粉尘颗粒的大小，将其分为总悬浮颗粒物（total suspended particles，TSP）、可吸入颗粒物（inhalable particles，PM_{10}）和细颗粒物（$PM_{2.5}$）（图3.1）。①总悬浮颗粒物，指能悬浮在空气中，空气动力学当量直径不大于 100 μm 的颗粒物；②可吸入颗粒物，指悬浮在空气中，空气动力学当量直径不大于 10 μm 的颗粒物；③细颗粒物，指悬浮在空气中，空气动力学当量直径不大于 2.5 μm 的颗粒物。

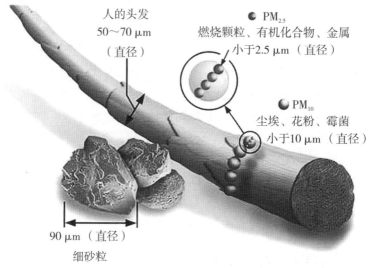

图 3.1 颗粒物示意

颗粒污染物分为自然来源和人为来源。自然过程产生的颗粒污染物源自火山爆发、沙尘暴、森林火灾等；人为过程产生的颗粒污染物源自化石燃料（煤、石油等）、垃圾焚烧及汽车尾气排放等。

3.1.2 颗粒污染物控制技术基础

3.1.2.1 粉尘的物理化学性质

1. 粉尘的密度

单位体积粉尘的质量称为粉尘的密度，其单位为 kg/m³ 或 g/cm³。一般将粉尘的密度分为真密度和堆积密度。

真密度 ρ_p。粉尘体积不含粉尘颗粒之间和颗粒内部的间隙，而是粉尘自身所占的真实体积，用真实体积求得的粉尘密度称为粉尘的真密度。

堆积密度 ρ_b。呈堆积状态的粉尘，它的堆积体积包括颗粒之间和颗粒内部的间隙，用堆积体积求得的密度称为粉尘的堆积密度。

显然，对于一般的粉尘来说，其堆积密度要小于真密度，如燃煤的飞灰颗粒，其堆积密度（1070 kg/m³）小于真密度（2200 kg/m³）。

若将粉尘的空隙体积与堆积粉尘的总体积之比称为孔隙率，用 ε 表示，则粉尘的真密度 ρ_p 与堆积密度 ρ_b 和孔隙率 ε 之间存在以下关系：

$$\rho_b = (1 - \varepsilon)\rho_p \tag{3.1}$$

对于一定种类的粉尘，真密度 ρ_p 是定值，堆积密度 ρ_b 则随孔隙率 ε 而变化。孔隙率 ε 与粉尘种类、粒径及填充方式等因素有关。粉尘越细，吸附的空气越多，ε 值越大；充填过程加压或进行震动，ε 值减小。

粉尘的真密度用于研究粉尘粒子在气体中的运动、分离和去除等方面，堆积密度用于贮仓或灰斗容积的计算等。

2. 粉尘的比表面积

粉尘的比表面积指单位质量或单位体积粉尘所具有的表面积，单位为 m^2/g 或 m^2/m^3。粉尘的许多物理、化学性质与比表面积有很大关系。粉尘越细，比表面积越大，粉尘层的流体阻力越大，粉尘的氧化、溶解、吸附、催化及生理效应等都能随比表面积的增大而提高，有些粉尘的爆炸危险性和毒性随粒径的减小而增大的原因即在于此。

3. 粉尘的安息角和滑动角

粉尘自漏斗连续落到水平板上，堆积成圆锥体，圆锥体的母线同水平面的夹角称为粉尘的安息角。滑动角是指光滑平板倾斜时粉尘开始滑动的倾斜角。

安息角与滑动角是设计除尘器灰斗（或粉料仓）锥度、粉体输送管道倾斜度的主要依据。影响粉尘安息角与滑动角的因素有粒径、含水率、粒子形状、粒子表面粗糙度、粉尘黏附性等。一般粉体的安息角为 $33°\sim 55°$，滑动角为 $40°\sim 55°$。因此，除尘设备的灰斗倾斜角不应小于 $55°$。

4. 粉尘的含水率

粉尘中一般含有一定的水分，它包含附着在颗粒表面的和包含在坑洼处与细孔中的自由水分，以及紧密结合在颗粒内部的水分。

粉尘中的水分含量一般用含水率 W 表示，是指粉尘中所含水分质量与粉尘总质量（包含干粉尘和水分）之比。粉尘含水率的大小，会影响到粉尘的其他物理性质，如导电性、黏附性、流动性等，在设计除尘装置时要加以考虑。

5. 粉尘的湿润性

粉尘颗粒能否与液体相互附着或附着难易程度的性质称为粉尘的湿润性。当粉尘与液体接触时，若接触面能扩大而相互附着，则称为湿润性粉尘；若接触面趋于缩小而不能附着，则称为非湿润性粉尘。粉尘的湿润性与粉尘的种类、粒径和形状等有关。对于 $1\,\mu m$ 以下的尘粒，即使是亲水的，也很难被水湿润，这是由于小粒径颗粒的比表面积大，对气体的吸附作用强，尘粒和水滴表面都有一层气膜，因此只有在尘粒与水滴之间具有较高的相对运动速度时，才会被湿润。此外，粉尘的湿润性还随压力的增加而增加，随温度的上升而下降，随液体表面张力的增大而减小。各种湿式洗涤器，主要靠粉尘与水的湿润作用除尘，在设计湿式洗涤器时需要对粉尘的湿润性加以考虑。

6. 粉尘的荷电性

粉尘在其生产过程中，由于相互碰撞、摩擦、放射线照射、电晕放电及接触带电体等，总会带有一定的电荷。粉尘带荷电后，其物理性质会改变，如凝聚性、附着性等。粉尘的荷电量不仅随温度升高、比表面积增大及含水率减少而增大，还与其化学成分有关。

7. 粉尘的比电阻

粉尘导电性的表示方法和金属导线一样，也用电阻率来表示，单位为 $\Omega \cdot cm$。粉尘的电阻率取决于粉尘的化学成分，除此之外，还与测定时的温度、湿度、粉尘的粒径及分散度等有关，是一种可以用于相互比较的表观电阻率，也称为比电阻。在设计和选用静电除尘器时，需考虑粉尘的比电阻。

8. 粉尘的黏附性

粉尘的黏附性是指粉尘颗粒之间互相附着或粉尘附着在器壁表面的可能性。在气体介质中，产生黏附的力主要是分子力（范德华力）。实践证明，若粉尘的颗粒细、形状不规则、表面粗糙、含水率高、湿润性好及荷电量大，则易产生黏附现象。此外，黏附性还与粉尘随气流运动的速度及壁面粗糙程度有关。

粉尘颗粒由于相互黏附而凝聚变大，有利于提高除尘器的捕集效率。不过粉尘对器壁的黏附容易造成装置和管道的堵塞，因此在除尘或气流输送系统中，应根据经验选择合适的气流速度，减少粉尘与器壁之间的黏附。

9. 粉尘的自燃性和爆炸性

当可燃物料以粉状的形式在空气中存在时，由于其粒径较小，总表面积大，表面能大，故化学活性增强，达到一定浓度，在外界的高温、摩擦、震动、碰撞及放电火花等作用下易发生燃烧，进而导致爆炸，如硫矿粉、煤尘等。

此外，镁粉和碳化钙粉与水接触后引起自燃或爆炸，这类粉尘不能采用湿式除尘。还有一些粉尘相互接触混合之后会引起爆炸，如锌粉与镁粉接触混合。与其他可燃混合物一样，可燃粉尘与空气的混合物也存在爆炸上限、下限浓度范围。粉尘的爆炸上限浓度值过大，一般情况下都达不到，如糖粉的爆炸上限浓度为 $13.5~kg/m^3$。粉尘着火所需要的最低温度称为着火点，它与火源的强度、粉尘的种类、粒径、温度、通风情况、氧气浓度等因素有关。一般来说，粉尘越细，着火点越低。粉尘的爆炸下限越小，着火点越低，爆炸的危险性越大。

3.1.2.2 粉尘的粒径及粒径分布

1. 粉尘的粒径

粉尘颗粒的形状一般都是不规则的，需要按照一定方法确定一个表示颗粒大小的代表性尺寸，作为颗粒的直径，简称粒径。由于测定方法和用途的不同，粒径的定义及其表示方法也不同。表3.1列出了一些主要粒径的类别、名称和定义。

表3.1 不同粒径的定义和表示方法

粒径类别	粒径名称	定义
投影直径	费雷特直径 d_F	各颗粒在平面投影图上，同一方向上的最大投影长度
	马丁直径 d_M	各颗粒在平面投影图上，按同一方向将颗粒投影面积分割成二等分的线段的长度
	最大直径 d_{max}	不考虑方向的颗粒投影外形的最大直线长度
	最小直径 d_{min}	不考虑方向的颗粒投影外形的最小直线长度
几何当量直径	投影面积直径 d_A	与置于稳定位置的颗粒投影面积相等的圆的直径
	表面积直径 d_S	与颗粒的外表面积相等的圆球的直径
	体积直径 d_V	与颗粒的体积相等的圆球的直径
	表面积体积直径 d_{SV}	同颗粒的外表面积与体积之比相等的圆球的直径
	周长直径 d_C	与颗粒投影外形周长相等的圆的直径
筛分直径	筛分直径 d_{ap}	颗粒能通过的最小方筛孔的宽度
物理当量直径	阻力直径 d_d	在黏度相同的液体中，在相同的运动速度下与颗粒具有相同运动阻力的圆球的直径
	自由沉降直径 d_f	在密度和黏度相同的流体中，与颗粒具有相同密度和相同自由沉降速度的圆球的直径
	斯托克斯直径 d_{st}	在同一流体中，与颗粒的密度相同和沉降速度相等的球的直径
	空气动力学直径 d_a	空气中与颗粒沉降速度相同的单位密度的球的直径

2. 粉尘的粒径分布

粒径分布是指在某种粉尘中，不同粒径的粒子所占的比例，也称为粉尘的分散度。粒径分布可以用颗粒的质量分数、个数分数和表面积分数来表示，分别称为质量分布、个数分布和表面积分布，在除尘技术中使用较多的是质量分布。

假设尘粒总质量为 m_0，先将粉尘按粒径大小分成若干组，一般分为 8～12 组，测定各粒径范围 d_p 至 $d_p + \Delta d_p$ 内的尘粒质量 Δm。Δd_p 称为粒径间隔，也称为组距。粒径分布主要分为以下 3 种：

（1）相对频数分布 ΔD，指粒径 d_p 至 $d_p + \Delta d_p$ 之间的尘粒质量 Δm 占总质量 m_0 的百分数，即

$$\Delta D = \frac{\Delta m}{m_0} \times 100\% \tag{3.2}$$

并有

$$\sum \Delta D = 100\% \tag{3.3}$$

(2) 频率密度分布 f,简称频度分布,是指单位粒径间隔时的频数分布,即粒径间隔 $\Delta d_p = 1 \mu m$ 时尘样的质量占尘样总质量的百分数:

$$f = \frac{\Delta D}{\Delta d_p} \quad (3.4)$$

根据式(3.4)计算得到的结果可以绘制频度分布的直方图,按照各组粒径范围的平均粒径值,可以得到频度分布曲线图。

频度分布的微分定义式为

$$f(d_p) = \frac{\mathrm{d}D}{\mathrm{d}d_p} \quad (3.5)$$

(3) 筛上累积频率分布 R,简称筛上累积分布,是指大于某一粒径 d_p 的全部颗粒质量占尘样总质量的百分数,即

$$R = \sum_{d_p}^{d_{\max}} \Delta D = \sum_{d_p}^{d_{\max}} \frac{\Delta D}{\Delta d_p} \Delta d_p = \sum_{d_p}^{d_{\max}} f(d_p) \cdot \Delta d_p \quad (3.6)$$

或取积分形式,为

$$R(d_p) = \int_{d_p}^{d_{\max}} \mathrm{d}D = \int_{d_p}^{d_{\max}} f(d_p) \cdot \mathrm{d}d_p \quad (3.7)$$

反之,将小于某一粒径 d_p 的全部颗粒质量占尘样总质量的百分数称为筛下累积频率分布 D,简称筛下累积分布。

筛上累积频率分布和筛下累积频率分布相等($R = D = 50\%$)时的粒径称为中位径,记作 d_{50}。中位径是除尘技术中一种粒径分布特性的简单表示方法。

3. 粉尘的粒径分布函数

粉尘的粒径分布可用函数表示,符合某一变化规律。常用的有正态分布函数和对数正态分布函数。

(1) 正态分布。粉尘粒径的正态分布是相对于平均粒径呈对称分布,其函数形式为

$$F(d_p) = \frac{100}{\sigma\sqrt{2\pi}} \exp\left[-\frac{(d_p - \bar{d}_p)^2}{2\sigma^2}\right] \quad (3.8)$$

式中,$\bar{d}_p$ 为算数平均径;σ 为标准差。其中,算数平均径 $\bar{d}_p$ 等于累积分布为 50% 的粒径,即 $\bar{d}_p = d_{50}$;而标准差 σ 等于中位径 d_{50} 与筛上累积频率 $R = 84.13\%$ 的粒径 $d_{R=84.13}$ 之差,即

$$\sigma = d_{50} - d_{R=84.13} \quad (3.9)$$

粒径呈正态分布的粒子是很少的,一般在冷凝之类的物理过程中形成。

(2) 对数正态分布。大多数粒子在矩形坐标中是呈偏态分布的,若将横坐标用对数坐标代替,可以转换为近似正态分布的对称性钟形曲线,则称为对数正态分布。其函数为

$$f(\ln d_p) = \frac{100}{\ln \sigma_g \sqrt{2\pi}} \left[-\frac{(\ln d_p - \ln \bar{d}_g)^2}{2(\ln \sigma_g)^2}\right] \quad (3.10)$$

式中,$\bar{d}_g$ 为几何平均粒径,$\bar{d}_g = d_{50}$;σ_g 为几何标准差。其中,对数正态分布的几何标

准差 σ_g 为

$$\sigma_g = \frac{d_{50}}{d_{R=84.13}} \tag{3.11}$$

粒子的对数正态分布有一个特点，若某粉尘粒径符合对数正态分布，则以质量表示与以个数或表面积表示的粒径分布都符合对数正态分布，其几何标准差相等。

3.1.2.3 颗粒物捕集的理论基础

1. 流体阻力

只有在颗粒与气流之间出现相对运动速度的大小和方向不一致时，才能实现颗粒从气流中分离出来。颗粒与流体之间发生相对运动，颗粒必然会受到流体阻力 F_D 的作用，其大小由式（3.12）确定：

$$F_D = C_D \cdot A_p \cdot \frac{\rho v^2}{2} \tag{3.12}$$

式中，C_D 为流体的阻力系数；ρ 为流体密度，单位为 kg/m^3；A_p 为颗粒垂直于气流的最大断面积，单位为 m^2；v 为颗粒与流体之间的相对运动速度，单位为 m/s。

对球形颗粒，有：

$$F_D = C_D \cdot \frac{\pi}{4} d_p^2 \cdot \frac{\rho v^2}{2} \tag{3.13}$$

对球形颗粒，影响流体阻力的物理量有粒子粒径 d_p、相对运动速度 v、流体密度 ρ 及动力黏度 μ 等。通过量纲分析发现，阻力系数 C_D 是这些物理量组成的量纲为 1 的粒子雷诺数的函数：

$$C_D = \frac{\alpha}{Re_p^m} \tag{3.14}$$

$$Re_p = \frac{d_p \rho v}{\mu} \tag{3.15}$$

式中，Re_p 为粒子雷诺数；α 和 m 为量纲为 1 的常数和指数。

具体函数关系与粒子雷诺数 Re_p 的大小有关，见表 3.2。在层流区，微粒的流体阻力为

$$F_D = 3\pi \mu d_p v \tag{3.16}$$

式（3.16）即为斯托克斯阻力定律，通常将 $Re_p \leq 1$ 的区域称为斯托克斯区域。

表 3.2 不同区域内的阻力系数 C_D 和阻力 F_D

区域	层流区	过渡区	紊流区
Re_p	≤ 1	$1 \sim 500$	$500 \sim 10^5$
α	24	18.5	$0.3 \sim 0.5$，平均 0.44
m	1.0	0.6	0
C_D	$24/Re_p$	$18.5/Re_p^{0.6}$	0.44

(续上表)

区域	层流区	过渡区	紊流区
F_D	$3\pi\mu d_p v$	$7.265\rho^{0.4}\mu^{0.6}(d_p \cdot v)^{1.4}$	$0.055\pi\rho d_p^2 v^2$
d_p 大致范围/μm	1~100	100~1000	>1000

当颗粒尺寸小到与气体分子平均自由程大小差不多时，颗粒开始脱离与气体分子接触，颗粒发生滑动现象，流体阻力将减小。引入滑动修正系数（又称为肯宁汉修正系数），用 C_u 表示。若 $d_p \leq 1.0$ μm，则将肯宁汉修正系数引入斯托克斯定律，所受阻力将按式(3.17)进行修正：

$$F_D = \frac{3\pi\mu d_p v}{C_u} \tag{3.17}$$

在常压空气中，C_u 可用式(3.18)估算：

$$C_u = 1 + \frac{6.21 \times 10^{-4} T}{d_p} \tag{3.18}$$

式中，T 为气体热力学温度。

2. 重力沉降

静止流体中的单个球形颗粒，在重力作用下沉降时，所受的作用力有重力（F_G）、流体浮力（F_B）和流体阻力（F_D），三力平衡关系式为

$$F_D = F_G - F_B = \frac{\pi d_p^3}{6}(\rho_p - \rho)g \tag{3.19}$$

对于斯托克斯区域的颗粒，其重力沉降末端速度为

$$v_s = \frac{d_p^2(\rho_p - \rho)g}{18\mu} \tag{3.20}$$

若颗粒的运动处于滑动区，v_s 应乘以肯宁汉修正系数 C_u。

3. 离心沉降

随着气流一起旋转的球形颗粒，所受离心力可用牛顿定律确定：

$$F_c = \frac{\pi}{6}d_p^3 \rho_p \frac{v_\theta^2}{R} \tag{3.21}$$

式中，R 为旋转气流流线的半径，单位为 m；v_θ 为 R 处气流的切向速度，单位为 m/s。

在离心力的作用下，颗粒将做离心的径向运动（垂直于切向）。若颗粒运动处于斯托克斯区，则颗粒所受向心的流体阻力为 $F_D = 3\pi\mu d_p v_r$。当离心力 F_c 和阻力 F_D 达到平衡时，颗粒便达到了离心沉降的终末速度 v_r：

$$v_r = \frac{d_p^2(\rho_p - \rho)}{18\mu} \cdot \frac{v_\theta^2}{R} \approx \frac{d_p^2 \rho_p}{18\mu} \cdot \frac{v_\theta^2}{R} \tag{3.22}$$

若颗粒的运动处于滑动区，则 v_r 应乘以肯宁汉修正系数 C_u。

4. 静电沉降

在外加电场（如在电除尘器）中，若忽略重力和惯性力等的作用，荷电颗粒所受作用力主要是静电力（库仑力）和气流阻力。静电力 F_E 为

$$F_E = qE \tag{3.23}$$

式中，q 为颗粒的荷电量，单位为 C；E 为颗粒所处位置的电场强度，单位为 V/m。

对于斯托克斯区域的颗粒，颗粒所受气流阻力 $F_D = 3\pi\mu d_p v$，当静电力 F_E 和阻力 F_D 达到平衡时，颗粒便达到静电沉降的终末速度，习惯上称为颗粒的驱进速度，并用 ω 表示：

$$\omega = \frac{qE}{3\pi\mu d_p} \tag{3.24}$$

同样，若颗粒的运动处于滑动区，ω 应乘以肯宁汉修正系数 C_u。

5．扩散沉降

很小的微粒受到气体分子的无规则撞击，能像气体分子一样做无规则运动，称为布朗运动；而布朗运动促使微粒从浓度较高的区域向浓度较低的区域扩散，称为布朗扩散。微粒因布朗运动产生扩散而被捕尘体捕集的机制称为扩散沉降。对于大颗粒（大于 1 μm）的捕集，布朗扩散的作用很小，主要靠惯性碰撞作用；反之，对于很小的颗粒（小于 0.2 μm），惯性碰撞的作用很小，主要是靠扩散沉降。在惯性碰撞和扩散沉降均无效的粒径范围内的颗粒（0.2～1 μm），其捕集效率最低。

6．惯性沉降

通常认为，气流中的颗粒随着气流一起运动时，很少或不产生滑动。但是，若有一静止的或缓慢运动的捕尘体（如液滴或纤维等）处于气流中时，则会使气体产生绕流，并使某颗粒沉降到上面。大颗粒因其质量和惯性较大而脱离流线，保持自身原来的运动方向而与捕尘体碰撞，继而被捕集。通常将这种捕尘机制称为惯性碰撞。

惯性碰撞的捕集效率主要与斯托克斯准数 St（也称为惯性碰撞参数）有关，斯托克斯准数 St 定义为颗粒的停止距离 x_s 与捕尘体直径 D_c 之比。对于处于斯托克斯区域的球形颗粒，有

$$St = \frac{x_s C_u}{D_c} = \frac{v_0 \tau_p C_u}{D_c} = \frac{d_p^2 \rho_p v_0 C_u}{18\mu D_c} \tag{3.25}$$

式中，τ_p 是颗粒的弛豫时间。

惯性碰撞捕集效率 η_{St} 与斯托克斯准数 St 的关系如下：

$$\eta_{St} = \frac{St}{St + 0.7} \tag{3.26}$$

斯托克斯准数 St 越大，即 d_p 越大，v_0 越大，D_c 越小，惯性碰撞捕集效率越大。

3.1.3 颗粒污染物的净化设备

3.1.3.1 机械式除尘器

1．重力沉降室

重力沉降室（图 3.2）是通过尘粒自身的重力作用使其从气流中分离的简单除尘装

置。含尘气流进入沉降室后,由于过流面积扩大,流速迅速下降,尘粒在自身重力作用下缓慢向灰斗沉降,其中较大的尘粒被沉降室捕集。

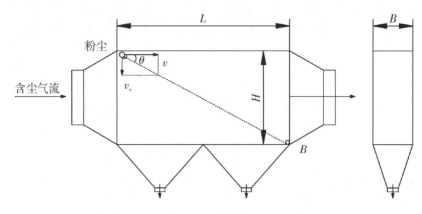

图 3.2 重力沉降室

重力沉降室的优点是阻力小（50～130 Pa）,动力费用低；结构简单,投资少；性能可靠,维修管理容易。缺点是设备庞大,效率低。该设备适于净化密度和粒径大的粉尘,特别是磨损强的粉尘,不适于净化粒径 20 μm 以下粉尘。设计好时,能捕集粒径 50 μm 以上粉尘,一般作为多级除尘系统的第一级处理设备。

2. 惯性除尘器

惯性除尘器是使含尘气流冲击在挡板上,或让气流方向急剧转变,借助尘粒本身的惯性力作用使其与气流分离的一种除尘装置。

惯性除尘器的工作原理如图 3.3 所示。当含尘气流冲击到挡板 B_1 上时,惯性力大的粗颗粒 d_1 首先被分离下来,而被气流带走的颗粒 d_2 由于挡板 B_2 使气流方向改变,借助离心力的作用又被分离下来,烟气中带走的尘粒 $d_3 < d_2$。假设气流的旋转半径为 R_2,切线速度为 v_θ,尘粒 d_2 所具有的离心分离速度 v_{R_2} 为

$$v_{R_2} = \frac{d_p^2 \rho_p}{18\mu} \cdot \frac{v_\theta^2}{R_2} \tag{3.27}$$

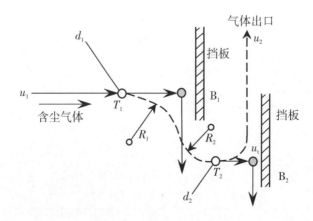

图 3.3 惯性除尘器工作原理

可见，惯性除尘器不仅依靠惯性力分离粉尘，还利用离心力和重力的作用。

惯性除尘器有很多种形式，主要可以分为碰撞式和回转式两大类。如图3.4所示的4种惯性除尘器，（a）和（b）分别为单级碰撞型惯性除尘器和多级碰撞型惯性除尘器，其原理是使含尘气流撞击到挡板后，尘粒丧失惯性力而靠重力沿挡板向下掉落；（c）和（d）分别为回转型惯性除尘器和百叶窗型惯性除尘器，都是在含尘气流进入后，粗尘粒靠惯性力和重力直接冲入灰斗中，较小尘粒则在与气体一起改变方向时被去除。

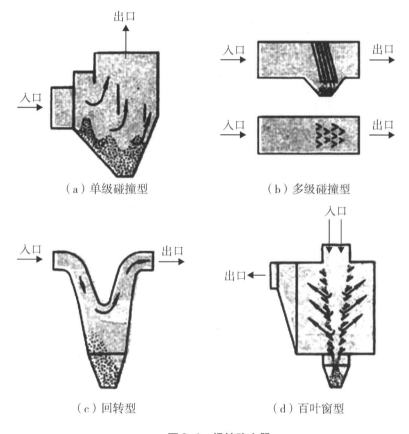

图3.4　惯性除尘器

惯性除尘器适用于净化密度和粒径较大的金属或矿物粉尘，可用于处理高温含尘气体，能直接安装在风道上。对于黏结性和纤维性粉尘，因易堵塞，不宜采用。由于气流方向改变的次数有限，净化效率不高。也多用于多级除尘的第一级，捕集粒径为10～20 μm 的粗颗粒。压力损失一般为100～1000 Pa。

3．旋风除尘器

旋风除尘器是利用旋转气流的离心力使尘粒从气流中分离的装置，又称为离心式除尘器。

（1）旋风除尘器的工作原理。普通的旋风除尘器是由进气管、筒体、锥体和排气管组成的。含尘气流从切线进口进入除尘器后，沿筒体内壁由上向下做旋转运动，大部分气流到达锥体底部附近时折转向上，在中心区边旋转边上升，最后经排气管排出。一般将旋转向下的外圈气流称为外涡旋，将旋转向上的内圈气流称为内涡旋。尘粒在外涡旋离心力的作用下移向外壁，并在气流轴向推力和重力的共同作用下，沿壁面落入灰斗。具体如图 3.5 所示。

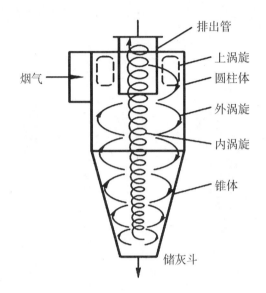

图 3.5　旋风除尘器的流场

气流从除尘器顶部向下高速旋转时，顶部压力下降，致使一部分气流会带着细小的尘粒沿筒体内壁旋转向上，达到顶盖后再沿排气管外壁旋转向下，最后到达排气管下端附近，被上升的内旋流带走。通常将这股气流称为上涡旋。

通常将内涡旋、外涡旋气体的运动分解为 3 个速度分量，分别为切向速度、径向速度和轴向速度。气流切向速度是决定气流质点离心力大小的主要因素，其表达式为

$$v_t R^n = c \tag{3.28}$$

式中，c 为常数；R 为气流质点的旋转半径，单位为 m；n 为涡流指数，对于外涡旋，可用式(3.29)进行估算：

$$n = 1 - (1 - 0.67 D^{1.14}) \left(\frac{T}{283}\right)^{0.3} \tag{3.29}$$

式中，D 为旋风除尘器直径，单位为 m；T 为气体温度，单位为 K。

对于内涡旋，$n = -1$，则有

$$v_t / R = \omega \tag{3.30}$$

在内、外涡旋交界圆柱面上，$n = 0$，气流的切向速度最大，实验测出其径向位置在 $(0.6 \sim 0.7) d_e$（d_e 是排气管直径）。

(2) 旋风除尘器的除尘效率及影响因素。对于给定的旋风除尘器，一般随着气体流量的增加、颗粒密度的增大、气体黏度的减小、气体温度的降低，分级除尘效率升高。

旋风除尘器的结构和尺寸对其效率也有重要影响。在相同的切向速度下，筒体直径 D 越小，粒子受到的惯性离心力越大，除尘效率越高；但若筒体直径过小，粒子容易逃逸，效率会下降。另外，锥体适当加长，对提高除尘效率有利。除尘器分割直径的推导过程表明，排出管直径越小，分割直径越小，即除尘效率越高。但排出管直径太小，会导致压力的增加，一般取排出管直径 $d_e = (0.4 \sim 0.65)D$。

（3）旋风除尘器的压力损失。旋风除尘器的压力损失与其结构和运行条件有关。一般认为，旋风除尘器的压力损失（ΔP）与进口气速的平方成正比，即

$$\Delta P = \frac{1}{2} \xi \rho v_1^2 \tag{3.31}$$

式中，ρ 为气体的密度，单位为 kg/m^3；v_1 为气体入口速度，单位为 m/s；ξ 为局部阻力系数，一般根据实验确定。

（4）旋风除尘器的结构类型。旋风除尘器的种类繁多，按结构外形分为长锥形、长筒体、扩散式、旁通式等，按安装方式可分为立式、卧式与倒装式，按组合情况又分为单筒与多筒等。工业上更多的是按含尘气体的导入方式分为切向进入与轴向进入两类，其中，切向进入式又分为直入式和蜗壳式，前者的进气管外壁与筒体相切，后者进气管内壁与筒体相切（图 3.6）。切向进入式的进气管外壁采用渐开线形式，渐开角有 180°、270°和 360°三种。

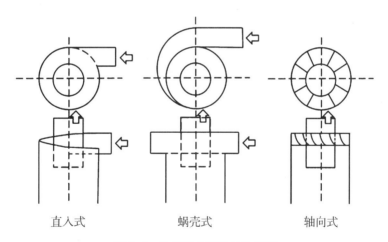

图 3.6　旋风除尘器的结构类型

旋风除尘器结构简单，体积小，不需要特殊的附属设备，因此造价低。它通常用于分离粒径为 $5 \sim 10~\mu m$ 的尘粒，普通旋风除尘器的效率一般在 90% 左右。旋风除尘器一般只适用于温度在 400 ℃ 以下的非腐蚀性气体；气量波动大的气体对除尘效率和压力损失影响较大，因此不适用；处理磨损性强的粉尘时，应在易磨损部位增加耐磨衬里。此外，该类型除尘器也不适宜净化黏结性粉尘和湿度较高的粉尘。

3.1.3.2　电除尘器

电除尘器是利用静电力实现颗粒与气流分离沉降的一种除尘装置。电除尘器具有以

下优点：对细颗粒去除效率高，可高于99%；压力损失小，一般为200～500 Pa；处理气量大，还可以在高温或强腐蚀的环境中运行。电除尘器的主要缺点是设备庞大，能耗多；需购置高压变电和整流设备，投资高；除尘效率受粉尘比电阻影响较大。

1. 电除尘器的工作原理

电除尘器的除尘过程可分为以下4个阶段：

（1）电晕放电和空间电荷的形成。在电晕极与集尘极之间施加直流高电压，使电晕极发生电晕放电，气体电离，生成大量自由电子和正离子。正离子被电晕极吸引而失去电荷。自由电子和气流中负电性气体分子俘获自由电子后形成的气体负离子，在电场力的作用下向集尘极移动，形成了空间电荷。

（2）粒子荷电。含尘气流通过电场空间时，自由电子、负离子与粉尘碰撞附着，便实现了粒子荷电。在除尘器电晕电场中有两种不同的荷电机理。一种是离子在静电力作用下做定向运动，与粒子碰撞而使粒子荷电，称为电场荷电或碰撞荷电；另一种是由离子的扩散现象引起的粒子荷电过程，称为扩散荷电，这种过程依赖于离子的热能，而不依赖于电场。

（3）粒子沉降。荷电粒子在电场力的作用下被驱往集尘极，经过一定时间后达到集尘极表面，在集尘极表面放出电荷并沉积。

（4）粒子清除。电晕极和集尘极上都会有粉尘沉积。当集尘极上的粉尘沉积到一定厚度时，为保证粉尘放电效果，需要用机械振打等方式将其清除，使粉尘落入下部灰斗中。

2. 电除尘器的性能及影响因素

（1）电除尘器的捕集效率。电除尘器的捕集效率与粒子性质、电场强度、气流速度、气体性质及除尘器结构等因素有关。电除尘器除尘效率的测量结果表明，电除尘器对于粒径在亚微米区间的粒子，除尘效率有增大的趋势。例如，对粒径为 1 μm 的粒子的捕集效率为 90%～95%，对粒径为 0.1 μm 的粒子，捕集效率可上升到 99% 甚至更高，这说明电除尘器可有效去除微小粒子。

（2）影响电除尘器捕集效率的因素。

A. 粉尘的导电性。电除尘器运行的适宜粉尘比电阻范围为 $10^4 \sim 2 \times 10^{10}$ Ω·cm。比电阻大于 10^{10} Ω·cm 的粉尘通常称为高比电阻粉尘。当比电阻低于 10^{10} Ω·cm 时，对除尘系统无影响；当比电阻介于 $10^{10} \sim 10^{11}$ Ω·cm 之间时，火花率增加，操作电压降低；当比电阻高于 10^{11} Ω·cm 时，集尘极粉尘层内会出现电火花，即产生明显的反电晕，严重干扰粒子荷电和捕集。实践中克服高比电阻影响的方法是尽可能保持电极表面清洁，采用较好的供电系统，烟气调质，以及发展新型电除尘器。

B. 气体的含尘浓度。气体含尘浓度很高时，电场内尘粒的空间电荷很高，会使电除尘器电晕电流急剧下降，严重时可能会趋于零。处理含尘浓度高的气体时，可提高工作电压，采用放电强烈的芒刺型电晕极，电除尘器前增设预净化设备，等等。一般使气体含尘浓度降到 30 g/m³ 以下再进入电除尘器。

3. 电除尘器的类型

（1）按粒子荷电和沉降的空间位置可分为单区电除尘器和双区电除尘器。粉尘的荷电和沉降在同一区域内的电除尘器称为单区电除尘器,将分设荷电区与沉降区的称为双区电除尘器。

（2）按集尘极的型式可分为管式电除尘器和板式电除尘器。管式电除尘器的集尘极一般为多根并列的金属圆管或六角形管,适用于气体量少的情况。板式电除尘器采用各种断面形状的平行钢板作集尘极,极间均布电晕线,处理气体量大。

（3）按沉积粒子的清灰方式,可分为干式电除尘器和湿式电除尘器。干式电除尘器采用机械振打等方式清除集尘极上的粉尘,回收的粉尘方便处置和利用,但振打清灰存在二次扬尘的问题。湿式电除尘器用喷水或溢流水的方式在集尘极表面形成一层水膜,将沉积在极板上的粉尘冲走。湿式清灰可以避免粉尘的飞扬,但是存在腐蚀情况,以及污泥和污水的处理问题,一般在气体含水量大、要求除尘效率高时使用。

4. 电除尘器的结构

电除尘器主要包括电晕极、集尘极、电晕极与集尘极的清灰装置、气流分布装置、高压供电装置、壳体、保温箱及输灰装置等,如图 3.7 所示。

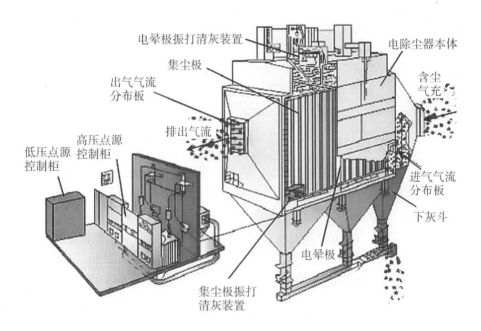

图 3.7 电除尘器的结构

（1）电晕极。电晕极是电除尘器中使气体产生电晕放电的电极,主要包括电晕线、电晕器框架、电晕框悬吊架、悬吊杆和支持绝缘套管等。

（2）集尘极。根据电除尘器的结构,集尘极主要分为管式、板式和型板式。

（3）电极清灰方式。干式电除尘器中沉积的粉尘,由机械撞击或电极振动产生的振动力清除,称为振打清灰。

5. 电除尘器技术的新进展

（1）低低温电除尘器技术。低低温电除尘器通过烟气冷却器或烟气换热系统（包括烟气冷却器和烟气再热器）把电除尘器入口烟气温度降低至酸露点以下，一般在 90 ℃左右，烟气中大部分 SO_3 可以在烟气冷却器中冷凝成硫酸雾并黏附在粉尘表面，从而改变粉尘的物理和化学性质，粉尘的表面张力减小，黏附力增大，微细颗粒可以团聚为大颗粒，平均粒径增大，比表面积减小，从而使电除尘器效率明显提高。

（2）湿式静电除尘器技术。湿式电除尘器布置在烟气脱硫塔之后，与干式电除尘器不同，极板上形成的水膜会大幅度提高电除尘器内放电电流，细颗粒的荷电能力得到增强，进一步提高脱除效率。由于水雾的存在，细颗粒物的团聚作用增强，荷电量增加，同时粉尘与水雾结合后，粉尘的比电阻下降，更容易形成大颗粒被捕集。

（3）旋转电极电除尘器技术。旋转电极技术将除尘器的电场更改为前级固定电极电场加后级旋转电极电场，旋转电极电场中的阳极部分使用回转的阳极板和旋转的清灰刷，附着于回转阳极板上的粉尘在尚未达到形成反电晕的厚度时，就被布置在非电场区的旋转清灰刷清除，避免了反电晕。旋转的清灰刷可清除高比电阻、黏性烟尘，减少了二次扬尘，进而提高了电除尘器除尘效率。

（4）高频电源电除尘器技术。高频电源技术将工频电源经整流桥整流成约 530 V 的直流电流，再经逆变电路逆变成 20 kHz 以上的高频交流电流，然后通过高频变压器升压，再经高频整流器进行整流滤波，形成 40 kHz 以上的高频电流。相对于工频电源，高频电源平均电压比工频电源提高了 25%～30%，从而提高了供电电压和电流，增大了电晕功率的输入，提高了烟尘荷电量与场强，进而提高了除尘器效率，同时可节约电耗 40%～80%。

3.1.3.3 过滤式除尘器

过滤式除尘器是利用滤袋或滤料等多孔介质从含尘气体中捕集粉尘的一种除尘设备。除尘系统中最常见的是以纤维织物为滤料的袋式除尘器。

袋式除尘器对微细粉尘的除尘效率可达 90% 以上；对粉尘适应性强，不受粉尘比电阻等性质的影响；性能稳定可靠，对负荷变化适应性好，特别适宜捕集细微而干燥的粉尘，所收干尘便于处理和回收利用，因此广泛应用于冶金、建材、电力、机械等行业。缺点主要是不适用于高温条件，压力损失较大，滤袋易损坏。

1. 工作原理

袋式除尘器所用滤料分为织物滤料、针刺毡料（非织物滤料）和覆膜滤料，不同滤料的工作原理有所不同。

袋式除尘器的滤尘机制包括碰撞、拦截、扩散、静电吸引和重力沉降等作用。织物滤料本身的网孔一般为 10～50 μm，表面起绒滤料的网孔也有 5～10 μm，因此新鲜滤料开始使用时滤尘效率很低。随着捕尘量不断增加，一部分粉尘嵌入滤料内部，一部分覆盖在滤料表面上形成粉尘初层。粉尘初层形成后，过滤效率大大提高。袋式除尘器主要靠粉尘层的过滤作用，滤布只起形成粉尘层和支撑它的骨架作用。在过滤除尘过程中，随着粉尘层不断加厚，阻力越来越大，会将滤料上的细小粉尘挤压过去，使除尘效率降低；阻力太大时，滤布也容易损坏。因此，当阻力增大到一定值时，必须清除滤料上的集尘。为保证清灰后的效率不致过低，清灰时不应破坏粉尘初层。

2. 袋式除尘器过滤效率的主要影响因素

（1）滤料结构。滤料的结构类型、表面处理的状况对袋式除尘器的除尘效率有显著影响。袋式除尘器采用的滤料有机织滤料、针刺滤料和覆膜滤料。

（2）过滤速度。过滤速度的大小主要影响惯性碰撞和扩散作用。对粒径小于 1 μm 的微尘或烟雾，扩散起主导作用。大于 1 μm 的较大粒子，惯性碰撞占主导地位。一般建议对细尘过滤速度取 0.6～1.0 m/min，对粗尘过滤速度取 2.0 m/min 左右。此外，过滤速度的选取还与滤料的性质、清灰方式、含尘浓度等因素有关。

3. 袋式除尘器的结构形式

（1）按清灰方式分类。按清灰方式分类，袋式除尘器有机械振动清灰、逆气流清灰和脉冲喷吹清灰等。

（2）按滤袋形状和进气方式分类。滤袋形状分为圆袋和扁袋，进气方式分为上进气和下进气。圆袋受力较好，袋笼及连接简单，清灰效果好。扁袋布置紧凑，在相同体积时可布置较多的过滤面积。

（3）按过滤方式分类。可分为内滤式与外滤式。脉冲喷吹类和高压反吹类多为外滤式，内滤式多用于圆袋。

4. 电袋复合式除尘器

电袋复合式除尘器是种将电除尘机理与袋式除尘过滤机理结合的除尘设备。当烟气通过电场时，烟气中 80%～90% 的颗粒物被电场收集，剩下 10%～20% 的颗粒物随烟气进入滤袋。电袋复合式除尘器在电场区内的运行能耗低于单一的电除尘器，而在滤袋区内的运行负荷低于单一袋式除尘器。颗粒物在电场中荷电后除去粗尘，剩下的细尘可在电场中被极化后进入滤袋。电袋复合式除尘器不受煤种变化、烟气特性、飞灰比电阻等因素的影响，利用荷电粉尘的电凝作用并确保烟气中颗粒物浓度达标排放，能够长期稳定运行。主要形式有：

（1）电袋分离串联式。电袋分离串联式采用串联布置，先静电除尘除去烟气中的粗颗粒烟尘，起到预除尘作用，减少袋式除尘清灰频率。

（2）电袋一体式。电袋一体式又称为嵌入式电袋复合式除尘器，即对每个除尘单元，在电除尘中嵌入滤袋结构，电除尘电极与滤袋交错排列。

3.1.3.4 湿式除尘器

湿式除尘器是使含尘气体与液体（一般为水）充分接触，从而将尘粒洗涤下来使气体净化的装置。湿式除尘器可以有效地将直径为 0.1～20 μm 的液态或固态粒子从气流中除去，同时也能脱除气态污染物。它具有结构简单、造价低、占地面积小、净化效率高、操作及维修方便等优点，能够处理高温、高湿的气流。但采用湿式除尘器时，要特别注意设备和管道腐蚀，以及污水和污泥的处理等问题。湿式除尘过程也不利于副产品的回收。如果设备安装在室外，还必须考虑在冬天设备可能冻结的问题。

1. 湿式除尘器的工作原理

湿式除尘机理包括重力、惯性碰撞、拦截、扩散、静电力等作用，但主要是惯性碰撞和拦截作用。

当含尘气体向液体中分散时，如在板式塔洗涤器中，将形成气体射流和气泡形式的气液接触表面，气泡和气体射流即为捕尘体。当液体向含尘气体中分散时，如在重力喷雾塔、离心式喷洒洗涤器、自激喷雾洗涤器、文丘里洗涤器和机械诱导喷雾洗涤器中，将形成液滴形式的气液接触表面，液滴为捕尘体。在填料塔、旋风水膜除尘器中，气液接触表面为液膜，气相中的粉尘由于惯性力、离心力等作用撞击到水膜中被捕集，液膜是这类湿式除尘器的捕尘体。

2. 重力喷雾塔

重力喷雾塔又称为喷雾洗涤器，是湿式除尘器中最简单的一种。它们压力损失小，一般小于 0.25 kPa，操作稳定方便，但净化效率低，耗水量及占地面积均较大。常用于净化 50 μm 以上的粉尘，对小于 10 μm 的尘粒效果较差。

根据除尘器的截面形状，可以分为圆形和方形两种；按照内部气流的流动方向，可以分为逆流、错流和并流三种形式。在实际应用中，多用气液逆流型，错流型较少，并流型喷雾塔主要用于气体降温和加湿等过程。

3. 离心式洗涤器

把干式旋风除尘器的离心力原理应用于具有喷淋功能或在器壁上形成液膜的湿式除尘器中，就构成了离心式洗涤器。

离心式洗涤器与旋风除尘器相比，由于附加了水滴或水膜的捕集作用，除尘效率明显提高。旋风洗涤器入口速度的范围一般 15～45 m/s。比重力大得多的离心力把水滴甩向外壁形成壁流，减少了气流带水，增加了气液间的相对速度，可以提高碰撞效率；采用更细的喷雾，壁流还可以将被离心力甩向外壁的粉尘立即冲下，有效地防止了二次扬尘。

4. 文丘里洗涤器

湿式除尘器要想得到较高的除尘效率，必须实现较高的气液相对运动速度和形成非常细小的液滴，文丘里洗涤器就是基于这个原理而发展起来的。

文丘里洗涤器是一种高效湿式洗涤器，常用于除尘和高温烟气降温，也可吸收气态污染物。对 0.5～5 μm 的尘粒，除尘效率可达 99% 以上。但阻力较大，运行费用较高。

(1) 文丘里洗涤器的结构。文丘里洗涤器由文丘里管和脱水器两部分组成，其中，文丘里管也称为文氏管，由进气管、收缩管、喷嘴、喉管、扩散管和连接管组成（图 3.8）。

(2) 文丘里洗涤器的原理。文丘里洗涤器的除尘过程，分为雾化、凝聚和脱水三个过程，前两个过程在文氏管内进行，后一个过程在脱水器内完成。含尘气体进入收缩管后，气速逐渐增大，气流的压力能逐渐转变为动能，在喉管处气速达到最大（50～180 m/s），气液相对速度很高。在高速气流冲击下，从喷嘴喷出的水滴被高度雾化。喉管处的高速低压使气体湿度达到过饱和状态，尘粒表面附着的气膜被冲破，尘粒被水湿润。在尘粒与液滴或尘粒之间发生着激烈的惯性碰撞和凝聚。进入扩散管后，气速减小，压力回升，以尘粒为凝结核的过饱和蒸汽的凝聚作用加快。吸附有水分的颗粒继续碰撞和凝聚，小颗粒凝并成大颗粒，易于被其他除尘器或脱水器捕集，使气体得到净化。

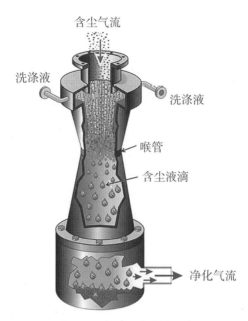

图 3.8 文丘里洗涤器示意

3.2 气态污染物控制工程

气态污染物是在常态、常压下以分子状态存在的污染物。根据是否直接排放,气态污染物可以分为一次污染物和二次污染物。在大气污染控制中受到普遍重视的一次污染物有硫氧化物、氮氧化物、碳氧化物及有机化合物等,二次污染物有硫酸烟雾和光化学烟雾。

本节主要介绍一次污染物的净化原理及控制技术。关于二次污染光化学烟雾的控制详见下节。

3.2.1 气态污染物净化原理

气体净化技术是使气态污染物从气流中分离出来或者转化成无害物质的方法与措施。气体混合物的净化方法根据不同的作用原理一般可以分为三大类,分别为吸收法、吸附法和催化转化法。

3.2.1.1 吸收法净化气态污染物

吸收法净化气态污染物是根据气体混合物中各组分在溶液或溶剂中物理的溶解度或化学的反应活性的不同,吸收废气中有害气体使它从废气中分离出来的传质过程。这是减少或消除有害气体向大气环境排放的重要途径之一。吸收法效率高，设备简单，适用范围广，并可回收有价值的产品，主要用以处理 SO_2、H_2S、HF 和氮氧化物等气态污染物。

与普通化工生产中的吸收过程相比，需要处理的气体量大，污染物浓度低，要求较高的吸收效率和吸收速率。一般简单的物理吸收难以满足要求，因此多数情况下采用化学吸收过程，如用碱性溶液吸收烟气中低浓度的 SO_2。

3.2.1.2 吸附法净化气态污染物

气体吸附是利用多孔性固体物质表面上未平衡或未饱和的分子力，把气体混合物中的一种或几种有害组分浓集于固体表面，将其从气流中分离而除去的净化操作过程。具有吸附能力的固体物质称为吸附剂，被吸附到固体表面的物质称为吸附质。

吸附净化能有效分离其他过程难以分离的混合物，具有工艺流程简单、无腐蚀性、选择性高、净化效率高、一般无二次污染等优点。在大气污染控制中，吸附过程能够有效地分离出废气中浓度很低的气态污染物。例如，低浓度 SO_2 及 NO_x 尾气的净化，吸附净化后的尾气能够达到排放标准，分离出来的污染物还可以作为资源回收利用。

3.2.1.3 催化法净化气态污染物

催化转化是利用催化剂的催化作用，使废气中的有害组分在催化剂表面上发生化学反应并转化为无害或易于去除的物质甚至回收利用产物的净化方法。

催化方法净化效率较高，净化效率受废气中污染物浓度影响较小；在治理废气过程中，无须将污染物与主气流分离，可直接将主气流中的有害物转化为无害物，简化了操作过程并避免了二次污染。故该方法在大气污染控制中得到较多应用，如高浓度 SO_2 的回用、汽车尾气和有机废气的净化等。

但是，催化剂一般价格较贵，且本身易被污染，因此对进气品质要求高；同时，污染气体的预热需消耗一定能量，从节约能源的角度考虑，废气浓度与温度最好较高；此外，该方法不适用于在反应过程中会产生固体物质的废气及污染源间歇产生的废气净化。

3.2.2 SO_2 控制技术

SO_2 会使土壤和水体日趋酸化，破坏植被和作物，严重腐蚀金属制品及建筑物。除了破坏环境，SO_2 污染还会严重影响人体健康。SO_2 对人的呼吸器官和眼膜具有刺激作用，长期吸入会发生慢性中毒。世界卫生组织国际癌症研究机构于 2017 年经过初步整理和参考后公布的致癌物清单中，将 SO_2 列入 3 类致癌物清单。

因此，控制 SO_2 的排放已成为世界各国的共同行动。1995 年颁布的《中华人民共和国大气污染防治法》中划定了 SO_2 污染控制区及酸雨控制区，同时各地对 SO_2 的排放控制越来越严格，从 2003 年起开始征收 SO_2 排污费。根据《第二次全国污染源普查公报》（2017 年 12 月 31 日为普查标准时点），全国大气污染物 SO_2 排放量为 529.08 万吨，排放量位居前3位的行业依次为电力、热力生产和供应业（146.26万吨），非金属矿物制品业（124.59万吨），黑色金属冶炼和压延加工业（82.31万吨），合计占工业源SO_2排放量的66.75%。90%以上的SO_2排放来自燃料燃烧（尤其是煤炭燃烧），因此，在加强燃料清洁转化利用的基础上，大力发展燃煤污染物防治技术尤为重要。

减少燃煤SO_2排放的措施主要有燃烧前脱硫、燃烧中脱硫和燃烧后脱硫。燃烧前脱硫是对燃料所含硫分先行脱除，主要包括煤炭洗选、型煤固硫、煤炭的气化和液化、重油脱硫等。燃烧中脱硫主要指清洁燃烧技术，旨在减少燃烧过程中污染物的产生和排放，主要包括流化床燃烧脱硫和炉内喷钙脱硫技术。燃烧后脱硫指的是烟气脱硫技术（flue gas desulphurization，FGD），其分类方法有很多，可按脱硫剂状态分为湿法、干法和半干法脱硫，也可按生成物的处置方式分为抛弃法和再生法。

3.2.2.1 石灰石/石灰湿法烟气脱硫技术

石灰石/石灰湿法脱硫是采用石灰石或者石灰浆液脱除烟气中SO_2的方法。在现有的烟气脱硫技术中，该方法技术最为成熟，脱硫效率高，操作简单，运行最为可靠，应用也最为广泛。

1. 基本原理

该方法基本原理为利用石灰石或石灰浆液吸收烟气中的SO_2，首先生成$CaSO_3$，然后再被氧化为$CaSO_4$。其化学反应式为

$$CaCO_3 + SO_2 + 2H_2O = CaSO_3 \cdot 2H_2O + CO_2$$
$$CaO + SO_2 + 2H_2O = CaSO_3 \cdot 2H_2O$$

一般在脱硫塔底部设浆液循环池，并通入空气将生成的$CaSO_3$氧化为$CaSO_4$（石膏），再回收利用，反应式为

$$CaSO_3 \cdot 2H_2O + \frac{1}{2}O_2 = CaSO_4 \cdot 2H_2O$$

但该方法耗水量大，投资和占地面积大，系统复杂，易结露，对设备造成腐蚀，需要对水进行再处理，易产生二次污染。

2. 钠钙双碱法

为了克服石灰湿法脱硫中存在的容易结垢的缺点，并进一步提高脱硫效率，人们提出了钠钙双碱法。该法的基本原理是先用活性极强的钠碱（如$NaOH$、Na_2CO_3、Na_2SO_3等）水溶液吸收SO_2，然后在另一个反应器中用石灰或石灰石做第二碱，将吸收了SO_2的溶液再生；再生的吸收液循环再用，而SO_2仍然以$CaSO_3$和$CaSO_4$石膏的形式析出。

钠钙双碱法的化学反应机理如下：

（1）吸收反应。在主塔中以钠碱吸收烟气中的SO_2：

$$Na_2CO_3 + SO_2 = Na_2SO_3 + CO_2$$
$$Na_2SO_3 + SO_2 + H_2O = 2NaHSO_3$$
$$2NaOH + SO_2 = Na_2SO_3 + H_2O$$

（2）再生反应。吸收液流到反应池中与石灰料浆反应：

$$CaO + H_2O = Ca(OH)_2$$

$$2NaHSO_3 + Ca(OH)_2 = Na_2SO_3 + 1.5H_2O + CaSO_3 \cdot 0.5H_2O$$
$$Na_2SO_3 + Ca(OH)_2 + 0.5H_2O = 2NaOH + CaSO_3 \cdot 0.5H_2O$$
$$2CaSO_3 \cdot 0.5H_2O + 3H_2O + O_2 = 2CaSO_4 \cdot 2H_2O$$

在吸收过程和再生过程中还会发生以下副反应：
$$2Na_2SO_3 + O_2 = 2Na_2SO_4$$
$$Na_2SO_4 + Ca(OH)_2 + 2H_2O = 2NaOH + CaSO_4 \cdot 2H_2O$$

与传统的湿法脱硫工艺相比，钠钙双碱法脱硫具有以下优点：①用钠碱脱硫，循环水基本上是钠碱的水溶液，在循环过程中对水泵、管道、设备均无腐蚀与堵塞现象，便于设备运行与保养；②吸收剂的再生和脱硫渣的沉淀发生在脱硫塔以外，避免了塔的堵塞和磨损，提高了运行可靠性，降低了操作费用，同时可以用高效的板式塔或填料塔代替空塔，使系统更紧凑，且可提高脱硫效率；③钠碱吸收液在脱硫塔内吸收 SO_2 反应速率快，故可用较小的液气比，达到较高的脱硫率。

由于该法工艺较复杂，目前仍存在一些待解决的问题：①整个系统涉及的池子比较多，如何使各池子的液位保持自动平衡还有待解决；②双碱法脱硫要加两种碱，现在正在调试以找到符合 SO_2 排放要求时两种碱液的最合适 pH，并根据此 pH 实现自动加药；③ Na_2SO_3 氧化副反应产物 Na_2SO_4 较难再生，需要不断地补充 NaOH 或 Na_2CO_3 而增加碱的消耗量，另外，Na_2SO_4 的存在也降低了脱硫石膏的品质。

3.2.2.2 湿式氨法烟气脱硫技术

湿式氨法脱硫工艺采用一定浓度的 NH_3 溶液做吸收剂，最终的脱硫副产物是可做农用肥的 $(NH_4)_2SO_4$，脱硫率为 90%～99%。相对于石灰石等吸收剂，NH_3 的价格要高得多，虽然该法运行成本高且工艺流程复杂，但在有 NH_3 稳定来源、对副产品有需求的某些地区，氨法仍具有较大吸引力。从技术成熟度和应用前景来看，氨法是仅次于石灰石/石灰湿法脱硫的烟气湿法脱硫技术。

1. 基本原理

氨法烟气脱硫主要包括 SO_2 吸收和吸收后溶液的处理两大部分。

以 NH_3 溶液吸收 SO_2 时，其化学反应迅速，质量传递主要受气相阻力控制。吸收塔内发生的主要反应如下：

$$2NH_3 + SO_2 + H_2O = (NH_4)_2SO_3$$
$$(NH_4)_2SO_3 + SO_2 + H_2O = 2NH_4HSO_3$$

$(NH_4)_2SO_3$ 对 SO_2 有很强的吸收能力，它是氨法中的主要吸收剂。随着 SO_2 的吸收，NH_4HSO_3 的比例增大，吸收能力降低，这时需要补充 NH_3 溶液将 NH_4HSO_3 转化为 $(NH_4)_2SO_3$。NH_4HSO_3 含量高的溶液，可以从吸收系统中引出，以各种方法再生得到 SO_2 或其他产品。

由于尾气中含有 O_2 和 CO_2，在吸收过程中还会发生下列副反应：

$$2(NH_4)_2SO_3 + O_2 = 2(NH_4)_2SO_4$$
$$2NH_4HSO_3 + O_2 = 2NH_4HSO_4$$
$$2NH_3 + H_2O + CO_2 = (NH_4)_2CO_3$$

用 NH_3 吸收 SO_2 与其他碱类吸收 SO_2 的不同之处在于阳离子和阴离子都是挥发性的，因此设计洗涤吸收器时必须考虑两者的回收。

2. 新氨法烟气脱硫工艺

新氨法烟气脱硫在工艺上的主要特点是，不仅可生产 $(NH_4)_2SO_4$，还生产 $(NH_4)_2PO_4$ 和 NH_4NO_3，同时联产高浓度 H_2SO_4。结合不同条件，生产不同化肥，灵活性较大，因此也称为氨肥法。

脱硫反应：
$$SO_2 + xNH_3 + H_2O \rightarrow (NH_4)_xH_{2-x}SO_3$$

副产化肥的反应：
$$2(NH_4)_xH_{2-x}SO_3 + xH_2SO_4 \rightarrow x(NH_4)_2SO_4 + 2SO_2\uparrow + 2H_2O$$

或
$$(NH_4)_xH_{2-x}SO_3 + xH_3PO_4 \rightarrow x(NH_4)H_2PO_4 + SO_2\uparrow + H_2O$$
$$(NH_4)_xH_{2-x}SO_3 + xHNO_3 \rightarrow xNH_4NO_3 + SO_2\uparrow + H_2O$$

浓缩后的 SO_2 气体用于生产高质量的工业 H_2SO_4：
$$SO_2 + 0.5O_2 + H_2O \rightarrow H_2SO_4$$

新氨法的工艺流程如图 3.9 所示。从电除尘器来的 SO_2 烟气（温度 140～160 ℃）经过再热器回收热量后，温度降为 100～120 ℃，再经水喷淋冷却到低于 80 ℃，进入 SO_2 吸收塔。吸收塔的吸收温度为 50 ℃ 左右，SO_2 吸收率大于 95%，烟气出口 NH_3 体积分数小于 2×10^{-5}。吸收后的烟气进入再热器，升温到高于 70 ℃，进入烟囱排放。吸收塔为多级循环吸收，一般为 3～5 级。

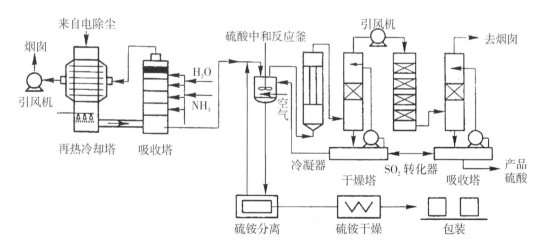

图 3.9 新氨法烟气脱硫工艺流程

由吸收塔出来的 $(NH_4)_2SO_3$ 溶液经过离心分离除去灰尘后，进入硫酸中和反应釜，得到 $(NH_4)_2SO_4$ 溶液和高浓度的 SO_2 气体。$(NH_4)_2SO_4$ 溶液经过蒸发结晶、干燥、包装得到商品硫铵化肥。SO_2 气体进入硫酸装置生产质量分数为 98% 的 H_2SO_4，这些 H_2SO_4 中，70%～80% 返回中和反应釜，20%～30% 作为商品出售。

新氨法的关键设备是吸收塔。它是一种大孔径、高开孔率的筛板塔，阻力低，通量大。在 25 MW 机组的装置上，每块塔板的压降为 150～300 Pa，是传统塔板的 50%，空塔气速达到 4 m/s，是传统塔板的 2 倍。新氨法在 4×260 t/h 锅炉上运行 168 h 的结果表明，系统脱硫效率大于 95%，脱氮效率能达到 30% 左右。得到的副产品含氮量为 20.60%～20.75%。

3.2.2.3 喷雾干燥法烟气脱硫技术

喷雾干燥法是目前市场份额仅次于湿钙法的半干法脱硫技术，其设备和操作简单，可使用碳钢作为结构材料，不存在被微量金属元素污染的废水，系统能耗较低，适用于中低硫煤脱硫。

该技术的基本原理是由空气加热器出来的含 SO_2 烟气进入喷雾干燥器中，与高速旋转喷嘴喷出的雾化浆液混合，气相中 SO_2 迅速溶解于小液滴，并与吸收剂发生化学反应。SO_2 吸收的总反应如下：

$$Ca(OH)_2 + SO_2 + H_2O = CaSO_3 \cdot 2H_2O$$
$$CaSO_3 \cdot 2H_2O + 0.5O_2 = CaSO_4 \cdot 2H_2O$$

该反应的机理主要包括以下步骤：气相 SO_2 的溶解、生成的 H_2SO_3 在碱性介质中的离解反应、石灰固体颗粒的溶解、亚硫酸盐化及氧化反应和酸碱中和反应。此一系列反应使气相中的 SO_2 不断溶解，从而达到脱硫的目的。该过程中碱性物质被不断消耗，需要由固体吸收剂继续溶解补充。在石灰喷雾干燥吸收中，烟气中 CO_2 被吸收并与浆液反应生成 $CaCO_3$，从而减少了钙离子的可用性。

3.2.3 氮氧化物控制技术

控制 NO_x 排放是大气污染控制中一项重要任务。根据《第二次全国污染源普查公报》，氮氧化物排放量为 645.90 万吨，排放量位居前 3 位的行业依次为非金属矿物制品业（173.97 万吨），电力、热力生产和供应业（169.24 万吨），黑色金属冶炼和压延加工业（143.42 万吨），合计占工业源氮氧化物排放量的 75.34%。也就是说，人为源 NO_x 排放绝大部分来自燃料的高温燃烧。从燃烧系统中排出的氮氧化物 95% 以上是 NO，其余的主要为 NO_x。

燃烧过程中形成的 NO_x 分为三类。第一类是由燃料中固定氮生成的 NO_x，称为燃料型 NO_x。第二类 NO_x 是由大气中的氮生成，主要产生于高温下原子氧和氮之间的化学反应，通常称作热力型 NO_x。在低温火焰中由于含碳自由基的存在还会生成第三类 NO_x，称为瞬时 NO_x。图 3.10 给出了煤燃烧过程的三种机理对 NO_x 排放的相对贡献。

燃烧源 NO_x 控制的主要方法有燃料脱硝、低氮燃烧技术和烟气脱硝。前两种方法是减少燃烧生成的 NO_x 量，第三种方法则是对燃烧后烟气中的 NO_x 进行治理。通常固体燃料的含氮量为 0.5%～2.5%，燃料脱硝就是通过处理将燃料煤转化为低氮燃料。总体而言，燃料脱硝难度很大，成本很高，目前尚无成熟技术。低氮燃烧技术成本低，应用广泛，但对 NO_x 的去除效率小于 60%。当低氮燃烧技术不能达到 NO_x 排放标准时，就需要对烟气进一步处理，即烟气脱硝。烟气脱硝技术主要包括选择性催化还原

(selective catalytic reduction, SCR)、选择性非催化还原法（selective non-catalytic reduction, SNCR）、液体吸收法和吸附法等。烟气脱硝效率可达80%以上，但成本较高。

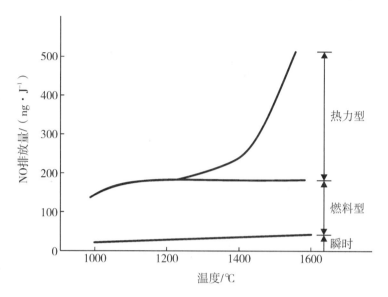

图 3.10　三种 NO_x 形成机理在煤燃烧过程中对 NO_x 生成总量的贡献

3.2.3.1　低氮燃烧技术

根据 NO_x 的生成机理，抑制燃烧过程中 NO_x 生成的技术原理主要是通过燃烧器结构的特殊设计及改变通过燃烧器的风煤比例，以减少燃料周围的 O_2 浓度，降低火焰峰值温度，以及将已经生成的 NO_x 还原为 N_2。按技术形式分类可分为低过量空气燃烧技术、烟气再循环技术、空气分级燃烧技术、燃料分级燃烧技术和低 NO_x 燃烧器（low-NO_x burner, LNB）。

国外低氮燃烧技术发展已经历三代。第一代技术不要求对燃烧系统做大的改动，只进行燃烧设备改进和运行方式调整。例如，低空气过量系数运行、烟气再循环等，这类技术简单易行，但 NO_x 降低幅度有限。第二代技术以空气分级燃烧器及炉内整体空气分级为特征，燃烧空气分级送入燃烧设备，降低初始燃烧区的 O_2 浓度，相应地降低火焰峰值温度。第三代技术是空气、燃料都分级送入炉膛，即低 NO_x 燃烧器。另外，采用循环流化床锅炉也是控制氮氧化物排放的先进技术，循环流化床炉膛的燃烧温度低，只有 850～950 ℃，在此温度下产生的热力型 NO_x 极少，可有效地抑制燃料型氮氧化物的生成。

1. 排气再循环技术（exhaust gas recirculation, EGR）

排气再循环技术的原理是从锅炉尾部烟道抽出一部分烟气，通常的做法是从省煤器烟道出口抽出烟气加到二次风、一次风中，或者通过单独的再循环烟气喷口送入炉膛（图 3.11），这会使燃料在更低的 O_2 浓度下进行燃烧，起到降低燃烧区温度的作用，以

达到减少 NO_x 生成量的目的。

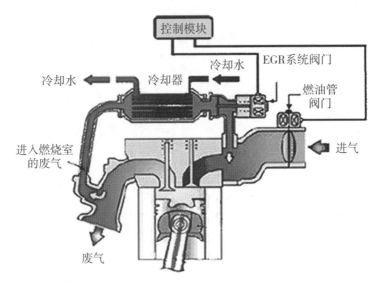

图 3.11 锅炉 EGR 系统示意

排气再循环技术可以显著地减少热力型 NO_x 的生成,但是对燃料型 NO_x 生成量影响较小。对于燃气、燃油锅炉以及液态排渣煤粉炉,由于热力型 NO_x 的排放量比较高,采用烟气再循环一般可以使 NO_x 排放量减少 10%～50%。对于固态排渣锅炉,烟气中大约 80% 的 NO_x 是由燃料氮生成的,这种方法的作用就非常有限,NO_x 排放量的降低幅度一般小于 15%。

采用排气再循环技术时,排气再循环率是主要的控制参数之一,其计算如下:

$$\beta = \frac{q_{V_2}}{q_{V_1}} \times 100\% \tag{3.32}$$

式中,β 为烟气再循环率;q_{V_1} 为无烟气再循环时的烟气量;q_{V_2} 为循环烟气量。

随着排气再循环率的增加,NO_x 排放浓度降低。排气再循环的量过大会降低火焰稳定性,增加不完全燃烧热损失。受到燃烧稳定性的限制,排气再循环率一般不超过 30%,大型锅炉一般为 10%～20%;对于燃烧贫煤、无烟煤等难燃煤种及煤质很不稳定的电站锅炉,则不宜采用烟气再循环技术。

2. 空气分级燃烧技术

空气分级燃烧技术是目前使用最为普遍的低 NO_x 燃烧技术之一,其基本原理是将燃烧所需的空气分级送入炉内,使燃料在炉内分级、分段燃烧。主燃区内过量空气系数在 0.8 左右,燃料先在富燃条件下燃烧,燃烧温度低,从而抑制了热力型 NO_x 的生成。同时,燃烧生成的 CO 与 NO 进行还原反应,燃料氮分解的中间产物(如 HCN 等)或相互作用,或与 NO_x 发生还原分解反应,抑制燃料型 NO_x 的生成。由于主燃区过量空气系数小于 1,燃烧不完全,为了保证燃料充分燃烧,需要在主燃区火焰下游喷入助燃空气,这常被称为燃尽风或火上风(over fire air,OFA)。在燃尽区,过量空气系数大于 1，可使燃料在富氧条件下充分燃尽，同时会不可避免地有一小部分残留的氮被氧化生成 NO_x。但因为氮的残留量很少，火焰温度又较低，在燃尽区产生的 NO_x 数量有限，所以采用空气分级技术可以有效地降低 NO_x 排放量。

空气分级燃烧技术可以分成 2 种，分别为轴向空气分级燃烧和径向空气分级燃烧。轴向空气分级燃烧是炉内垂直空气分级技术，基本原理是设置了 1 层或 2 层燃尽风喷口，一部分助燃空气（5%～30%）通过这些喷口进入炉膛，将炉膛分成主燃区和燃尽区两个相对独立的空间分别组织燃料燃烧，如图 3.12 所示。燃尽风能减少 20%～60% 的 NO_x 排放，控制效果与燃煤性质、锅炉设计、燃烧器设计和初始 NO_x 浓度有关。

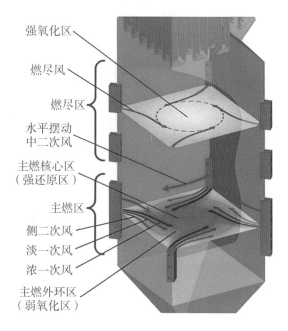

图 3.12　炉内空气分级示意

3. 燃料分级燃烧技术

燃料分级燃烧技术也称为再燃技术，是降低 NO_x 排放的诸多炉内方法中最有效的措施之一，其原理如图 3.13 所示。再燃技术将燃烧区域分为 3 个区，其中，80%～85% 的燃料送入主燃区，在过量空气系数大于 1 的条件下燃烧，其余 15%～20% 的燃料作为还原剂在主燃烧器的上部某一合适位置喷入，再燃燃料燃烧形成再燃区，再燃区的过量空气系数小于 1，再燃区不仅使主燃区生成的 NO_x 得到还原，还抑制了新的 NO_x 生成，进一步降低 NO_x。再燃区上方布置燃尽风以形成燃尽区，保证再燃区出口的未完全燃烧产物燃尽。

一般情况下，再燃低 NO_x 燃烧技术可以使 NO_x 排放降低 50% 以上。这是因为再燃区形成的还原性气氛稳定，NH_3、HCN、CO 浓度较高，烟气停留时间较长，有利于 NO_x 的还原。影响再燃 NO_x 脱除率的因素主要有再燃燃料种类、再燃区过量空气系数、再燃区停留时间、再燃区温度和再燃燃料的比例等。

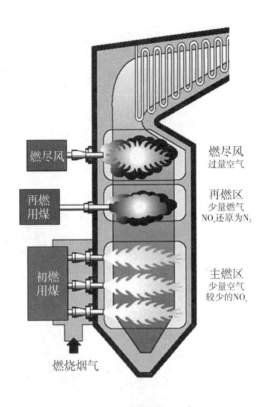

图 3.13　再燃原理示意

4. 空气/燃料分级低 NO_x 燃烧器

这种燃烧器的主要特征是空气和燃料都分级送入炉膛，燃料分级送入可在一次火焰区的下游形成一个富集 NH_3、HCN 等的低氧还原区，燃烧产物通过此区时，已经生成的 NO_x 会部分被还原为 N_2。分级送入的燃料常称为辅助燃料或还原燃料。图 3.14 为斯坦缪勒公司开发的空气/燃料分级低 NO_x 燃烧器的原理图。与空气分级低 NO_x 燃烧器一样形成一次火焰区，接近理论空气量燃烧可以保证火焰稳定性；还原燃料在一次火焰下游一定距离混入，形成二次火焰（超低氧条件），在此区域内，已经生成的 NO_x 被 NH_3、HCN 和 CO 等还原基还原为 N_2；分级风在第三阶段送入完成燃尽阶段。

增加还原燃料量有利于 NO_x 的还原，但还原燃料过多会使一次火焰不能维持其主导作用并产生不稳状况，最佳还原燃料比为 20%～30%。还原燃料的反应活性会影响燃尽时间和燃烧产物在还原区的停留时间。用氮含量低、挥发分高的燃料作为还原燃料较佳。

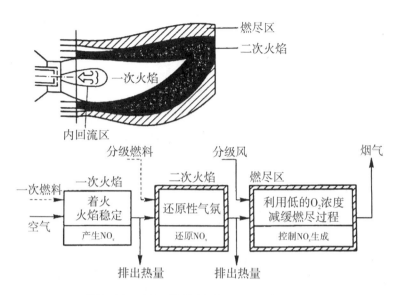

图 3.14 空气/燃料分级低 NO$_x$ 燃烧器原理

3.2.3.2 选择性催化还原烟气脱硝

选择性催化还原（selective catalytic reduction，SCR）是目前世界上应用最多、最为成熟且最有成效的一种烟气脱硝技术，其基本原理是采用 NH$_3$ 作为还原剂，将 NO$_x$ 还原成 N$_2$。SCR 技术具有以下特点：① NO$_x$ 脱除效率高，可达80%～90%；②二次污染小；③技术较成熟，应用广泛；④投资和运行成本高。

SCR 脱硝的基本过程是：将还原剂 NH$_3$ 均匀分布到 320～400 ℃ 的烟气中，并通过填充催化剂的脱氮反应器，在催化剂（如 V$_2$O$_5$ – TiO$_2$）作用下，NO$_x$ 和 NH$_3$ 发生如下反应：

$$4NH_3 + 4NO + O_2 = 4N_2 + 6H_2O$$
$$8NH_3 + 6NO_2 = 7N_2 + 12H_2O$$

与 NH$_3$ 有关的潜在氧化反应包括：

$$4NH_3 + 5O_2 = 4NO + 6H_2O$$
$$4NH_3 + 3O_2 = 2N_2 + 6H_2O$$

脱硝催化剂是 SCR 烟气脱硝工艺的核心技术，其成本通常占脱硝装置总投资的 30%～50%。脱硝催化剂一般为蜂窝式或板式，组合成 2 m×1 m×1 m 的模块，其比表面积为 500～10000 m^2/m^3。催化剂的活性材料通常由贵金属、碱性金属氧化物和沸石等组成。

3.2.3.3 选择性非催化还原法脱硝

在选择性非催化还原法（selective non-catalytic reduction，SNCR）脱硝工艺中，尿素或氨基化合物在较高的反应温度（930～1090 ℃）下注入烟气，将 NO$_x$ 还原为 N$_2$。

还原剂通常注进炉膛或者紧靠炉膛出口的烟道。主要的化学反应可以表示为：

$$4NH_3 + 4NO + 3O_2 = 4N_2 + 6H_2O + 2CO_2$$

以尿素为还原剂的 SNCR 系统，尿素的水溶液在炉膛的上部注入，总反应可表示为：

$$2(NH_2)_2CO + 4NO + O_2 = 4N_2 + 2CO_2 + 4H_2O$$

典型的 SNCR 系统由还原剂储液罐、还原剂喷射装置和相关的控制系统组成。工业运行的数据表明，SNCR 工艺的 NO_x 还原率较低，通常在 30%～60% 的范围。

3.2.4 挥发性有机物污染控制技术

挥发性有机物（volatile organic compounds，VOCs）是一类有机化合物的总称，国家和地方标准中对其定义各不相同。根据世界卫生组织的定义，VOCs 是在常温下，沸点 50～260 ℃ 的各种有机化合物。在我国，VOCs 是指常温下饱和蒸气压大于 70.91 Pa、常压下沸点在 260 ℃ 以下的有机化合物。按化学结构，VOCs 可分为烷烃、烯烃、炔烃、苯系物、醇类、醛类、醚类、酮类、酸类、酯类、卤代烃及其他化合物，共 12 类。

在室外，VOCs 的人为排放主要来自燃料燃烧和交通运输产生的工业废气、汽车尾气等，而在室内则主要来自燃煤和天然气等燃烧产物、吸烟和烹调等产生的烟雾、建筑材料和人体本身的排放等。VOCs 会刺激眼睛和呼吸道，使皮肤过敏，使人头痛乏力；乙醛、苯等物质具有毒性，对机体有致畸致癌作用。VOCs 还是形成 $PM_{2.5}$、O_3 等二次污染物的重要前体物，会进而引发灰霾、光化学烟雾等大气环境问题，危害人体健康和作物生长。因此，对 VOCs 的排放及控制研究作为大气污染控制的一个重要方向，也被纳入了世界各国的限制法规中。

VOCs 污染控制技术基本上可分为两大类：第一类是以替代产品、改进工艺、更换设备和防止泄露为主的预防性措施，第二类是以末端治理为主的控制性措施。工艺技术的改进和设备的更新通常是减少 VOCs 排放的最佳选择。主要包括替换原材料以减少引入生产过程中的 VOCs 总量，改变运行条件减少 VOCs 的形成和挥发，更换设备以减少 VOCs 泄漏等手段。VOCs 的末端控制技术有冷凝法、燃烧法、生物法、吸收法和吸附法等。

3.2.4.1 燃烧法控制 VOCs 污染

将有害气体、蒸汽、液体或烟尘通过燃烧转化为无害物质的过程称为燃烧净化法，该法适用于净化可燃的或在高温情况下可以分解的有害物质。对于化工、喷漆、绝缘材料等行业的生产装置中所排出的有机废气，广泛采用燃烧净化的手段。燃烧法还可以用来消除恶臭。目前，在实际中使用的燃烧净化法有直接燃烧法、热力燃烧法和催化燃烧法。

1. 直接燃烧法

直接燃烧法是把废气中可燃有害组分当作燃料来燃烧，适用于净化含可燃有害组分浓度较高的废气,或者用于净化有害组分燃烧时热值较高的废气。如果可燃组分的浓度高于燃烧上限,可以混入空气后燃烧;如果可燃组分的浓度低于燃烧下限,可以加入一定数量的辅助燃料维持燃烧。

直接燃烧的温度一般需在 1100 ℃ 左右,燃烧的最终产物为 CO_2、H_2O 和 N_2。直接燃烧设备包括一般的燃烧炉、窑,或通过某种装置将废气导入锅炉作为燃料气进行燃烧。

2. 热力燃烧法

热力燃烧法用于可燃有机物质含量较低的废气的净化处理,通过燃烧其他燃料(如煤气、天然气、油等),把废气温度提高到热力燃烧所需的温度,使其中的气态污染物氧化分解。

热力燃烧的过程可分为 3 个步骤:①辅助燃料燃烧,以提供热量;②废气与高温燃气混合,以达到反应温度;③在反应温度下,保持废气有足够的停留时间,使废气中可燃的有害组分氧化分解,以达到净化排气的目的。

在热力燃烧中,废气中有害的可燃组分经氧化生成 CO_2 和 H_2O,但不同组分燃烧氧化的条件不完全相同。对大部分物质来说,在温度为 740～820 ℃,停留时间 0.1～0.3 s 的条件下即可反应完全;大多数碳氢化合物在 590～820 ℃ 即可完全氧化,而 CO 和炭烟粒子则需较高的温度和较长的停留时间。也就是说,温度和停留时间是影响热力燃烧的重要因素。此外,高温燃气与废气的混合也是一个关键问题。因此,在供氧充分的情况下,反应温度、停留时间、湍流混合构成了热力燃烧的必要条件。不同的气态污染物,在燃烧炉中完全燃烧所需的反应温度和停留时间不完全相同。

3. 催化燃烧法

催化燃烧法是通过贵重金属催化剂降低有机物与 O_2 反应的活化能,使废气中的有害可燃组分在较低温度下氧化分解的方法。气相中 VOCs 经过内外扩散作用进入催化剂表面,其中,吸附在催化剂表面的 VOCs 分子(原子)经过一步或两步反应,被气相中同样吸附于催化剂表面的 O_2 或催化剂中的晶格氧最终氧化成为 CO_2 和 H_2O,之后生成的 CO_2 和 H_2O 从催化剂表面脱附,通过扩散作用重新返回气相中,而气相中持续不断通入的 O_2 填补催化剂表面上的氧空位或吸附态的活性氧物质,最终实现了一个完整的吸附、去氧、解吸、补氧和再生的氧化还原反应。

与其他燃烧法相比,催化燃烧法具有如下特点:无火焰燃烧,安全性好;要求的燃烧温度低(大部分烃类和 CO 在 300～450 ℃ 之间即可完成反应),辅助燃料消耗少;热量利用率较高,在处理过程中不会产生高温与废气,简化了后续的环境保护流程;对可燃组分浓度和热值限制较少,燃烧设备的体积小。但为使催化剂延长使用寿命,废气中不允许含有尘粒和雾滴。对于吸附剂再生脱附出来的高浓度废气,一般用这一方法进行处理。

用于催化燃烧的催化剂多为贵金属 Pt 和 Pd。这些催化剂活性好,寿命长,使用稳定。目前,国内已研制使用的催化剂有:以 Al_2O_3 为载体的催化剂,可做成蜂窝状或粒状等,然后将活性组分负载其上,现已使用的有蜂窝陶瓷 Pd 催化剂、蜂窝陶瓷 Pt 催化剂、蜂窝陶瓷非贵金属催化剂、γ-Al_2O_3 粒状 Pt 催化剂、γ-Al_2O_3 稀土催化剂等;以金属作为载体的催化剂，可用镍铬合金、镍铬镍铝合金、不锈钢等金属作为载体，已经应用的有镍铬丝蓬体球 Pd 催化剂、铂钯/镍 60 铬 15 带状催化剂、不锈钢丝网 Pd 催化剂及金属蜂窝体的催化剂等。

随着工业生产的迅猛发展，有机废气的种类也日益繁多，因此，人们也在不断地研究开发催化燃烧的一些新技术、新工艺，以提高有机废气的处理效果。表3.3 对一些催化燃烧的新技术进行了简单介绍。

表3.3 催化燃烧新技术

新技术种类	应用范围	处理效果
固定床催化燃烧二噁英脱除技术	用于处理二噁英气体	在 240～260 ℃和 8000 r/h 的转速下，二噁英的去除率达到 99%，二噁英降至 0.1 ng/m³ 以下，废气中的多氯芳烃等完全分解，氮氧化物发生选择性反应，生成无害的 N_2 和 H_2O
冷凝-催化燃烧处理技术	用于处理富含水蒸气的恶臭气体	冷凝水中的被冷凝的有机组分可被分离回收，不凝气中的总烃在床层转速为 15900～40000 r/h、反应温度为 300～350 ℃的条件下，去除率达 90% 以上
流向变换催化燃烧技术	浓度为 100～1000 mg/m³ 的有机废气	将固定床催化反应器和蓄热换热床组合于一体，通过周期性地变换流向，把化学反应放热、材料蓄热和反应物的预热结合起来，大大提高了热能的利用效率，使浓度在 100～1000 mg/m³ 的有机废气可以自热催化燃烧，不用添加辅助燃料
吸附-流向变换催化燃烧耦合技术	处理浓度低于 100 mg/m³ 的有机废气	将吸附和流向变换催化燃烧技术耦合，通过吸附剂将有机废气浓缩、富集，脱附后获得浓度较高的有机废气，再进行催化燃烧，具有吸附效率高、无二次污染等特点
吸附-解吸-催化燃烧技术	处理浓度低于 100 mg/m³ 的有机废气	将固定床的吸附净化和催化燃烧相结合，集吸附浓缩、脱附再生和催化燃烧于一体，采用气流阻力很低并已工业化生产的蜂窝状活性炭为吸附材料。该技术治理效果好，节能效果显著，无二次污染，运行费用低，并实现了全过程的自动控制
微波催化燃烧技术	处理含有三氯乙烯的有机废气	净化率达到 98%，且解吸时间短，能量消耗低

3.2.4.2 吸收法控制 VOCs 污染

吸收法是采用低挥发性或不挥发性溶剂对 VOCs 进行吸收，再利用 VOCs 分子和吸收剂物理性质的差异进行分离。处理过程分为 2 个步骤：首先将气相中的 VOCs 转移至液相中，然后对液相中 VOCs 进行回收或消除处理。吸收效果主要取决于吸收剂的吸收性能和吸收设备的结构特征。

吸收法控制 VOCs 污染的典型工艺如图 3.15 所示。含 VOCs 的气体由底部进入吸收塔，在上升的过程中与来自塔顶的吸收剂逆流接触而被吸收，被净化后的气体由塔顶排出。吸收了 VOCs 的吸收剂通过热交换器后，进入汽提塔顶部，在温度高于吸收温度或压力低于吸收压力时得以解吸，吸收剂再经过溶剂冷凝器冷凝后进入吸收塔循环使用。解吸出的 VOCs 气体经过冷凝器、气液分离器后以纯 VOCs 气体的形式离开汽提塔，被进一步回收利用。该工艺适用于 VOCs 浓度较高、温度较低和压力较高的场合。

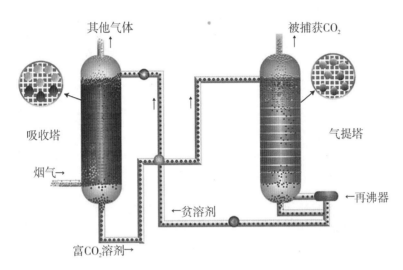

图 3.15　VOCs 吸收工艺

吸收剂是制约 VOCs 废气处理效率的首要因素，一种理想的吸收剂应当具备以下特性：①低挥发性或者不挥发；②高吸收能力（较大吸收量与较快吸收速度）；③低毒性；④低生物降解性或者不可生物降解；⑤低成本，设备腐蚀性小。同时，若需回收有用的 VOCs 组分，则回收组分不得和其他组分互溶；洗涤塔在较高的温度或较低的压力下，被吸收的 VOCs 必须容易从吸收剂中分离出来。实际上，一种药剂很难兼具以上所有性能，应用中需结合待处理废气性质、生产工艺条件及预期达到的处理目的，综合考量筛选吸收剂。H_2O 作为一种廉价、易得、安全的理想吸收剂，广泛应用于吸收净化 H_2S、NH_3 等易溶性废气，但多数 VOCs 水溶性较差（如室温条件下每 100 g 水中苯的溶解度仅为 0.07 g），以水为吸收剂，吸收净化效率较低。为此，研究学者依据 VOCs 的物理化学性质，从物理化学反应的角度出发优化开发 VOCs 吸收剂，以期增大 VOCs 的溶解性，提高吸收净化效率。近年来，已报道的 VOCs 吸收剂较多，大致分为有机溶剂、表面活性剂、微乳液和离子液体。

用于 VOCs 净化的吸收装置多数为气液相反应器，一般要求气液有效接触面积大，气液湍流程度高，设备的压力损失小，易于操作和维修。填料塔的气液接触时间、气液比均可在较大范围内调节，且结构简单，因此在 VOCs 吸收净化中应用较广。

3.2.4.3　冷凝法控制 VOCs 污染

冷凝法是利用物质在不同温度下具有不同饱和蒸气压这一性质，采用降低温度、提高系统的压力或者既降低温度又提高压力的方法，使 VOCs 冷凝并与废气分离。由于废气中污染物含量往往很低，而空气或其他不凝性气体所占比重很大，故可近似认为当气体混合物中污染物的蒸气分压等于它在该温度下的饱和蒸气压时，废气中的污染物就开始凝结出来。该法特别适用于处理废气体积分数在 10^{-2} 以上的有机蒸气，不适宜处理低浓度的有机气体，常作为其他方法净化高浓度废气的前处理，以降低有机负荷并回收有机物。

典型的冷凝系统工艺流程如图 3.16 所示。在工程实际中，常采用多级冷凝串联，通常第一级的冷凝温度设为 0 ℃，以去除从气相中冷凝的水。冷凝器按照气态污染物与冷却剂的接触方式可分为表面冷凝器和接触冷凝器。接触冷凝是指在接触冷凝器的过程中，被冷凝气体与冷却介质（通常采用冷水）直接接触而使气体中的 VOCs 组分得以冷凝，冷凝液与冷却介质以废液的形式排出冷却器。常用的接触冷凝设备有喷射器、喷淋塔、填料塔和筛板塔。表面冷凝也称为间接冷却，冷却壁把冷凝器与冷凝液分开，因此冷凝液组分较为单一，可以直接回收利用。

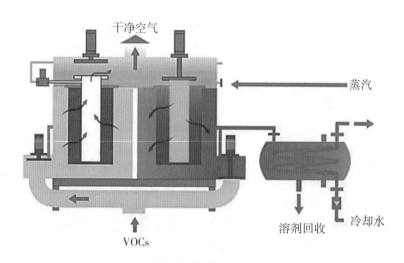

图 3.16　冷凝系统流程

3.2.4.4　吸附法控制 VOCs 污染

吸附法是使含 VOCs 的气态混合物与多孔性固体接触，利用固体表面存在的未平衡的分子吸引力或化学键力把混合气体中 VOCs 组分吸附留在固体表面。吸附法适用于中低浓度、高通量 VOCs 的回收，它具有去除效率高、净化彻底、能耗低、工艺成熟、易于推广、实用等优点，表现出良好的环境和经济效益。缺点是吸附剂的容量小，需要的吸附剂量大，设备庞大；吸附后的吸附剂不仅需要定期再生处理和更换，而且在此过程中，VOCs 有散逸的风险；由于全过程的复杂性，费用相对较高。

VOCs 污染控制的吸附工艺流程如图 3.17 所示。含 VOCs 的混合气体先去除颗粒状污染物后，再经过调压器调整压力，然后进入吸附床进行吸附净化，净化后的气体排入大气环境。吸附槽 A 内的活性炭饱和后，通过阀门转换至吸附槽 B 进行吸附。向吸槽 A 通入蒸汽进行脱附。解吸出来的蒸汽（空气）混合物冷凝后由浓缩器、分离器进行分离，脱附后的活性炭用热空气干燥后循环使用，一般可重复使用 5 年。该法适用于处理中低浓度 VOCs 尾气，吸附效果取决于吸附剂性质、VOCs 种类、浓度、性质，以及吸附系统的操作温度、湿度、压力等因素。在一般情况下，不饱和化合物比饱和化合物吸附更完全，环状化合物比直链结构的物质更易被吸附。

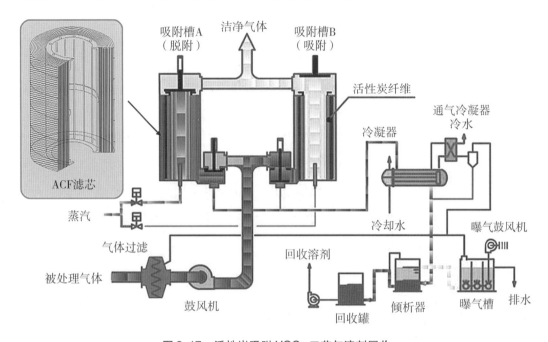

图 3.17　活性炭吸附 VOCs 工艺与溶剂回收

一般而言，活性炭吸附 VOCs 性能最佳。但是，也有部分 VOCs 被活性炭吸附后难以再从活性炭中除去（如丙烯酸、丙烯酸丁酯、苯酚等），对于此类 VOCs，不宜采用活性炭作为吸附剂。沸石是一种含水碱金属或碱土金属的铝硅酸矿物的总称，独特的内部结构和结晶化学性质使其具有较强的吸附性，可有效去除烃类、脂肪酸类、硫醇类、酚类、有机氯化物、丙酮、醇类和醛类等有机废气。

3.2.4.5　生物法控制 VOCs 污染

VOCs 生物净化是附着在滤料介质中的微生物在适宜的环境条件下，利用废气中的有机成分作为碳源和能源，维持其生命活动，并将有机物同化为 CO_2、H_2O 和细胞质的过程。该技术已在德国、荷兰得到规模化应用，有机物去除率大都在 90% 以上。生物法处理 VOCs 的工艺主要有生物洗涤法（悬浮态）、生物过滤法（固着态）和生物滴滤法（兼具悬浮态和固着态）。

1. 生物洗涤法

生物洗涤法净化 VOCs 的工艺流程如图 3.18 所示。生物洗涤塔由吸收和生物降解两部分组成。经有机物驯化的循环液由洗涤塔顶部布液装置喷淋而下，与沿塔而上的气相主体逆流接触，使气相中的有机物和 O_2 转入液相，进入再生器（活性污泥池），被微生物氧化分解，得以降解。该法适用于气相传质速率大于生化反应速率的有机物的降解。

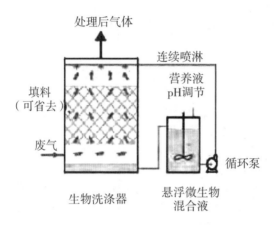

图 3.18　生物洗涤法净化 VOCs 的工艺流程

目前，常用的洗涤塔有多孔板式塔和鼓泡塔。经过液相吸收的有机物进入再生系统，在适当的环境中被微生物降解，从而使液相得以再生，继续循环使用。日本一家污水处理厂利用该系统脱除臭气，去除率高达 99%。

2．生物过滤法

生物过滤塔降解 VOCs 的工艺流程如图 3.19 所示。

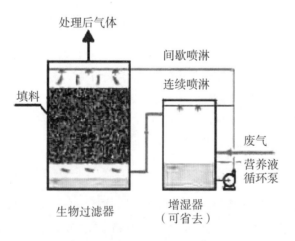

图 3.19　生物过滤工艺流程

VOCs 气体由塔顶进入过滤塔，在流动过程中与已接种挂膜的生物滤料接触而被净化，净化后的气体由塔底排出。定期在塔顶喷淋营养液，为滤料微生物提供养分、水分并调整 pH，营养液呈非连续相，其流向与气体流向相同。在过滤塔内，水只是滞留在生物膜表面和内层中，用于生物生长和自身代谢，而非 VOCs 溶剂，没有形成贯穿于整个滤料塔层的连续流动相。因此,在建立模型过程中,滤塔的相构成视为两相,即含有 VOCs 的气相主体和由水、含水微生物膜及含生物膜的滤料介质组成的液/固相。VOCs 通过扩散效应、平流效应及气相、液/固相的传递而被吸附到液/固相中,传递到液/固相中的 VOCs 通过微生物降解生成 CO_2、H_2O 等,生成的 CO_2 再通过液/固相与气相主体之间的传递,进入气相主体,并通过气相主体外排,从而完成了 VOCs 降解过程。

较为常用的生物过滤工艺有土壤法和堆肥法。最初的生物过滤法采用土壤作为过滤介质,利用其吸附性能和土壤中的细菌、真菌等微生物的分解作用,将污染物去除。堆肥法是利用泥炭、堆肥和木屑等为滤料,经熟化后形成一种有利于气体通过的堆肥层,更适宜于微生物的生长繁殖。由于堆肥中的微生物含量、种类大大高于土壤法,因此在去除相同负荷有机污染物时,可大大缩短停留时间,减少占地面积,克服了土壤法占地面积大的缺点。但由于堆肥是由生物可降解物质所构成,因此寿命有限,运行 1~5 年后必须更换滤料。开放式的堆肥处理系统也同样受气候等自然因素影响。

3. 生物滴滤法

生物滴滤法净化 VOCs 的工艺流程如图 3.20 所示。VOCs 气体由塔底进入,在流动过程中与已接种挂膜的生物滤料接触而被净化,净化后的气体由塔顶排出。滴滤塔集废气的吸收与液相再生于一体,塔内增设了附着微生物的填料,为微生物的生长和有机物的降解提供了条件。启动初期,在循环液中接种了经被测定有机物驯化的微生物菌种,从塔顶喷淋而下,与进入滤塔的 VOCs 异向流动;微生物利用溶解于液相中的有机物质进行代谢繁殖,并附着于填料表面,形成微生物膜,完成生物挂膜过程;气相主体的有机物和 O_2 经过传输进入微生物膜,被微生物利用,代谢产物再经过扩散作用进入气相主体后外排。

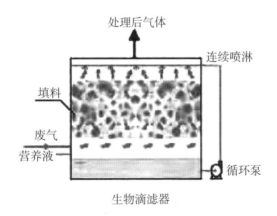

图 3.20 生物滴滤法净化 VOCs 的工艺流程

影响生物滴滤塔处理效率的技术因素包括:①进气流量、反应器体积及容积负荷。②循环液喷淋量及湿度。生物膜附着介质的含水率过高,会使填料压差升高,过滤孔隙开始积水而影响通过气流的稳定性,不利于 O_2 的传输,导致厌氧层增高和分解率的降低。但含水率过低,又会降低微生物活性,填料介质紧缩而使材质裂化,缩小了气体的停留时间。③营养液配比。有机废气生物处理法在常温、常压下进行生物分解，除了微量元素供给，C、N、O 的比值至少需要 100∶5∶1。④系统 pH。大多数为好氧微生物，最佳生物滤床操作 pH 为 7～8；因为滤塔无循环水洗系统，无法有效排出填充介质本身所产生的酸性物质、微生物分解的污染物及所产生的酸性中间代谢产物，所以系统 pH 通常设计为弱碱性。

3.3 光化学烟雾

由汽车、工厂等污染源排入大气的碳氢化合物和 NO_x 等一次污染物在阳光照射作用下发生光化学反应，生成 O_3、过氧乙酰硝酸酯（peroxyacetyl nitrate，PAN）、醛、酸等二次污染物，参与光化学反应过程的一次污染物和二次污染物混合后形成的烟雾（气体和颗粒物）污染现象叫作光化学烟雾（photochemical smog），如图 3.21 所示。

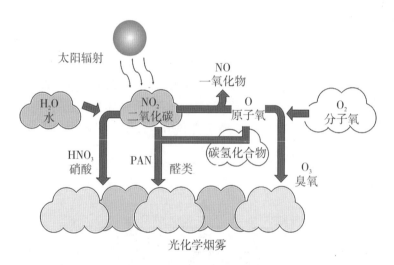

图 3.21 光化学烟雾的形成

2012 年，我国颁布了空气质量新标准《环境空气质量标准》（GB 3095—2012），2013 年起我国各直辖市、省会城市、计划单列市及京津冀、长三角、珠三角重点区域共计 74 个城市率先实施了空气质量新标准，开展了 SO_2、NO_2、CO、O_3、$PM_{2.5}$、PM_{10} 等 6 个项目的监测。新标准实施以来的监测结果表明，我国以 O_3 为主要污染物的光化学烟雾污染问题逐步显现。2016 年，环境保护部配合科技部在国家重点研发计划中启动实施了"大气污染成因与控制技术研究"重点专项，关注雾霾和光化学烟雾形成机制方面问题及控制手段。在 2020 年生态环境部开展的第五轮夏季臭氧污染防治监督帮扶工作中，发现各类挥发性污染物问题 10.5 万个，O_3 等成为光化学烟雾的主要污染物之一。根据生态环境部公布的《2020 中国生态环境状况公报》，2020 年，全国 337 个地级及以上城市中，有 135 个城市空气质量未达标，占 40.1%。其中，以 O_3 为首要污染物的超标天数占总超标天数的 37.1%，仅次于细颗粒物（占 51%）。通过大气环境监测情况来看，以 O_3 为主的光化学烟雾污染问题较为突出。认识光化学烟雾形成机制并合理控制光化学烟雾污染形成成为大气防治中的重要部分。

3.3.1 光化学烟雾现象

20 世纪 40 年代开始，美国南加州居民们的肺部正承受着来自空气的攻击。在 20 世纪 40—70 年代，当地居民的呼吸道和眼睛受到 NO_x、碳氢化合物、酸性气体的严重刺激。在 1943 年的洛杉矶烟雾事件中，2 天时间内有 400 多名老人因呼吸困难等而死亡；1950 年有 7.1 万名洛杉矶居民因为空气污染问题而搬往其他地区；1970 年，加州地区 3/4 居民因光化学烟雾发生红眼病，水果、农作物大面积减产，造成近千亿美元损失。洛杉矶光化学烟雾事件第一次让人们意识到光化学烟雾的严重危害，在此后的几十年内，日本东京、英国伦敦（图 3.22）、智利圣地亚哥、墨西哥墨西哥城及中国兰州、北京、广州等都出现过较严重的光化学烟雾天气。从 20 世纪 50 年代至今，专家学者们对光化学烟雾在发生源、产生条件、对生态系统毒害的监测与控制及反应机制与模型等方面都开展了大量工作，并取得了许多研究成果。

图 3.22 伦敦光化学烟雾事件

光化学烟雾一般发生在湿度低、阳光强烈的夏秋季节，随着光化学反应的不断进行，反应生成物不断蓄积，光化学烟雾的浓度不断升高，光化学烟雾的高峰出现在中午或午后，夜间消失，大气能见度降低，形成具有特殊的刺激性气味的强氧化性烟雾，这种烟雾引发的大气污染会造成很多不良影响。

在光化学烟雾的主要成分中，O_3 约占 85%，PAN 约占 10%（图 3.23），这些主要组成物质对人体有很强的刺激性和毒害作用。O_3 对人体的危害主要表现在刺激和破坏呼吸道黏膜，导致咽喉疼痛，低浓度长时间作用会引起慢性呼吸道疾病及其他疾病，过量吸收会造成肺部功能不可逆损害。当大气中 O_3 的浓度达到 200～1000 μg/m³ 时，会引起哮喘发作，同时刺激眼睛使视觉敏感度和视力降低；当浓度达到 400～1600 μg/m³ 时，接触 2 h 就会出现气管刺激症状，引起胸骨下疼痛和肺通透性降低，使机体缺氧；浓度再升高，会出现头痛症状，并使肺部气道变窄，出现肺气肿。O_3 还可引起潜在性的全身影响，如诱发淋巴细胞染色体畸变、损害酶的活性和引起溶血反应，严重时会危及生命安全。PAN 是一种极强的催泪剂，其催泪作用相当于甲醛的 200 倍，其与醛类等污染物超标时会刺激眼部及呼吸系统，诱发红眼病，并引起头疼、胸闷、心功能障碍、皮肤癌等。

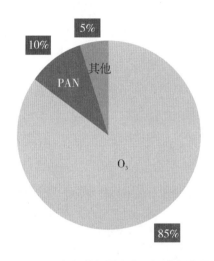

图 3.23　光化学烟雾中主要污染物含量

光化学烟雾也会对植物造成严重的损害。植物受到 O_3 的损害后表皮会开始褪色，一段时间后色素发生变化，叶片上出现红褐色斑点，同时 O_3 会削弱植物的光合作用，抑制植物正常生长，严重时会导致植物枯死。PAN 会使叶子背面呈银灰色或古铜色，影响植物的生长，降低植物对病虫害的抵抗力，引发病虫害滋生蔓延，威胁生态环境安全。植物受害是大气污染影响生物界的最初表现，光化学烟雾中的植物受害是判断光化学烟雾污染程度的最敏感的指标之一。

除了对人体和植物造成危害，光化学污染还会腐蚀衣物和建筑物，加速机械设备老化，导致橡胶制品龟裂；同时光化学污染所形成的光化学烟雾气溶胶颗粒会悬浮于空气中，降低大气能见度，缩短视程从而诱发交通事故。

3.3.2　光化学烟雾形成

3.3.2.1　形成条件

光化学烟雾的形成需要具备一定的条件，主要有污染物条件、气象条件和地理条件（图 3.24）。

图 3.24　光化学烟雾的形成条件

（1）污染物条件。高浓度的 NO_x、碳氢化合物等一次污染物的存在是光化学烟雾形成的必要条件，未被净化的汽车尾气包含 NO_x、CO_x、SO_x、碳氢化合物、铅化合物等主要污染物，为光化学烟雾的形成提供了主要的前驱体。

（2）气象条件。光化学烟雾发生的气象条件是太阳辐射强度大、低风速、低湿度、大气扩散条件差及少量的云和较高的气温等综合气象参数。

（3）适宜的地理地势。从全球来看，光化学烟雾还与地区纬度、海拔高度有关，光化学烟雾的多发地大多数处在中低纬度且比较封闭的地理环境中，这样就造成了 NO_x、碳氢化合物等污染物不能很快地扩散稀释，容易产生光化学烟雾。

3.3.2.2　形成机理

光化学烟雾是以汽油为动力燃料之后出现的新型大气污染现象，而我国前期大气污染类型以煤烟型为主，因此对光化学烟雾的研究，国外开展得较早。1950 年，Middleton 等人提出了光化学烟雾的植物病理学模拟，认为其不同于 SO_2、氟化物等物质对植物的伤害，但对这种伤害产生的机制尚不甚了解；1952 年，Haggen-Smit 首次确定了光化学烟雾中最关键的成分为刺激性的 O_3，并初次提出有关光化学烟雾形成的理论，即包含有机物和 NO_x 的自由基链式反应，并发现 NO_x 在 O_3 形成过程中扮演了重要角色；1977 年，Zafonte 等将计算所得 NO_2 光解速率的日变化与实测值进行了比较；1982 年，Baulch 等人计算了 CO 和 NO_x 的光化学反应速率；1984 年，Atkinson 和 Carter 对大气环境中的 O_3 与气态有机化合物的反应进行了动力学机理研究；1984 年，Moshiri 提出了一个简化的碳氢化合物和光化学烟雾 O_3 形成的模型；1992 年，Chameides 对大气环境中的 O_3 各前体污染物之间的浓度转化关系进行了研究；2002 年，Kumar P 和 Mohan D 对光化学烟雾的机理、危害和控制进行了研究。我国直到 20 世纪 70 年代首次监测确认发生光化学烟雾污染后才开始开展大气物理和大气化学的综合研究。

由污染地区大气中 NO、NO_2、O_3、醛等污染物从早到晚的日变化曲线（图 3.25）可以看出，NO 的浓度最大值首先出现，早晨交通繁忙，此时 NO_2 和 O_3 的浓度很低，随着太阳辐射增强，气温升高，NO_2 和 O_3 的浓度迅速增大，几小时后 NO_2 达到浓度最大值，O_3 和醛的浓度峰值比 NO 浓度峰值晚出现 4~5 h，可以推断 NO_2、O_3 和醛是在日光照射下由大气光化学反应产生的。汽车尾气排放大量的 NO_x 和 VOCs 进入大气，其中 NO_x 中 90% 以上为 NO，这些尾气是产生光化学反应的直接原因。傍晚交通繁忙时，虽然仍有汽车尾气排放，NO 浓度再次升高，但由于日光较弱不足以引起光化学反应，因此不能产生光化学烟雾。这种 NO、NO_2 和 O_3 相继出现高峰的现象在洛杉矶、日本东京和北京都曾观测到，是光化学烟雾的一个典型特征。

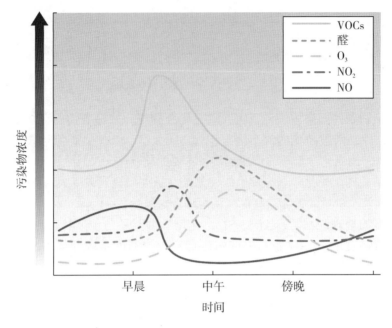

图 3.25　光化学烟雾日变化曲线（Manahan S E, 1984）

光化学烟雾发生在十分复杂的体系中，气象条件、污染物的排放量和种类等均影响光化学烟雾的形成。为了排除大气条件、污染物种类复杂等因素，研究人员发明了烟雾箱实验，即在一个大的封闭容器内，通入含碳氢化合物和 NO_x 的混合气体，在模拟太阳光的人工光源照射下模拟大气光化学反应。

在被照射的体系中，起始物质是丙烯、NO_x 和空气的混合物。研究结果显示，随着实验时间的增长，NO 向 NO_2 转化，氧化过程消耗丙烯，生成 O_3、PAN 及其他二次污染物（图 3.26）。

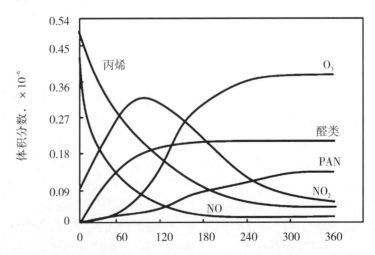

图 3.26　丙烯-NO_x-空气体系中一次及二次污染物的浓度变化曲线（Pitts, 1975）

根据模拟试验可确定光化学烟雾的主要反应机理,其中关键性反应有:① NO_2 的光解导致 O_3 的生成;②碳氢化合物被氧化生成了自由基,如 $HO·$、$HO_2·$、$RO_2·$ 等;③活性自由基使 NO 向 NO_2 转化,进一步提供了生成 O_3 的 NO_2 源,同时形成含 N 的二次污染物,如 PAN、HNO_3 等。

光化学烟雾是一个链反应,链反应主要是 NO_2 的光解。低层大气的一般成分和一次污染物都不吸收紫外辐射,在被污染空气中吸收紫外辐射的只有 NO_2,它可吸收 $\lambda < 430$ nm 的光而发生光解,生成原子态氧,原子态氧和空气中的 O_2 反应生成 O_3。NO_x 是 O_3 生成的关键前体物,但由于 O_3 的强氧化性,通常会立即与初始存在或反应生成的 NO 反应生成 NO_2,大气中的 NO、NO_2、O_3 反应形成循环,因此此时 O_3 浓度并不明显增加,还不能形成光化学烟雾。而当污染大气中存在碳氢化合物时,碳氢化合物可被 O_3、NO_2 氧化,导致醛、酮、醇等产物及中间产物过氧自由基的生成。过氧自由基氧化能力超过 O_3,因此在氧化 NO 的过程中会替代 O_3 将 NO 转化为 NO_2。生成的 NO_2 会继续光解产生 O_3,从而使 O_3 逐渐积累到较高的浓度,并导致 PAN 等生成。O_3 浓度升高是光化学烟雾污染形成的标志。大气中 O_3 浓度限值为 7.5×10^{-9},当 O_3 浓度超过 2×10^{-7} 时即发生严重空气污染事件。

光化学烟雾的形成机制可以用 12 个简化反应来概括描述。

引发反应:

$$NO_2 + h\upsilon \rightarrow NO + O·$$
$$O· + O_2 + M \rightarrow O_3 + M$$
$$O_3 + NO \rightarrow O_2 + NO_2$$

自由基传递反应:

$$RH + HO· \xrightarrow{O_2} RO_2· + H_2O$$
$$RCHO + HO· \xrightarrow{O_2} RC(O)O_2· + H_2O$$
$$RCHO + h\upsilon \xrightarrow{2O_2} RO_2· + HO_2· + CO$$
$$HO_2· + NO \rightarrow NO_2 + HO·$$
$$RO_2· + NO \xrightarrow{O_2} NO_2 + RCHO + HO_2·$$
$$RC(O)O_2· + NO \xrightarrow{O_2} NO_2 + RO_2· + CO_2$$

终止反应:

$$HO· + NO_2 \rightarrow HNO_3$$
$$RC(O)O_2· + NO_2 \rightarrow RC(O)O_2NO_2$$
$$RC(O)O_2NO_2 \rightarrow RC(O)O_2· + NO_2$$

以上反应的速率常数见表 3.4。

表 3.4　光化学烟雾形成的一个简化机制

反应	速率常数（298 K）
$NO_2 + h\nu \rightarrow NO + O\cdot$	0.533（假设）
$O\cdot + O_2 + M \rightarrow O_3 + M$	2.183×10^{-11}
$O_3 + NO \rightarrow O_2 + NO_2$	2.659×10^{-5}
$RH + HO\cdot \rightarrow RO_2\cdot + H_2O$	3.775×10^{-3}
$RCHO + HO\cdot \rightarrow RC(O)O_2\cdot + H_2O$	2.341×10^{-2}
$RCHO + h\nu \rightarrow RO_2\cdot + HO_2\cdot + CO$	1.91×10^{-10}
$HO_2\cdot + NO \rightarrow NO_2 + HO\cdot$	1.214×10^{-2}
$RO_2\cdot + NO \rightarrow NO_2 + RCHO + HO_2\cdot$	1.127×10^{-2}
$RC(O)O_2\cdot + NO \rightarrow NO_2 + RO_2\cdot + CO_2$	1.127×10^{-2}
$HO\cdot + NO_2 \rightarrow HNO_3$	1.613×10^{-2}
$RC(O)O_2\cdot + NO_2 \rightarrow RC(O)O_2NO_2$	6.893×10^{-2}
$RC(O)O_2NO_2 \rightarrow RC(O)O_2\cdot + NO_2$	2.143×10^{-8}

整个光化学烟雾的形成过程示意如图 3.27 所示。

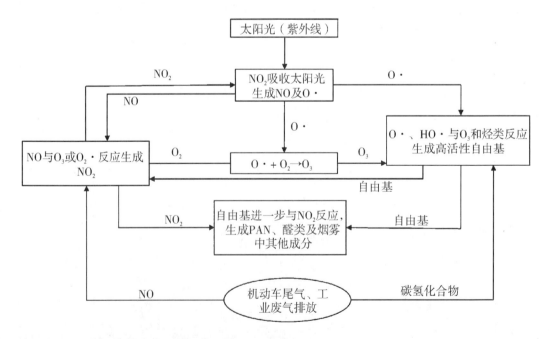

图 3.27　光化学烟雾形成过程示意

3.3.3 光化学烟雾控制对策

随着我国城市进入新型复合大气污染阶段,光化学烟雾污染问题日益突出。根据相关监测数据,2013—2016 年我国第一批实施空气质量新标准的 74 个城市中 O_3 超标城市分别有 17 个、24 个、28 个、28 个,超标城市个数逐年增加,超标天数中以 O_3 为首要污染物的比例达到 30.8%。2020 年 10 月 16 日,由中国环境科学学会臭氧污染控制专业委员会组织编撰的《中国大气臭氧污染防治蓝皮书(2020 年)》发布。同时,国家开展 O_3 污染防治专项行动,继续打好蓝天保卫战。目前已经有了针对光化学烟雾的控制对策。

3.3.3.1 控制排放源

根据《2020 年中国生态环境统计年报》,2020 年全国 NO_x 排放量为 1019.7 万吨。其中,工业源 NO_x 排放量为 417.5 万吨,占全国 NO_x 排放量的 40.9%;生活源 NO_x 排放量为 33.4 万吨,占全国 NO_x 排放量的 3.3%;移动源 NO_x 排放量为 566.9 万吨,占全国 NO_x 排放量的 55.6%。2020 年,全国机动车保有量达到 3.72 亿辆,比 2019 年增长 6.9%,机动车数量仍保持增长趋势。改进技术控制汽车尾气是避免光化学烟雾的形成、保证环境空气质量的有效措施。机动车尾气污染的主要控制措施包括降低发动机污染排放、机动车尾气排放后处理、发展新能源汽车等方面。

发动机改进技术主要通过改进发动机结构和燃烧方式、提高生产工艺和生产水平,可以有效地减少污染物排放。

(1) 改进点火系统。一般发动机在压缩冲程结束前点火,可以得到最大的压缩比及最高的温度和压力。但是降低燃烧温度有利于降低 NO_x 的浓度,所以往往采用延迟点火的办法,点火提前角延迟,上止点后燃烧的燃料增多,燃烧最高温度下降,NO_x 排放量下降。采用高能电子点火系统,可以提高点火系统初级电流,加强火花强度并延长火花持续时间,从而加强发动机燃烧过程,降低碳氢化合物排放。

(2) 汽油机缸内直喷技术。汽油机缸内直喷技术(gasoline direct injection,GDI)是指直接将汽油喷入气缸内与进气混合的技术。进入燃烧室的燃油蒸发吸热,降低缸内温度,增强抗爆性能,因此 GDI 发动机压缩比更高,可获得更大的升功率和燃烧效率。与之相比较,传统进气道喷射会使发动机油气蒸发不完全,因此 GDI 降低了油耗和碳氢化合物的排放。

(3) 废气再循环。将部分燃烧产物返流至进气管再吸入气缸参加燃烧,称作排气再循环(exhaust gas recirculation,EGR)。由于排气返流,EGR 减少了排放总量,稀释了进气,增加燃烧室内气体的热容量,降低了燃烧的最高温度和氧气的相对浓度,从而降低了 NO_x 的生成量。

排气后处理技术则是指在发动机的排气系统中进一步削减污染物排放的技术。目前三效催化净化技术已经取代其他常用的排气处理装置。三效催化转化器是在 NO_x 还原催化转化器的基础上发展起来的,它能同时使 CO、碳氢化合物和 NO_x 三种成分都得到高度净化。最近,国际上还提出了四效催化转化器的想法,即在同一催化转化器中同时实现碳氢化合物、CO、颗粒物和 NO_x 四种污染物的净化。

新能源汽车主要包含混合动力汽车、纯电动汽车、燃料电池汽车等。根据生态环境部发布的《中国移动源环境管理年报(2021年)》,2020 年全国新能源汽车保有量达 492 万辆,占汽车总量的 1.75%,比 2019 年增加 111 万辆,增长 29.18%。新能源汽车增量连续 3 年超过 100 万辆,呈持续高速增长趋势(图 3.28)。

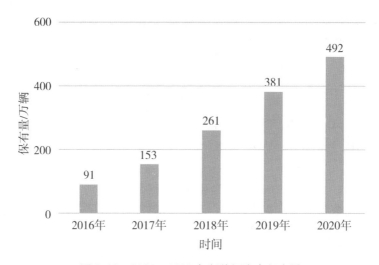

图 3.28 2016—2020 年新能源汽车保有量

通常所说的混合动力汽车,是指具有内燃机驱动和电动机驱动两套动力系统的汽车。与传统内燃机汽车相比,混合动力汽车不仅有较高的燃油经济性,还显著地降低了空气污染物的排放:油耗下降显著降低了空气污染物的排放,其技术构造也使内燃机可以在恒定或接近恒定的功率下工作,这种情况下内燃机的污染物排放量很低。目前混合动力技术面临的主要挑战是降低由于增加的发电机等新动力部件和更复杂的控制部件而提高的成本。纯电动汽车通过动力电池向电动机提供电能的方式驱动汽车行驶,其在使用阶段摆脱了对石油的依赖且可实现"零排放",但其燃料上游生产过程的能耗和排放影响不容忽视,如在煤电比例超过 90% 的京津冀地区,纯电动汽车获得的空气污染物减排效益会趋于减少,而在清洁能源比重较高的珠三角地区,其获得的空气污染物减排效益会趋于增加,因此科学评价纯电动汽车的节能减排效益需要采用生命周期的方法。燃料电池汽车是在汽车上直接将化学能转化为电能作为驱动力的车辆,其优点是无须充电,比能量高;缺点是成本高,燃料储藏和运输较困难。燃料电池汽车不仅具有极高的能源效率,而且驱动过程本身不排放污染物,应用前景诱人,早期的燃料电池汽车靠来自天然气或甲醇的氢驱动,而未来的燃料电池可以靠太阳能和风能分解 H_2O 产生的 H_2 为燃料,从而使从燃料反应到汽车行驶的整个过程都接近零排放。

2012 年 6 月国务院首次发布《节能与新能源汽车产业发展规划(2012—2020 年)》,新能源汽车发展已初见成效。2020 年 11 月,国务院办公厅进一步发布《新能源汽车产业发展规划（2021—2035 年）》，规划中提出：到 2025 年，纯电动乘用车新车平均电耗降至 12.0 kW·h/100 km，新能源汽车新车销售量达到汽车新车销售总量的 20% 左右；到 2035 年，纯电动汽车成为新销售车辆的主流，公共领域用车全面电动化，燃料电池汽车实现商业化应用，高度自动驾驶汽车实现规模化应用，有效促进节能减排水平和社会运行效率的提升。新能源汽车的发展将在控制光化学烟雾污染的过程中发挥重要作用。

3.3.3.2 监测 O_3 的浓度

对 O_3 进行控制时遇到的问题就是如何确定污染物排放量与大气 O_3 浓度之间的关系。在一般的大气扩散模式及其总量负荷分配模式中都有这样的假设：污染源源强和其浓度之间呈线性或近似线性关系，但是 O_3 作为二次污染物，它的前体污染物 NO_x、碳氢化合物的源强与它们反应形成的 O_3 浓度之间的关系是非线性的。目前研究利用经验动力学模拟方法（empirical kinetics modeling approach，EKMA）曲线制订污染物日总量控制方案，通过控制光化学烟雾的前体物 NO_x 和碳氢化合物来控制 O_3 的日最大浓度，从而达到对光化学烟雾进行总量控制的目的。EKMA 曲线是指由光化学反应模式作出一系列 O_3 等浓度曲线，以不同的 NO_x 和碳氢化合物的初始浓度为起始条件，计算出 O_3 的日最大浓度，然后绘制三维图。EKMA 曲线作为一种联系一次污染物和二次污染物的纽带，表明二者之间具有非线性的关系。通过它就可以把 O_3 的控制问题转化为对一次污染物 NO_x 和碳氢化合物的控制，从而定量地给出总量控制所需要的削减方案。

O_3 的生成量及其形成速度与 NO_x、碳氢化合物初始浓度及光强等多种因素有关，它需要复杂的化学反应来描述整个系统的动力学机理。化学机制的选择对结果有举足轻重的影响，因此选取适用的反应机理是得到 EKMA 曲线的关键。

3.3.3.3 控制反应活性高的有机物的排放

有机物反应活性表示有机物通过反应生成产物的能力。碳氢化合物是光化学烟雾形成过程中必不可少的重要组成。因此，控制反应活性高的有机物排放，能有效控制光化学烟雾的形成和发展。碳氢化合物中的反应活性顺序大致如下：有内双键的烯烃 > 二烷基或三烷基芳烃和有外双键的烯烃 > 乙烯 > 单烷基芳烃 > C_5 以上的烷烃 > $C_2 \sim C_5$ 的烷烃。

3.3.3.4 调整工业化压力、优化大气污染防治政策响应

（1）加快经济结构升级。我国尚未迎来大气污染随经济增长而减少的拐点，预计在保持 1983—2015 年工业化平均推进速度下，将于 2037 年迎来这一转折点。为了早日实现经济与环境的双赢，控制光化学烟雾污染，我国可以调整工业化要素以加快工业化进程，促进三次产业有序更替，促进产业高端化转型。

（2）加速新旧动能转换。经济新旧动能转换是指经济从要素驱动向技术创新驱动转变，依靠技术创新，适应经济发展需求，实现大气污染防治目标。技术创新不仅是促进工业高质量发展的动力，而且是解决大气污染问题的钥匙。借鉴先行工业化国家通过

研发与应用节能环保与新能源技术，加强传统技术创新，降低能源消费强度，改变用能结构来显著减少大气污染的成功经验，我国应提升节能环保技术水平，推动新能源技术研发应用，促进高新技术发展。

（3）强化"内生性"激励政策。加大财政支持力度、完善金融支持体系、强化企业环境责任、强化公共环境意识。激励企业、公民主动减排，是低成本、有效性高的大气污染防治办法。

（4）适度实施"外源性"政策。合理提升标准、规范关停并转（关闭、停办、合并、转产），能够在经济短期"阵痛"、长期补偿过程中实现大气污染的防治目标。

3.4　温室效应控制技术

3.4.1　温室效应与温室气体

温室效应是指透射阳光的密闭空间由于与外界缺乏热交换而形成的保温效应，大气中的 CO_2 就像一层厚厚的玻璃，使地球变成了大暖房。如果没有大气，地表平均温度就会下降到 $-23\ ℃$，而实际地表平均温度为 $15\ ℃$，也就是说温室效应使地表温度提高了 $38\ ℃$。

温室气体的判断标准如下：①该气体必须有足够宽的红外吸收带，且在大气中浓度足够高，能显著吸收红外辐射；②该气体如果在 $7\sim 13\ \mu m$ 的大气辐射窗口有吸收，对温室效应的增强最有效；③大气保留时间长。

大气中的温室气体可分为辐射活性气体和反应活性气体。其中，辐射活性气体是指能吸收和发射红外辐射的气体，包括 CO_2、CH_4、N_2O 和卤代烃等寿命较长且在对流层大气中混合均匀的气体，也包括时空分布差异很大的 O_3。而不能或只能微弱地吸收和发射红外辐射，但可以通过化学转化来影响辐射活性气体的浓度水平的气体，称为反应活性气体，包括 NO_x、CO 和 VOCs。

《京都议定书》明确针对以下温室气体进行削减：CO_2、CH_4、N_2O、氢氟碳化物（HFCs）、全氟碳化物（PFCs）及 SF_6。由于水蒸气及 O_3 的时空分布变化较大，因此在进行减量措施规划时，一般都不将这两种气体纳入考虑。值得一提的是，从 2005 年至今，CO_2 的浓度由 0.0378% 上升至 0.0416%。

3.4.2　温室效应与全球气候变化

地球气候是一个复杂的系统。大气中 CO_2 含量的增加，是如何影响地球表面温度的？又会引发地球什么样的气候变化？而人类又在这其中扮演着怎样的角色呢？

2021 年诺贝尔物理学奖揭晓，授予给美国普林斯顿大学高级气象学家真锅秀郎（Syukuro Manabe）、德国汉堡马克斯·普朗克气象研究所教授克劳斯·哈塞尔曼（Klaus Hasselmann）和意大利罗马大学教授乔治·帕里西（Giorgio Parisi）。

真锅秀郎领导了地球气候物理模型的开发,成为第一个探索辐射平衡与气团垂直输送之间相互作用的人。该模型发现 O_2 和 N_2 对地表温度的影响可以忽略不计,但若是地球 CO_2 浓度提高 1 倍,地球温度将升高 2 ℃ 以上,这是关于 CO_2 对气候影响的开创性模型。而克劳斯·哈塞尔曼创建了将天气和气候联系在一起的模型,验证并保障了气候模型在天气多变且混乱的情况下的可靠性。该模型清楚地显示了加速的温室效应:自19世纪中叶以来,大气中的 CO_2 含量增加了 40%。温度测量表明,在过去的 150 年中,全球温度升高了 1 ℃,这后续被用于证明人类活动排放的 CO_2 是导致大气温度升高的主要原因。后续的研究表明,化石燃料燃烧及森林砍伐导致的 CO_2 排放是最主要因素,相比于工业化前(1850 年前),2020 年大气 CO_2 浓度升高了 48%。值得一提的是,城市化的迅速发展与全球气候变化密切相关,城市用地增加,农业用地、森林、湿地等非城市用地减少,这导致自然碳吸收(碳储存)能力下降;同时,城市化耗费大量煤、石油等能源,产生大量 CO_2 等温室气体,这些气体进入大气层,改变碳平衡。而温室效应的不断累积,主要来源于温室气体的大量排放,其中关系最密切的气体是 CO_2,控制碳排放是减缓全球气候变暖趋势的关键。乔治·帕里西则是发现了从原子到行星尺度的物理系统中无序和波动之间的相互作用。诺贝尔物理学委员会主席托尔斯·汉斯·汉森(Thors Hans Hansson)对此给予了高度的评价:"我们对气候的了解建立在坚实的科学基础之上,基于对观测的严格分析。今年的获奖者都为我们更深入地了解复杂物理系统的特性和演化做出了贡献。"

过去 100 年以来的全球变暖趋势的主因就是人类活动已经成为全球的科学共识。温室效应带来的全球气候变化,会引起一系列后果,包括海平面上升、气候带移动、生物圈影响等(图 3.29)。

图 3.29 气候变化可能带来的影响

(1)全球气候变化会引起海平面上升。这一方面是因为在气温升高的同时,海水温度也随之增高,海水膨胀导致海平面抬升;另一方面因极地增温强烈,部分极冰融化,引起海平面上升。观测表明,近 100 年来全球海平面已上升了 10～20 cm,这会导致低地被淹、海岸被冲蚀、排洪不畅、土地盐渍化、海水倒灌等问题。

(2) 全球气候变化会引起气候带移动,进而导致世界各国经济结构的变化。例如,中纬度温带地区会因变暖后蒸发强烈而变得干旱,现在农业发达地区将会退化成草原;高纬度地区会因变暖而降水增加,变得适宜温带作物生长。尽管变暖可能会给局部地区带来一些好处,但从全球来说,人类社会为此调整经济结构,付出的代价将高于可能得到的好处。

(3) 全球气候变化会对生物圈产生影响。一方面,研究表明全球变暖将导致数百万物种在未来 50 年内灭绝;另一方面,全球变暖会影响世界粮食生产的稳定性和分布状况,引起农产品贸易模式的变化,进而影响农业和人类社会的发展。

(4) 全球气候变化激活了 9 个全球气候临界点,北极海冰和格陵兰冰盖开始融化,南极西部冰盖和东部冰盖开始崩解,西伯利亚冻土层开始融化,大西洋"热盐循环"洋流开始减速,厄尔尼诺现象加剧,亚马孙雨林、高纬度森林、澳大利亚大堡礁等开始消失。温室效应带来的全球气候变化,会引发一系列问题,找准全球变暖趋势的主因并施行控制势在必行。

3.4.3 温室效应的控制技术

温室效应是一个全球性的环境问题,它的控制和减缓需要国际社会共同努力。从 1992 年缔结的《联合国气候变化框架公约》到 1997 年缔结的《京都议定书》,再到 2015 年的《巴黎协定》,国际社会应对气候变化的主张和策略不断明确。

《联合国气候变化框架公约》的缔约国接近 200 个,核心内容有以下方面:

(1) 确立应对气候变化的最终目标。将大气温室气体的浓度稳定在防止气候系统受到危险的人为干扰的水平上,这一水平应当在足以使生态系统能够可持续进行的时间范围内实现。

(2) 确立国际合作应对气候变化的基本原则,包括共同但有区别的责任原则、公平原则、各自能力原则和可持续发展原则等。

(3) 明确发达国家应承担率先减排和向发展中国家提供资金技术支持的义务。

(4) 承认发展中国家有消除贫困、发展经济的优先需要。

《京都议定书》的主要内容是《联合国气候变化框架公约》的补充条款,它的目标是将大气中的温室气体含量稳定在一个适当的水平,进而防止剧烈的气候改变对人类造成伤害。

《巴黎协定》则提出雄心勃勃的目标——加强对气候变化所产生的威胁做出的全球性回应,实现与前工业化时期相比将全球温度升幅控制在 2 ℃ 以内,并争取把温度升幅限制在 1.5 ℃ 以内。在巴黎气候大会上,中国不仅提出到 2030 年前碳排放减少 60%～65% 等量化目标,而且还与美国、英国、法国等多个国家发表了联合声明,阐释要进行的行动,充分展示了透明、积极的一面。截至 2021 年,不丹和苏里南已经实现碳中和，6个国家已对碳中和碳达峰完成立法规范，14个国家将碳中和计划纳入政策议程，其中就包括中国。

控制碳排放是改善温室效应问题的关键举措，因此了解碳中和实现的基本逻辑（图 3.30）势在必行。在人为排放逐渐下降的背景下，海洋碳吸收会相应降低（可缓解、解决海洋酸化问题），碱性土壤固碳和沉积固碳会继续起作用，不得不排放的碳需要通过生态建设（木材蓄碳、土壤固碳）、工程封存等去除，以达中和。因此，碳中和包括自然工程吸收、生态碳汇（木材、土壤有机质、炭屑等）、工程封存。

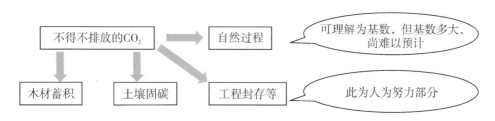

图 3.30 碳中和的逻辑及策略

具体实现碳中和的措施包括：①植树造林；②发展光伏、风力发电技术；③提高传统能源（如煤炭）的利用效率；④催化还原 CO_2；⑤推动能源结构转型。

3.4.4 中国碳达峰碳中和行动

根据中国经济社会发展的情况、发展阶段的特点，我国承诺 2030 年前，CO_2 排放不再增长，达到峰值后逐步降低。碳中和指企业、团体或个人在一定时间内直接或间接产生的 CO_2 排放总量，通过植树造林、节能减排等形式来抵消，实现 CO_2 的"零排放"。碳排放在 2030 年前到达一个峰值，而后逐步下降，但可能存在平台期和波动期，需要"速战速决"。碳达峰为近期我国气候变化应对工作的重点，相比较，碳中和则是一个动态过程。人为活动相关排放的长期存在意味着必要要有稳定且持久的碳汇与之抵消，需要做好打全局"持久战"的准备，稳步推进"减源"和"增汇"，久久为功。中国国家气候变化专家委员会副主任何建坤认为，对我国而言，碳达峰时间越早，峰值排放量越低，就越有利于实现长期碳中和目标。当前最主要的是控制和减少 CO_2 排放的增量，推进碳排放尽早达到峰值，并迅速转为下降趋势，持续降低排放总量，走上长期碳中和的发展路径。

全球气候治理进入新阶段，《巴黎协定》提出 2 ℃ 控温目标，175 个国家签署这一协定，迈出应对气候变化的关键步伐。中国政府始终高度重视应对气候变化，习近平总书记多次强调，应对气候变化不是别人要我们做，而是我们自己要做，是中国可持续发展的内在需要，也是推动构建人类命运共同体的责任担当。习近平总书记在 2018 年全国生态环境保护大会上明确提出，要实施积极应对气候变化国家战略，推动和引导建立公平合理、合作共赢的全球气候治理体系。在 2020 年的第十五届联合国大会一般性辩论、联合国生物多样性峰会、金砖国家领导人第十二次会晤、气候雄心峰会及2020年中央经济工作会议上，习近平总书记多次提出，中国CO_2排放力争于2030年前达到峰值，努力争取2060年前实现碳中和。这是中国基于推动构建人类命运共同体的责任担当和实现可持续发展的内在要求做出的重大战略决策。中国将碳中和纳入政策议程，将构建起碳达峰、碳中和"1+N"政策体系。

以习近平同志为核心的党中央提出"2030年前实现碳达峰、2060年前实现碳中和"这个重大战略目标，事关中华民族永续发展，事关构建人类命运共同体和人与自然生命共同体，是中华民族复兴大业的内在要求，也是人类可持续发展的客观需要。但是，我国碳排放面临着许多挑战：①对于输出地来说，发达国家通过将原来本国主导的产业向国际转移，转移了碳排放，中国30%的碳排放是跨国公司转移过来的；②与国内各主要省份结构相对多元化的碳排放转移相比，在东部沿海地区，碳排放的转移流动可以从国内各省追溯到国外；③碳排放问题与经济发展和贸易关系密切相关，考虑不同的经济发展水平，确定协调国内和国际碳排放转移流动的关键节点，有助于重新定位碳排放责任，促进技术转移，实现区域协同发展。我国比其他国家面临的挑战更大。一是在时间方面，欧美在1990年就碳达峰了，大概有60年的时间来实现碳中和，而我国的碳达峰时间是2030年，到2060年碳中和只有30年的时间；二是经济和能源结构，欧洲国家提出碳中和时人均GDP已为3万~4万美元，服务业占比已到70%左右，工业消耗能源部分比较小，而我国人均GDP在1万美元左右，还要继续发展，国民经济对能源消耗的依赖性远远高于欧洲，要在经济增长的同时减少碳排放非常困难。

尽管如此，为实现减缓温室效应、应对气候变化目标，中国迎难而上，积极制定和实施了一系列应对气候变化战略、法规、政策、标准与行动，推动中国应对气候变化实践不断取得新进步。

3.4.4.1 多途径提高应对气候变化的能力

2021年4月22日，国家主席习近平于领导人气候峰会中以视频形式发表题为《共同构建人与自然生命共同体》的重要讲话。习近平在会议中指出，气候变化给人类生存和发展带来严峻挑战，需要国际社会共商应对之策，共谋人与自然和谐共生之道，共同构建人与自然生命共同体。而应对之策在于坚持人与自然和谐共生，坚持绿色发展，坚持系统治理，坚持以人为本，坚持多边主义，坚持共同但有区别的责任。中国政府始终高度重视应对气候变化，我们确定的国家自主贡献新目标"2030年前实现碳达峰、2060年前实现碳中和"，是中国可持续发展的内在需要，也是推动构建人类命运共同体的责任担当，但并不能够一蹴而就。中国要用30年左右的时间由碳达峰实现碳中和，无论是从时间上，还是经济能源结构上，我国比其他国家面临的挑战更大，要完成全球最高碳排放强度降幅，需要付出艰苦努力。中国言行一致，采取积极有效措施，落实好碳达峰、碳中和战略部署。

地球气候是一个复杂系统，应对气候变化需强化系统性思维。应对气候变化工作覆盖面广、涉及领域众多。把握系统性的变革需要系统思维。系统思维，就是对事情进行全面思考，强调大局观和协调意识。系统思维要求把生态文明建设和社会经济发展看成一个整体，形成系统性的治理，实现生产、生活、生态的和谐统一。降碳工作需不需要系统思维？答案是肯定的。为加强协调、形成合力，中国先是成立应对气候变化及节能减排工作领导小组；同时调整相关部门职能，由新组建的生态环境部负责应对气候变化工作，强化应对气候变化与生态环境保护的协同；而后，为指导和统筹做好碳达峰碳中和工作，中国成立碳达峰、碳中和工作领导小组，加强地方碳达峰、碳中和工作统筹。

实现碳达峰、碳中和并不能一蹴而就，而需要长期规划，我国将应对气候变化纳入国民经济社会发展规划。自"十二五"开始，中国将单位GDP的CO_2排放（碳排放强度）下降幅度作为约束性指标纳入国民经济和社会发展规划纲要，并明确应对气候变化的重点任务、重要领域和重大工程。中国"十四五"规划和2035年远景目标纲要将"2025年单位GDP二氧化碳排放较2020年降低18%"作为约束性指标。中国各省（区、市）均将应对气候变化作为"十四五"规划的重要内容，明确具体目标和工作任务。

仅有总的自主贡献目标和整体规划仍不足够，应保障应对气候变化分解目标的落实。为确保规划目标落实，综合考虑各省（区、市）的实际情况，分类确定省级碳排放控制目标，并对省级政府开展控制温室气体排放目标责任进行考核。省级政府对下一级行政区域控制温室气体排放目标责任也开展相应考核，确保应对气候变化与温室气体减排工作落地见效。

与此同时，我们还需要逐步强化自主贡献目标。2021年，中国宣布不再新建境外煤电项目，展现中国应对气候变化的实际行动。加快构建碳达峰碳中和"1+N"政策体系。中国制定并发布碳达峰、碳中和工作顶层设计文件，编制2030年前碳达峰行动方案，制订能源、工业、城乡建设、交通运输、农业农村等分领域分行业碳达峰实施方案，积极谋划科技、财政、金融、价格、碳汇、能源转型、减污降碳协同等保障方案，进一步明确碳达峰、碳中和的时间表、路线图、施工图，加快形成目标明确、分工合理、措施有力、衔接有序的政策体系和工作格局，全面推动碳达峰、碳中和各项工作取得积极成效。

3.4.4.2 坚定走绿色低碳发展道路

中国一直本着负责任的态度积极应对气候变化，将应对气候变化作为实现发展方式转变的重大机遇，积极探索符合中国国情的绿色低碳发展道路。走绿色低碳发展的道路，既能守住生态红线，又有利于实现碳达峰、碳中和目标，把地球家园呵护好。

协同推进减污降碳治理是走绿色低碳发展道路的必然要求。实现减污降碳协同增效是中国新发展阶段经济社会发展全面绿色转型的必然选择。中国2015年修订的大气污染防治法专门增加条款，为实施大气污染物和温室气体协同控制及开展减污降碳协同增效工作提供法治基础。为加快推进应对气候变化与生态环境保护相关的职能协同、工作协同和机制协同，中国从战略规划、政策法规、制度体系、试点示范、国际合作等方面，明确了统筹和加强应对气候变化与生态环境保护的主要领域和重点任务，制订了计划和方案，细化了目标任务、重点举措和保障条件，以重点突破带动整体推进，推动生态环境质量明显改善。

加速构建绿色发展的空间格局，有利于科学发展。国土是生态文明建设的空间载体，必须尊重自然，给自然生态留下休养生息的时间和空间。中国主动作为，精准施策，科学有序统筹布局农业、生态、城镇等功能空间，开展永久基本农田、生态保护红线、城镇开发边界"三条控制线"划定试点工作。将自然保护地，未纳入自然保护地但生态功能极重要、生态极脆弱的区域，以及具有潜在重要生态价值的区域划入生态保护红线，推动生态系统休养生息，提高固碳能力，保障发展过程不超过环境承载力。

优化产业结构，大力推动绿色低碳产业发展，并坚决遏制高耗能、高排放项目盲目发展。建立健全绿色低碳循环发展经济体系，促进经济社会发展全面绿色转型，是解决资源环境生态问题的基础之策。中国制订国家战略性新兴产业发展规划，以绿色低碳技术创新和应用为重点，引导绿色消费，推广绿色产品，推动形成绿色发展方式和生活方式，更有力支持节能环保、清洁生产、清洁能源等绿色低碳产业发展。以新能源汽车行业为例，我国新能源汽车销量占全球销量的55%。与此同时，坚决遏制高耗能、高排放项目盲目发展。中国持续严格控制高耗能、高排放（以下简称"两高"）项目盲目扩张，依法依规淘汰落后产能，加快化解过剩产能，持续推动落后产能依法依规退出。中国把坚决遏制"两高"项目盲目发展作为抓好碳达峰、碳中和工作的当务之急和重中之重，组织各地区全面梳理摸排"两高"项目，分类提出处置意见，开展相关检查、监督、查处、问责等活动，逐步形成一套完善的制度体系和监管体系。

推动能源结构优化调整，加大能源节约与能效提升力度。能源领域是温室气体排放的主要来源，中国不断加大节能减排力度，加快能源结构调整，构建清洁低碳、安全高效的能源体系。确立能源安全新战略，推动能源消费革命、供给革命、技术革命、体制革命，全方位加强国际合作，优先发展非化石能源，推进可再生能源利用，同时加强化石能源的清洁高效开发利用，深化能源体制改革。与此同时还要加大能源节约与能效提升力度。为进一步强化节约能源和提升能效目标责任落实，中国实施能源消费强度和总量双控制度，把节能指标纳入生态文明、绿色发展等绩效评价指标体系，以标准、制度、评价的转型引导转变发展理念。具体包括：强化重点用能单位节能管理，组织实施节能重点工程，加强先进节能技术推广；建立能效"领跑者"制度，健全能效标识制度，发布15批实行能源效率标识的产品目录及相关实施细则；加强工业领域节能，实施国家工业专项节能监察、工业节能诊断行动、通用设备能效提升行动及工业节能与绿色标准化行动等。

积极探索绿色低碳发展新模式。中国积极探索低碳发展模式，鼓励地方、行业、企业因地制宜探索低碳发展路径，在能源、工业、建筑、交通等领域开展绿色低碳相关试点示范，初步形成了全方位、多层次的低碳试点体系。中国先后在10个省（市）和77个城市开展低碳试点工作，在组织领导、配套政策、市场机制、统计体系、评价考核、协同示范和合作交流等方面探索低碳发展模式和制度创新。试点地区碳排放强度下降幅度总体快于全国平均水平，形成了一批各具特色的低碳发展模式。

3.4.4.3 加大温室气体排放控制力度

中国将应对气候变化全面融入国家经济社会发展的总战略。中国采取积极措施，有效控制重点工业行业温室气体排放,推动城乡建设和建筑领域绿色低碳发展,构建绿色低碳交通体系,减少碳排放量,同时统筹推进山水林田湖草沙系统治理,严格落实相关举措,持续提升生态碳汇能力,加强生态碳汇,以实现碳中和。

(1) 对重点工业行业温室气体排放进行有效控制。强化钢铁、建材、化工、有色金属等重点行业能源消费及碳排放目标管理,实施低碳标杆引领计划,推动重点行业企业开展碳排放对标活动,推行绿色制造,推进工业绿色化改造。加强工业过程温室气体排放控制,通过原料替代、改善生产工艺、改进设备使用等措施积极控制工业过程温室气体排放。加强再生资源回收利用,提高资源利用效率,减少资源全生命周期 CO_2 排放。

(2) 在城乡建设领域中强化绿色低碳发展。建设节能低碳城市和相关基础设施,以绿色发展引领乡村振兴。推广绿色建筑,逐步完善绿色建筑评价标准体系。开展超低能耗、近零能耗建筑示范。推动既有居住建筑节能改造,提升公共建筑能效水平,加强可再生能源建筑应用。大力开展绿色低碳宜居村镇建设,结合农村危房改造开展建筑节能示范,引导农户建设节能农房,加快推进中国北方地区冬季清洁取暖。如今,中国绿色建筑占城镇新建民用建筑比例达到60%,惠及2100多万居民。

(3) 构建绿色低碳交通体系。调整运输结构,减少大宗货物公路运输量,增加铁路和水路运输量,加快建立集约、高效、绿色、智能的城市货运配送服务体系,与此同时提升铁路电气化水平,推广天然气车船,完善充换电和加氢基础设施,加大新能源汽车推广应用力度,鼓励靠港船舶和民航飞机停靠期间使用岸电,减少化石能源的消耗,减少碳排放。完善绿色交通制度和标准,发布相关标准体系、行动计划和方案。在节能减碳等方面发布了221项标准,积极推动绿色出行,已有100多个城市开展了绿色出行创建行动,每年在全国组织开展绿色出行宣传月和公交出行宣传周活动。如今,我国新能源汽车销量占世界的55%。加快交通燃料替代和优化,推动交通排放标准与油品标准升级,通过信息化手段提升交通运输效率。

(4) 促进非 CO_2 温室气体减排。虽然人类活动排放的 CO_2 是全球变暖的主要原因,但是其他非 CO_2 温室气体也是不容忽视的。中国历来重视非 CO_2 的温室气体排放,在《国家应对气候变化规划(2014—2020年)》及控制温室气体排放工作方案中都明确了控制非 CO_2 温室气体排放的具体政策措施。例如,针对三氟甲烷(HFC-23)的处置,自2014年起其处置给予财政补贴。截至2019年,共支付补贴约14.17亿元,累计削减6.53万吨 HFC-23,相当于减排9.66亿吨 CO_2 当量。

3.4.4.4 充分发挥市场机制作用

碳市场为处理好经济发展与碳减排关系提供了有效途径。全国碳排放权交易市场(以下简称全国碳市场)是利用市场机制控制和减少温室气体排放、推动绿色低碳发展的重大制度创新,也是落实中国 CO_2 排放达峰目标与碳中和愿景的重要政策工具。

(1) 开展碳排放权交易试点工作。碳市场可将温室气体控排责任落实到企业,利用市场机制发现合理碳价,引导碳排放资源的优化配置。2011年10月,碳排放权交易地方试点工作在国内7个省(市)启动,经过2年的筹备,7个试点碳市场陆续开始上线交易，覆盖了 20 多个行业近 3000 家重点排放单位。截至 2021 年 9 月 30 日，其累计配额成交量为 4.95 亿吨 CO_2 当量，成交额约 119.78 亿元。碳市场地方试点为全国碳市场建设摸索了制度，锻炼了人才，积累了经验，奠定了基础，为全国碳市场建设积累了宝贵经验。

（2）不断推进全国碳市场制度体系构建，启动全国碳市场上线交易。制度体系是推进碳市场建设的重要保障，为更好地推进完善碳交易市场，印发《全国碳排放权交易市场建设方案（发电行业）》，出台《碳排放权交易管理办法（试行）》等相关规则及管理办法，积极推动《碳排放权交易管理暂行条例》立法进程，夯实碳排放权交易的法律基础，规范全国碳市场运行和管理的各重点环节。在此基础上，2021 年 7 月 16 日，启动全国碳市场上线交易，这是全球规模最大的碳市场，市场运行总体平稳有序。

（3）构建温室气体自愿减排交易机制。为调动全社会自觉参与碳减排活动的积极性，体现交易主体的社会责任和低碳发展需求，促进能源消费和产业结构低碳化，2012 年，中国建立温室气体自愿减排交易机制。截至 2021 年 9 月 30 日，自愿减排交易累计成交量超过 3.34 亿吨 CO_2 当量，成交额逾 29.51 亿元，国家核证自愿减排量已被用于碳排放权交易试点市场配额清缴抵销或公益性注销，有效促进了能源结构优化和生态保护补偿。

（4）中国碳达峰、碳中和工作是一个系统性工作，需要多方协同，区域合作。以粤港澳大湾区为例，打造粤港澳大湾区，建设世界级城市群，更是要做好区域发展"一盘棋"。大湾区能源现状有如下问题：能源安全保障和抗风险能力有待加强；能源清洁低碳水平有待提升；能源利用效率有待提高；能源科技创新能力及新兴产业培育力度仍显不足；粤港澳三地能源互联互通和协同合作机制有待加强；能源国际合作仍有待深化。

未来发展目标如下：到 2025 年，基本建成清洁低碳、安全高效的现代能源体系；到 2035 年，全面建成清洁低碳、安全高效、智能创新、开放共享的现代能源体系，形成能源供应清洁化、能源传输智能化、能源利用高效化的发展格局。广东省工业化进程与城镇化进程即将进入成熟阶段，相关碳排放增长将总体放缓，2020—2030 年有望达到峰值。广东省"十三五"控制温室气体排放工作方案中提出到 2030 年前碳排放率先达峰，对广州、深圳重点城市提出了争取率先达峰的明确要求。

粤港澳大湾区节能减排的关键举措如下：

（1）优化产业结构。淘汰高耗能产业的落后产能和严格控制新增产能，控制第二产业中高耗能行业的比重。

（2）调整能源结构。有序淘汰落后产能和过剩产能，重点控制工业领域排放，推动出口结构低碳化。

（3）推动建筑领域低碳发展。提高基础设施和建筑质量，推进既有建筑节能改造，强化新建建筑节能，推广绿色建筑。

（4）推动交通领域低碳发展。推进现代综合交通运输体系建设，加快发展铁路、水运等低碳运输方式，完善公交优先的城市交通运输体系，鼓励使用节能、清洁能源和新能源运输工具等。

3.5 人居环境空气污染控制

3.5.1 室内空气污染简介

室内环境污染指人们为了在室内生活和工作需要，引入了能释放有害物质并且会导致室内空气中有害物质增加的污染源，从而使室内环境（包括居室、办公室、飞机、汽车、船等内部空间）中的污染物在数量和种类上都不断增加，并引起在室内环境中工作和生活的人产生一系列不适症状的现象。

世界卫生组织报告称，空气污染是目前全球最大的环境健康风险。全球 90% 的人呼吸被污染的空气。空气污染造成全球每年约 700 万人过早死亡，其中 430 万人过早死亡是由室内空气污染造成的。中国室内装饰协会环境检测中心调查统计显示，室内空气污染程度常常比室外空气污染严重 2~3 倍，甚至可达几十倍。

室内空气污染物根据性质的不同分为物理性污染物、化学性污染物、生物性污染物和放射性污染物，相应地，室内空气污染包括物理性污染、化学性污染、生物性污染和放射性污染。物理性污染是指由物理因素（如电磁辐射、噪声、振动及不合适的温度、湿度、风速和照明）等引起的污染；化学性污染是指由化学物质（如 CO、SO_2、氮氧化物、甲醛、苯及其同系物、氨气、苯并芘、可吸入颗粒物和总挥发性有机物等）引起的污染；生物性污染是指由生物污染因子（如细菌、真菌、花粉、病毒等）引起的污染；放射性污染主要包括体内辐射污染和体外辐射污染，体内辐射主要来自放射性辐射在空气中衰变而形成的 Rn 及其子体，体外辐射主要指一些石材、建筑陶瓷所含的 Ra、Th 等辐射体直接照射人体所产生的一种生物效应。这几类污染中，化学性污染最为突出。

室内环境污染物来源广、种类多、危害程度不同，且在建筑设计中因重视节能效益，建筑与外界的通风性较差，造成室内室外环境截然不同，因此室内环境污染具备以下特点：

（1）多样性。室内空气污染物主要包括物理性污染物、化学性污染物、生物性污染物和放射性污染物。这些污染物还可相互作用，形成二次污染物综合作用于人体。

（2）影响范围广。室内空气污染涉及的影响范围较广，包括家居环境、办公室、图书馆、医院、教室、娱乐场所等公共环境，以及飞机、汽车、火车等交通工具。

（3）短期污染浓度高。刚装修完的室内环境，由于装修材料（如油漆或涂料）释放污染物的速率较大，如果不进行适当的通风扩散，很容易造成污染物浓度累积剧增。

（4）人员暴露时间长。污染物的释放周期一般较长，如室内甲醛的释放周期可达 3~15 年，而对于放射性污染物，如 Rn，其释放时间可能更长。同时，我国人群每天暴露于室内空气污染环境中的时间相对较长。

（5）危害的表现时间不一。有的污染物在短时间内就可对人体造成极大伤害，如浓度相对较高的污染物；有的具有潜伏性，如放射性污染物，潜伏期可达几十年之久。

(6) 健康危害不清楚。目前人们对一些室内空气污染物长期作用于人体健康的机理及阈值剂量尚不清楚。

3.5.2 典型污染物来源

室内空气污染物的来源不仅来自室内环境中的建筑材料、装饰材料及家具用品，也可通过建筑通风与渗透将室外空气污染物带进室内。同时，我国城市室内环境特征也经历了巨大变化：大量的人造板材用于家具、室内装饰及物品，人造板材产量保持增长，木制板材制作过程中附加黏合剂或油漆涂料导致了甲醛、苯系物等总挥发性有机物的释放。这些污染物可不同程度地使人体产生不适反应，如眼、鼻、喉的刺激，皮肤过敏，胸闷头疼等反应，严重影响人们的正常生活和工作。

3.5.2.1 室外来源

空气污染的室外来源有以下四类：

(1) 室外空气污染。室外空气污染物种类繁多，主要包括 SO_2、H_2S、氮氧化物和颗粒物等，这些污染物可以通过门窗、管道孔隙等途径进入室内。这些污染物的来源主要包括工业生产、汽车尾气、建筑施工、垃圾堆放等。

(2) 土壤及房基地。一方面，若土壤和房基地曾被化工、医药等重污染企业使用过，或遭受工农业生产废弃物污染而未受到彻底治理，则可能形成室内空气污染的室外来源；另一方面，随着地质的演变，地层中某些固有的元素可能形成气态污染物扩散到室内，如土壤中的某些放射性元素会衰变成放射性气体 Rn，扩散到室内环境中。

(3) 人为携带。人们经常出入居室或办公室，很容易将室外的污染物带入室内。最常见的是从室外进入室内的过程中，衣服或皮肤作为传播载体将室外的污染物带入办公室或居室内。

(4) 邻里干扰。城市中邻里之间的距离一般都很近，楼房厨房排气管设计得不合理、烟道受堵或抽力不够等会造成油烟扩散到邻居家，引起室内空气品质下降。

来源于室外的空气污染物及发生源见表 3.5。

表 3.5 室外空气污染物种类

空气污染物	污染物发生源
有机物	石油、化工溶剂挥发等
CO、氮氧化物、硫氧化物	燃料燃烧、交通尾气等
颗粒物	燃料燃烧、交通扬尘、建筑施工等
O_3	光化学反应等
氯、硅、镉等	工农业生产、建筑施工等

3.5.2.2 室内来源

1. 人类活动

由人体新陈代谢、烹饪、吸烟、饲养宠物等人体活动所造成的污染属人为污染之列。

(1) 人体新陈代谢活动。人体新陈代谢过程中产生的化学物质超过 500 种，其主要来源于呼吸过程及皮肤细胞的脱落。呼吸道排出的化学物质约 150 种，皮肤排泄出来的废物可超 200 种。有科学研究发现，人体皮肤脱落的细胞是室内空气中尘埃的主要组成部分。

(2) 烹饪。烹饪产生的污染物主要有油烟和燃烧烟气两类。烹饪油烟含有多种有毒化学成分，对机体具有肺脏毒性、免疫毒性、致癌性，对人体健康的危害应引起高度重视。除了油烟，我国城镇居民以煤、液化石油气或天然气等作燃料，这些燃料燃烧过程中会产生 CO、CO_2、NO_x、SO_2、未完全燃烧的烃类及悬浮颗粒物，这些都会对人体产生危害。

(3) 吸烟。吸烟产生的烟气是常见的室内空气污染物。目前已鉴定出近 4000 种化学物质，其中很多化合物有致癌、致畸、致突作用。流行病学调查发现，吸烟能导致肺癌和呼吸系统疾病，还与心脏病有关。它们以气态、气溶胶状态存在，污染物有 CO、CO_2、NO_x、NH_3、以甲醛为代表的挥发性有机物等。气溶胶状态物质主要成分是焦油和烟碱（尼古丁），每支香烟可产生 $0.5 \sim 3.5$ mg 尼古丁。焦油中含有大量的致癌物质，如多环芳烃、As、Cd、Ni 等。

2. 建筑材料和装修材料

建筑材料是建筑工程中使用的各种材料及其制品的总称。建筑材料种类繁多，如钢铁、砖瓦、陶瓷制品、水泥、矿物棉、木材、塑料及复合材料等。装修材料是用于建筑物表面起装饰效果的材料。同样，用于装修的材料很多，如地板瓷砖、地毯、壁纸等。随着社会的发展及人们审美观的提高，各类新型建筑及装饰材料不断涌入。人们居住的环境正是由这些建筑材料和装修材料组成，这些材料中的某些成分对室内环境质量影响很大。

(1) 无机和再生建筑材料。无机和再生建筑材料对室内空气污染比较突出的问题是辐射污染。各种建筑材料的放射性与取材地点有很大的关联。调查表明，我国大部分建筑材料的辐射量基本符合标准，但也发现一些灰渣砖或石材放射性超标。释放 Rn 的建筑材料包括建筑石材砂等，以矿渣水泥、灰渣砖及部分花岗岩石材为主。无机建筑材料和再生建筑材料自身还会释放另一种有害物——NH_3。NH_3 产生于建筑施工中使用的混凝土外加剂，包括冬季施工过程在混凝土中加入的混凝土防冻剂，以及为了提高混凝土凝固速率而使用的高碱混凝土膨胀剂和早强剂。其中所含氨类物质会随着温度、湿度等环境因素的变化而被还原成 NH_3，并从墙体中缓慢释放出来，造成室内空气中 NH_3 的浓度不断增高。

(2) 人造板材及家具。人造板材及家具是室内重要的组成物品。人造板材及家具生产的过程中常常要加入大量的黏合剂及涂刷油漆，这些黏合剂及油漆中含有大量的挥发性有机物质，特别是刚出厂的材料或成品，会不断地向室内空气散发污染物。泡沫塑料家具使用时可能会散发甲苯二异氰酸酯。长期的调查发现，在布置新家具的房间中可以检测出较高浓度的甲醛、苯等几十种有害化学物质。另外，人造家具中有的还添加了防蛀剂，这些物质在使用时也可以释放到室内空气中，造成室内空气污染。

（3）涂料、胶黏剂。涂料一般可分为溶剂型、水溶性、乳液型和粉末型。涂料的组成包括成膜物质、助剂、颜料及溶剂，成分十分复杂。其中，成膜物质的主要成分有酸性酚醛树脂、脲醛树脂、酚醛树脂、氯化橡胶等，这些物质是空气中甲醛、苯及其苯系物等有机污染物的重要来源。同时，助剂和颜料还可能含有 Cd、Mn、Pb 等多种重金属。另外，涂料使用的溶剂基本上也是挥发性很强的有机物，涂抹之后极易挥发。由于涂料成分含有易挥发性质，通常在涂刷后的短时间内可造成苯、甲苯、二甲苯等几十种挥发性有机物浓度的剧增，若不及时通风扩散，可对人体健康造成危害。

（4）地毯、壁纸。地毯和壁纸都是有着悠久历史的室内装饰品。传统的地毯和壁纸以动物毛为原材料，纯羊毛地毯或壁纸中的织物碎片是一种过敏原，可导致人体过敏。目前常用的地毯和壁纸都是用化学纤维为原料编织而成的。化纤纺织物型地毯或壁纸含有聚酯纤维（涤纶）、聚丙烯纤维（丙纶）、聚丙烯腈纤维（腈纶）及黏胶纤维等，可释放出甲醛、氯乙烯、苯、甲苯、二甲苯、乙苯等有害气体，污染室内空气。地毯的另外一种危害是其吸附能力很强，能吸附许多有害气体、病原微生物及灰尘，是微生物的理想滋生和隐藏场所。

3.5.2.3 室内用品

1. 日化产品

室内各种日化产品主要包括化妆品、空气消毒剂、杀虫剂等。如果化工产品的原材料中含有某些有害物质，或在生产过程中加入了某些挥发性有机化合物（如苯、甲醛），那么生产出来的成品中也含有这类物质。产品进入室内后，这些有害物质即可从化工产品中释放出来，污染室内空气。

2. 家用电器污染

一般电器荧光屏一方面会产生电磁辐射，长时间看屏幕可使视力降低、视网膜感光功能失调、眼睛干涩，从而引起视神经疲劳，并造成头痛、失眠；另一方面会与周围空气产生静电，使灰尘、细菌聚集附着于人的皮肤表面而造成疾病。此外，电视机、计算机等的荧光屏在高温作用下可产生一种称为溴化二苯并呋喃的有毒气体，这种气体具有致癌作用。我国城市人群每天电磁辐射暴露的时间相对较长，潜在风险也较大。

空调机使用的最初目的是调节室内的温度、湿度和气流，提高环境舒适度，但是实际运用中，人们更多地考虑节能甚至根本不引进新风量，造成室内长期累积的污染物无法及时排至室外，从而导致长期待在空调室的人群嗜睡、烦闷、乏力、免疫力下降等。

3.5.2.4 室内植物

一般来说，植物可以改善居室或办公室的景观和气氛，同时可净化室内空气，特别是嗅闻到花卉的芳香气味，可以调整中枢神经，改善大脑功能，使人心情舒畅。但并非所有花草都是如此,如果选择的品种不当,就会释放有害物质,污染室内空气。

1. 光照不足与人争氧

当光照不足时,光合速率低于呼吸速率,植物非但不能释放 O_2,反而不停地从周围环境中吸入 O_2,放出 CO_2。如果室内花卉过多,再加上室内空气流通性差,特别是到了夜间,就会增加室内 CO_2 的浓度。耗氧性花卉,如丁香、夜来香、郁金香等在进行呼吸作用时,大量消耗 O_2,对于儿童和老人来说,容易影响身体健康。

2. 易过敏反应

会使人产生过敏反应的花卉,如月季、马缨丹、天竺葵、紫荆花等均有致敏性。对于过敏性体质的人,若碰触抚摸它们或吸入这些植物的花粉等成分,比较容易引起皮肤过敏、呼吸道过敏等。

3.5.3 典型污染物危害

室内空气污染物对人体的健康存在普遍的影响。室内空气污染的人体健康效应包括从感觉器官刺激到致癌等一系列影响。就目前情况来看,危害人体健康的主要污染物是甲醛、苯及其同系物、其他挥发性有机化合物、NH_3、Rn 及其子体、生物性污染物、可吸入颗粒物、细颗粒物和 O_3 等(表3.6、表3.7)。

表3.6 室内气态污染物种类

污染物类型	典型例子
无机化合物	O_3、NH_3、CO、CO_2、NO_2、SO_2 等
有机化合物	总挥发性有机物、甲醛、半挥发性有机物、易挥发性有机物、聚合芳香族等
放射性物质	Rn 及其子体

表3.7 室内悬浮污染物种类

污染物类型	典型例子
无机和有机颗粒物	石棉、金属尘粒、秸秆飞灰、土壤、花粉等
微生物和生物溶胶	霉菌、真菌、细菌、病毒等

3.5.3.1 甲醛

1. 室内甲醛来源

室内空气中的甲醛主要来源于装修材料、各种黏合剂、涂料、家具、合成织物、生活日用品及其他来源:①室内装修使用的胶合板、细木工板、中密度纤维板、刨花板和复合地板等人造板材,以及含有甲醛成分并可能向外界散发的其他各类装饰装修材料,如壁纸、化纤地毯、窗帘、布艺家具、泡沫塑料、油漆和涂料等;②室内日用品,包括床上用品、化妆品、清洁剂、杀虫剂等；③日常生活起居，厨房使用煤炉或液化石油气等燃料燃烧会产生甲醛，另外吸烟也产生甲醛。

2. 甲醛对人体健康的危害

甲醛对人的皮肤、眼睛及呼吸道黏膜有很强的刺激性，长期接触低浓度甲醛可引起流泪、咳嗽、眼结膜炎、鼻炎、支气管炎、皮炎、皮肤发红、皮肤剧痛等反应（表3.8）。

表3.8 不同浓度（质量分数）甲醛对人体的健康效应

甲醛浓度/10^{-6}	健康效应	甲醛浓度/10^{-6}	健康效应
0～0.05	无症状	0.1～25	上呼吸道刺激
0.05～1.0	嗅觉刺激	5.0～30	下呼吸道和肺部作用
0.05～1.5	神经生理效应	50～100	肺水肿、炎症、肺炎
0.01～2.0	眼刺激	>100	致死

急性中毒反应表现为咽喉烧灼痛、呼吸困难、肺水肿、过敏性皮炎、肝转氨酶升高等。甲醛对人体的肝脏有潜在毒性；甲醛对人体的免疫系统有影响，在新装修环境中工作的人群会产生 IgG 抗体，T 淋巴细胞的比例减少；甲醛对人体的内分泌系统也存在影响，长期接触低浓度甲醛（0.017～0.0678 mg/m³）可引起女性经期紊乱；甲醛还具有遗传毒性，会引起哺乳动物细胞核的基因突变、染色体损伤、DNA 断裂。

3.5.3.2 苯及其同系物

1. 室内苯及其同系物来源

在日常生活中，甲苯、二甲苯常被用作建筑材料、装饰材料及人造板家具的溶剂和黏合剂，从而造成室内环境污染。新装修的房间中能测出高含量的甲苯、二甲苯。

2. 苯及其同系物对人体健康的危害

世界卫生组织将苯类物质定为强致癌物质，对人体健康具有极大的危害。苯属于中等毒类物质，急性中毒主要是损害中枢神经系统，慢性中毒主要是损害造血组织及神经系统。轻度中毒时可出现眼及呼吸道黏膜刺激症状，不久出现头痛、头晕、酒醉感、无力及恶心、呕吐等症状。重度中毒时会昏迷、惊厥，呼吸表浅，脉搏细速，最后可因呼吸麻痹而死亡。

甲苯属低毒类物质，对皮肤黏膜有较强刺激作用。高浓度中毒会导致肾脏、肝脏和脑细胞的坏死和退行性变，急性中毒时表现为中枢神经系统的麻醉作用，慢性中毒主要是损害中枢神经系统。二甲苯属低毒类物质，主要对中枢神经和自主神经系统具有麻醉和刺激作用。急性毒性表现为对中枢神经系统的麻醉作用，对皮肤黏膜具有较强刺激作用。长期慢性作用可引起神经衰弱综合征和自主神经机能失调，但其慢性作用较苯及甲苯弱。

3.5.3.3 挥发性有机化合物

1. 挥发性有机化合物的性质

根据世界卫生组织的定义，沸点为 50~260 ℃ 的有机化合物称为挥发性有机化合物。挥发性有机物的主要成分为芳香烃、卤代烃、氧烃、脂肪烃、氮烃等，超过 900 种。

2. 室内挥发性有机化合物来源

室内挥发性有机物的来源主要有三类：①建筑及装饰材料，如各种人造板材、塑料板材、黏合板、油漆、墙面涂料、壁纸、地毯、窗帘等；②日常生活用化学品，如各种清洁剂、芳香剂等；③煤/气燃料、烹饪、采暖、吸烟等产生的烟雾。

3. 挥发性有机化合物对人体健康的危害

挥发性有机化合物对人体的危害主要是刺激皮肤、眼睛和呼吸道，进入人体内会伤害人的肝脏、肾脏和神经系统。当室内的挥发性有机化合物超过一定浓度时，会使人出现头痛、恶心、乏力等症状，严重时会昏迷、抽搐、记忆力衰退。

3.5.3.4 O_3

1. 室内 O_3 来源

电视机、打印机、激光印刷机、负离子发生器、电子消毒柜等在使用过程中会产生 O_3。室内的 O_3 可以被纺织品和橡胶制品等吸附而衰减，也可以氧化空气中的其他化合物而自身还原成 O_2。

2. O_3 对人体健康的危害

O_3 对呼吸道有刺激作用，可引起咳嗽、呼吸困难、呼吸道抵抗力降低等。O_3 对肺泡巨噬细胞的存活率和代谢都有影响。O_3 也能影响人体的免疫功能，人的淋巴细胞在体外暴露于 O_3 后，B 细胞和 T 细胞产生免疫球蛋白的能力受到抑制。

3.5.3.5 颗粒物

1. 颗粒物概述

通常把空气动力学当量直径在 10 μm 以下的颗粒物称为 PM_{10}，又称为可吸入颗粒物；把直径在 2.5 μm 以下的颗粒物称为 $PM_{2.5}$，又称为细颗粒物。颗粒物表面有吸附性很强的凝聚核，能吸附有害气体、重金属、苯并芘、细菌、病毒等多种有害物质，通过呼吸系统进入人体肺部，引起与心肺功能障碍有关的疾病等。

2. 室内颗粒物来源

室内颗粒物来源有：①各种燃料的燃烧产物。②室内吸烟。③人体自身产生的颗粒物，如人体代谢产生的皮屑、碎毛发、口鼻排泄物等；人体活动摩擦产生的衣服、被子等纺织品绒毛等悬浮颗粒物；人体在室内活动、行走时将沉积在地面上的颗粒物再次扬起到空气中。

3. 颗粒物对人体健康的危害

颗粒物主要刺激眼、鼻、咽喉，引起呼吸道炎症、支气管炎、头痛等。粒径小于

2.5 μm 的颗粒物可被吸入肺组织深部，对肺部组织产生影响，引起肺癌等。

3.5.4 实际场景预防与控制

鉴于我国面临的室内空气污染问题，需要发展室内空气污染净化技术，多管齐下，防控室内空气污染。主要措施包括：①加强空气污染源头控制；②实行清洁生产及施工，阻断污染物进入室内；③采取措施降低建材使用后污染物的释放；④保持良好生活习惯；⑤合理利用可再生能源。

室内空气污染控制主要从污染源头、末端治理及全过程控制三个方面出发。

3.5.4.1 源头控制

室内污染源控制是室内空气污染重要控制手段。对污染源起点控制的要求主要集中于两点：①尽量使用环保的装修材料，选择施工工艺和环保材料的产品。室内环境污染来源主要是装修时选用的装修材料和选购的家具。选择装修材料时，最好选择通过ISO900系列质量体系认证或者有绿色环保标志的产品，或选用中国消费者协会推荐的绿色产品。②尽量简化装修，设计上力求简洁、实用，并充分考虑室内空气的流通。设计的时候就要对装修材料严格控制，确保施工时使用材料的安全性和环保性，杜绝伪劣装饰材料的使用。

3.5.4.2 终点控制

在尽量做好源头控制的同时，一般还需要结合终点控制，即末端治理手段，以改善室内空气质量，实现室内空气净化。

1. **新风系统的优化**

新风对于室内空气净化作用是十分明显的，普通住宅主要依靠自然通风的方式来增加室内的新风量。加强通风换气，用室外的新鲜空气来稀释室内的污染物是普通住宅中最经济、最方便有效的方式。而商业办公大楼期主要依靠空调系统进行调节，如何高效地使用空调系统成为商业办公大楼控制室内空气污染的关键。一般情况下，空调系统去除室内空气污染的方式有三种：一是新风稀释；二是通过合理设计确保空调系统可以调节各个房间的空气进出，控制房间的压力关系，从而防止污染物扩散；三是对污染源较集中的区域保持负压，使用局部的排风系统来隔离和消除污染物，不让其进入循环。对于空调系统，除了通过合理的设计保证其通风效率，还要通过定期的保养来确保通风的效果，定期清洗空调盘管和风管，可以增加风量并降低室内浮游菌的浓度。

2. **室内空气净化方法**

室内环境的污染物大部分为挥发性有机物、颗粒物等，因此使用合适的空气净化技术能够使室内空气得到净化。空气净化的措施包括使用空气净化设备、吸附剂、净化剂，以及植物法等。

空气净化器是一种能够从空气中分离和去除一种或多种污染物的设备，可用于去除室内空气中的微生物、甲醛、挥发性有机化合物、颗粒物等，是较为有效的一种净化室内空气的设备。空气净化器有静电式、负离子式、物理吸附式、化学吸附式或多种形式的组合。光催化技术和低温等离子技术作为近几年兴起的治理手段，已有人研发出净化设备并投入生产使用。其中，光催化技术基本原理为，在紫外光线照射下，光催化剂具有一定的氧化作用，可把有机物分解为 CO_2 和 H_2O。低温等离子技术则通过电场作用，依靠各种不同的介质放电产生大量高能电子，高能电子与有机气体发生复杂的等离子体物理和化学反应，从而把有机物降解为无害物质。但是空气净化器也有它的弊端，如会产生 O_3 或者其他未知的物质。如果空气净化器没有获得较好的售后维护，也容易滋生细菌，其应用仍在优化和改进之中，还没达到可以大范围推广的条件，仍需等待市场的考验。

除此之外，其他吸附剂、净化剂对控制室内空气污染也起到一定的作用。吸附剂、净化剂的种类主要有活性炭、光催化剂、生物酶等，其对于异味、甲醛、挥发性有机化合物均有吸附或氧化作用。目前使用较广的吸附剂是活性炭，活性炭对有机气体的吸附性能较好，而对无机气体较差，与适当的催化剂（如 TiO_2）搭配使用，可使它具有相当大的化学吸附和催化效应。但吸附剂属于被动吸附，适用于污染物浓度较高的地方，一般情况下应置于密闭的空间使用，如衣柜、床、桌子等。吸附剂达到饱和后就不再有吸附能力，因此需要及时更换吸附材料，防止吸附的有害物质重新释放。

部分绿色植物对室内的污染物具有很好的净化作用。室内观赏植物的应用不仅可以美化环境、净化空气、调节温度、减少尘埃、减轻气体污染、吸音吸热，还可以调节人的神经系统、改善人体机能，无二次污染，是比较理想的解决室内环境污染的措施。当然，也非所有花草都如此，在选购时应有所考虑，因地制宜，针对性地选择既美观又具有净化效果，且不会对人体健康产生危害的植物，这样才能真正起到正面的作用。相对来说，植物净化属于缓慢净化的类型，可作为室内空气净化的辅助手段之一，适合长期使用。

3. 室内空气净化技术

室内空气质量与人们健康密切相关，人们迫切需要一种安全有效、能长期去除室内空气污染物的方法。理论上讲，选取低污染甚至无污染的环保装修材料，适当地加强室内温度和湿度调节、调整装修时间及通风频率等措施，是最理想的污染控制方法。但由于经济与技术条件的制约，短期内完全依靠源头控制解决室内空气污染问题难度大。针对室内空气污染现状，国内外专家采取了多种方法治理室内空气污染，这些方法在特定的场所各有优劣，尚没有一种特别有效的方法。目前的净化技术主要包括除尘技术、光催化技术、等离子体技术、生物净化技术和吸附技术等。

（1）除尘技术。目前针对室内颗粒物的净化技术主要有静电除尘法、过滤除尘法、水洗除尘法等。其中，静电除尘法主要利用直流高压形成电晕放电吸附空气中的尘埃。过滤除尘法是利用除尘网表面过滤和深层过滤的组合，净化机理可分为拦截效应、扩散效应、惯性效应、重力效应等。水洗除尘法的原理是，利用惯性及扩散等作用，使颗粒物进入水膜而被捕捉，净化效率低，且容易繁殖细菌。

（2）光催化技术。光催化剂也称为光触媒，在光的照射下自身不发生变化，却可以促进化学反应，是具有催化功能的半导体材料的总称。光催化技术主要利用光源，激发半导体价带中的电子到导带上,形成高活性 e^-,同时在价带中产生空穴 h^+,在电场的作用下,部分空穴迁移到材料表面上,可以将 OH^-,H_2O 氧化成·OH 自由基,·OH 自由基的氧化能力非常强,可以氧化大部分有机污染物和部分无机污染物,并最终氧化成 CO_2 和 H_2O。光催化技术具有环保、广谱等优点。

(3) 等离子体技术。等离子体技术的净化原理是利用极不均匀电场,形成电晕放电,产生等离子体,与空气中的甲醛等污染物发生非弹性碰撞,使其分解成 CO_2 和 H_2O。用于室内空气净化的主要是非平衡低温等离子体,在这种状态下,空气的电离率比较低,离子温度也比较低,而电子处于高能状态。在低温等离子体中,存在着大量的、种类繁多的活性粒子,这些粒子比通常的化学反应产生的粒子种类更多、活性更强。但此技术需要几万伏高压,且在净化过程中容易产生大量 O_3,不加控制的话将对人体健康造成很大威胁。

(4) 生物净化技术。生物净化技术主要是指微生物净化技术,利用固定化的微生物(多孔填料表面覆盖的生物膜)与有机废气接触而发生生化反应,分解其中的甲醛等污染物。相关实验表明,经过筛选和培育的微生物通过接种挂膜制作的生物膜填料塔对入口浓度小于 20 mg/m³ 的甲醛气体具有较好的净化效果,净化效率达 90% 以上。

(5) 吸附技术。吸附技术具有能耗低、富集作用较强、使用方便、对低浓度气体处理效果较好等优点,成为净化室内空气比较常用的手段。目前,应用于吸附净化的吸附剂主要有活性炭、沸石/分子筛、硅胶、硅藻土、膨润土等,其中,大部分以活性炭为主要研究对象,而以硅藻土、凹凸棒石和膨润土等为新型吸附材料的研究也越来越多。研究主要集中在通过改变这些吸附剂的物理化学性质来提高其吸附性能。

3.5.4.3 全过程控制

室内空气污染随时随地都是存在的,因此必须提出"全过程控制"的理念。全过程控制应该包括整个建筑物的设计、施工(包括建筑施工和装修装饰施工)与管理,即政府的管理、开发商的建设、居民的行为对于全过程的把控和努力。

(1) 政府是社会规则的制定者,对于建筑构造的环保标准、绿色建材标准的制定显得至关重要。首先,政府部门需要完善绿色建筑的体系,将生态人居、环境健康理念贯穿于办公楼宇的设计、施工建设、验收、运行管理,并构建合理的绿色标准体系结构,使标准指标兼顾代表性与可操作性。其次,应组织定期的室内空气质量调查,建立各地的室内空气质量档案,一方面可以了解各地的情况和差异,为环境决策提供依据,另一方面也可以由此引起公众的重视。再者,应加强宣传,通过传播、网络等媒体,向群众传播有关防止室内空气污染的信息,引导群众关注绿色家居,增强人们的办公居住环境健康意识,通过多种有效途径提高公众的健康、环保意识,培育绿色健康办公的需求市场。最后,通过政府与工业企业的努力,做到减污减排、切实改善大气环境,防止外环境的空气成为室内空气的又一个污染源。

(2) 开发商作为建筑物的建设者,应该严格按照相关建筑标准规范建设楼宇,按照绿色建筑标准设计、施工建设和运营管理,采用绿色建材和装修材料,从源头上控制室内污染物的产生。党的十八大报告首次单篇论述生态文明,首次把"美丽中国"作为未来生态文明建设的宏伟目标，把生态文明建设摆在总体布局的高度来论述。加大环境保护力度，建设生态人居环境已逐渐成为主流观念。开发商应适应市场需求，增强社会责任感，紧跟低碳、绿色、生态、环保的时代潮流，将健康、环保理念贯穿到项目开发的全过程。在建筑设计时，要体现生态人居环境设计理念，综合考虑当地气候、建筑形态，合理布局功能分区，尽量选用绿色建材，从源头上避免或减少办公环境的室内污染源。

（3）居民作为室内空气质量的直接关系人，最需要的就是增强自身的环境健康意识，关注居室内存在的环境问题，并采取力所能及的措施改善室内空气质量。例如，若使用了不合格的装修材料，则经常通风换气为事后补救的最直接有效的办法。选用比表面积大和具有多孔结构的吸附材料。结合自己所处的室内环境的污染情况选用合适的净化设备，分清所选的净化设备是去除灰霾、异味还是甲醛等有机气体的。产品的后续服务能否得到保障也是购买净化设备时需关注的重点，常见的过滤式、吸附式空气净化设备都需要定期更换滤芯与吸附材料。另外，选用合适的绿色植物、合理使用空调、科学使用电器等行为也影响着室内空气的质量。

控制室内空气污染，单方面的力量是薄弱的，因为控制室内空气污染不仅是一个办公室或一个家庭的责任，更是全社会都应该共同面对的环境问题。只有从全过程出发，兼顾制度、标准、建设、控制、维护的方方面面，才能真正地改善室内空气质量。

思考题

1. $PM_{2.5}$ 的定义是什么？它对人体健康有什么危害？
2. 颗粒态污染物的净化设备有哪些分类？各有什么特点？
3. 对某旋风除尘器进行现场测试，得到以下数据：除尘器进口的气体流量为 10000 m^3/h，含尘浓度为 4.2 g/m^3；除尘器出口的气体流量为 12000 m^3/h，含尘浓度为 340 mg/m^3。试计算该除尘器的处理气体流量、漏风率和除尘效率（分别按考虑漏风和不考虑漏风两种情况计算）。
4. 某个两级除尘系统，已知系统的流量为 2.22 m^3/s，工设备产生粉尘量为 22.2 g/s，各级除尘效率分别为 80% 和 95%。试计算该除尘系统的总除尘效率、粉尘排放浓度和排放量。
5. 气态污染物的净化方法可分为哪几类？这些方法的作用原理是什么？
6. 两种脱硝方法，选择性催化还原法和选择性非催化还原法，有哪些差异？
7. 生物法处理 VOCs 有哪几种工艺？这些工艺分别有什么特点？
8. 光化学烟雾形成的条件和原理是什么？
9. 对于 O_3 排放的控制，有什么建议？
10. 光化学烟雾有哪些控制对策？
11. 温室效应是什么？会对地球造成什么影响？
12. 温室气体有哪些？如何控制这些气体的排放？
13. 节能减排是减缓温室气体的关键，通过什么举措能够促进节能减排？
14. 室内空气污染源有哪些？主要的污染物是什么？

15. 装修过程中会产生大量有毒有害气体，有什么控制方法？
16. 挥发性有机物来源有哪些？对人体有什么危害？
17. 如何做好室内污染控制？我们能做什么？

参考文献

[1] 安丽红. 室内空气染物对人体健康的危害及防治 [J]. 环境与健康杂志, 2007, 24 (4): 271-273.

[2] 蔡健, 胡将军, 张雁. 改性活性炭纤维对甲醛吸附性能的研究 [J]. 环境科学与技术, 2004, 27 (3): 16-19.

[3] 陈群玉. 室内甲醛污染的来源及控制技术 [J]. 资源与人居环境, 2008 (6): 59-61.

[4] 戴树桂. 环境化学 [M]. 北京: 高等教育出版社, 2006.

[5] 戴友芝, 黄妍, 肖利平, 等. 环境工程学 [M]. 北京: 中国环境出版集团, 2019.

[6] 郭强. 光化学烟雾的形成机制 [J]. 山东化工, 2019, 48 (2): 210-213.

[7] 郝吉明, 马广大, 王书肖. 大气污染控制工程 [M]. 北京: 高等教育出版社, 2020.

[8] 黄清子. 大气污染防治的作用机理研究 [M]. 北京: 中国社会科学出版社, 2021.

[9] 黄燕娣, 胡玢, 王栋, 等. 国内外室内空气污染研究进展 [J]. 中国环保产业, 2002 (12): 47-48.

[10] 将展鹏, 杨宏伟. 环境工程学 [M]. 3版. 北京: 高等教育出版社, 2013.

[11] 靳卫齐. 光化学烟雾形成的形成机制及其防治措施 [D]. 西安: 长安大学, 2008.

[12] 李晓蕾, 刘婷, 牛钰. 室内空气污染现状及研究进展 [J]. 中国高新技术企业, 2009 (8): 106-108.

[13] 李友平. 从文献分析看我国室内空气污染研究现状 [J]. 环境科技, 2011, 24 (1): 142-144.

[14] 刘含笑, 袁建国, 郦祝海, 等. 低温工况下颗粒凝并机理分析及研究方法初探 [J]. 电力与能源, 2015, 36 (1): 107-111.

[15] 刘立忠. 大气污染控制工程 [M]. 北京: 中国建筑工业大学出版社, 2015.

[16] 刘树立, 曹凯, 李永梅. 挥发性有机废气治理技术的现状与进展 [J]. 节能与环保, 2020 (10): 25-26.

[17] 苗强. 燃煤脱硫技术研究现状及发展趋势 [J]. 洁净煤技术, 2015, 21 (2): 59-63.

[18] 史德, 苏广和. 室内空气质量对人体健康的影响 [M]. 北京: 中国环境科学出版社, 2005.

[19] 史文峥, 杨萌萌, 张绪辉, 等. 燃煤电厂超低排放技术路线与协同脱除

[J]. 中国电机工程学报, 2016, 36 (16): 4308-4318, 4513.

[20] 宋广生. 中国室内环境污染控制理论与务实 [M]. 北京: 化学工业出版社, 2006.

[21] 孙雅丽, 郑骥, 姜冰. 燃煤电厂烟气氮氧化物排放控制技术发展现状 [J]. 环境科学与技术, 2011, 34 (S1): 174-179.

[22] 唐孝炎, 张远航, 邵敏. 大气环境化学 [M]. 北京: 高等教育出版社, 2006.

[23] 王淑勤, 樊学娟. 改性活性炭治理室内空气中甲醛的实验研究 [J]. 环境科学与技术, 2006, 29 (8): 39-40.

[24] 吴远双, 孟关雄, 魏大巧, 等. 空气污染与神经退行性疾病 [J]. 生命科学, 2011, 23 (8): 784-789.

[25] 吴忠标, 赵伟荣. 室内空气污染及净化技术研究 [M]. 北京: 化学工业出版社, 2005.

[26] 杨菁. 光化学烟雾的形成机理及防治措施 [J]. 安阳师范学院学报, 2007 (5): 101-103.

[27] 张凤. 浅谈 VOCs 燃烧法处理技术及发展 [J]. 资源节约与环保, 2022 (3): 99-102.

[28] 张悦, 王渊. 电袋复合式除尘技术的应用及问题初探 [J]. 天津化工, 2022, 36 (1): 7-9.

[29] 中华人民共和国国务院新闻办公室. 中国应对气候变化的政策与行动 [EB/OL]. (2021-10-27). https://www.gov.cn/zhengce/2021-10/27/content_5646697.htm.

[30] 中华人民共和国生态环境部. 2016-2019 年全国生态环境统计公报 [EB/OL]. (2020-12-14). https://www.mee.gov.cn/hjzl/sthjzk/sthjtjnb/202012/P020201214580320276493.pdf.

[31] 中华人民共和国生态环境部. 2020 年中国生态环境统计年报 [EB/OL]. (2022-02-18). https://www.mee.gov.cn/hjzl/sthjzk/sthjtjnb/202202/t20220218_969391.shtml.

[32] 中华人民共和国生态环境部. 2021 年中国移动源环境管理年报 [EB/OL]. (2021-09-10). https://www.mee.gov.cn/hjzl/sthjzk/ydyhjgl/202109/t20210910_920787.shtml.

[33] 周中平, 赵寿堂, 朱力, 等. 室内污染检测与控制 [M]. 北京: 化学工业出版社, 2002.

[34] 朱天乐. 室内空气污染控制 [M]. 北京: 化学工业出版社, 2003.

[35] AL-GHUSSAIN L. Global warming: review on driving forces and mitigation. [J]. Environmental progress & sustainable energy, 2019, 38 (1): 13-21.

[36] CRAIG L, BROOK J R, CHIOTTI Q, et al. Air pollution and public health: a guidance document for risk managers [J]. Journal of toxicology and environmental health,

Part A, 2008, 71 (9/10): 588 – 698.

[37] DANTZER R, O'CONNOR J C, FREUND G G, et al. From inflammation to sickness and depression: when the immune system subjugates the brain [J]. Nature reviews neuroscience, 2008, 9 (1): 46 – 56.

[38] KING A D, LANE T P, HENLEY B J, et al. Global and regional impacts differ between transient and equilibrium warmer worlds [J]. Nature climate change, 2020, 10 (1): 42 – 47.

[39] MITCHELL D, ACHUTARAO K, ALLEN M, et al. Half a degree additional warming, prognosis and projected impacts (HAPPI): background and experimental design [J]. Geoscientific model development, 2017, 10 (2): 571 – 583.

[40] NIE L H, YU J G, LI X Y, et al. 2013. Enhanced performance of NaOH-modified Pt/TiO_2 toward room temperature selective oxidation of formaldehyde [J]. Environmental science & technology, 47 (6): 2777 – 2783.

[41] TAKIGAWA T, SAIJO Y, MORIMOTO K, et al. A longitudinal study of aldehydes and volatile organic compounds associated with subjective symptoms related to sick building syndrome in new dwellings in Japan [J]. Science of the total environment, 2012, 417/418: 61 – 67.

[42] TAYLOR K E, STOUFFER R J, MEEHL G A. An overview of CMIP5 and the experiment design [J]. Bulletin of the American meteorological society, 2012, 93 (4): 485 – 498.

[43] ZHANG X, ZHAO Z H, NORDQUIST T, et al. The prevalence and incidence of sick building syndrome in Chinese pupils in relation to the school environment: a two-year follow-up study [J]. Indoor air, 2011, 21 (6): 462 – 471.

第4章 土壤污染控制工程

在"女娲造人"的传说中,最初的人类是用泥土捏制的。在现实生活中,我们在地球上的生存生活都依赖土壤,土壤是我们不可或缺的自然资源。人类赖以生存的物质和能源,75%以上的蛋白质和大部分纤维,以及80%以上的热量,都是直接来源于土壤的——万物土中生。为了保证粮食的产量和质量,必须以充足的土壤资源和不断提高的土壤质量为基础,促进农业的可持续发展。

土壤的质量关系到人类生活和发展。人类的各种工农业活动也在慢慢改变我们脚下的土壤:土壤肥力的下降和破坏,土壤污染问题日益严重。根据《土壤污染防治法》,所谓土壤污染,是指因人为因素导致某种物质进入陆地表层土壤,引起土壤化学、物理、生物等方面特性的改变,影响土壤功能和有效利用,危害公众健康或者破坏生态环境的现象。

对于现阶段的土壤污染的危害,我们主要关注农用地的食品安全和建设用地的人居安全。针对这两类土壤污染的防控,主要是基于风险控制的原则,从消减污染源、截断传输和暴露途径、保护受体等方面开展,从而保障土壤和地块的安全利用。

4.1 土壤组成

"土"是象形字,其本义为耸立在地面的泥墩。《说文解字》:"土,地之吐生物者也。"《易·象传》:"百谷草木丽乎土。"其中,"生物"和"百谷草木",都明确指出了土壤孕育生命的属性。

《说文解字》:"壤,柔土也。"南方的土多称壤,如红壤、砖红壤。何为柔土?柔软的土往往砂质更多,有机质较少,这样的土壤孔隙度更高,因此更加柔软。北方的气候条件使土壤中有机质含量更高,如东北的黑土,更加厚实、坚硬。

在土壤学中,土壤的定义如下:位于地壳表面的岩石风化及其再搬运沉积体在地球表面环境作用下形成的疏松物质。土壤主要由岩石风化而成的矿物质、动植物和微生物残体腐解产生的有机质(固相物质),以及水分(液相物质)、空气(气相物质)等组成。土壤自然体是一个包含固、液、气三相的多组分的开放的物质系统(图4.1)。

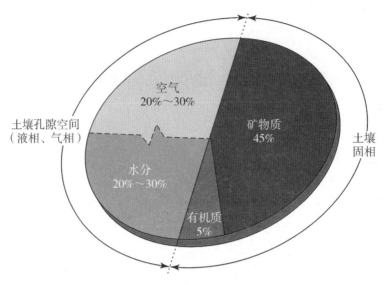

图 4.1　土壤三相的容积比

4.1.1　土壤的固相组成

土壤固相中的矿物质占 90% 以上，有机质占 1.0% ~ 10%。

土壤矿物来源于岩石和母质，是土壤的主要组成物质，它是土壤发育程度的重要标志，同时又在很大程度上决定了土壤的性质、结构和功能。

土壤矿物依其来源可分为两类，即原生矿物和次生矿物。原生矿物是指在土壤形成过程中未改变化学组成的原始成岩矿物。次生矿物是指成土过程中重新形成的新矿物，其化学组成和构造都有所改变而不同于原来的原生矿物。土壤中次生矿物的颗粒很小，粒径一般小于 0.25 mm。

土壤中次生矿物的种类很多，通常据其构造和性质可分为三类，即层状硅铝酸盐类、氧化物类和简单盐类。土壤中常见的层状硅铝酸盐矿物包括高岭石（土）、蒙脱石（土）、水化云母、蛭石、和绿泥石等。除层状硅铝酸盐外，次生矿物中还包含一类矿物结构比较简单且水化程度不等的 Fe、Mn、Al 和 Si 的氧化物及其水合物和水铝英石等。

有机质也是土壤的重要组成部分，尽管其含量一般低于 50 g/kg，其有巨大的表面积和吸附能力，丰富的活性基团及较强的分解、转化能力，同时还是土壤微生物生命活动的能量来源。因此，土壤有机质不仅影响土壤污染物质的形态、存在方式与活性，同时在很大程度上决定了土壤的环境容量，对土壤中有机污染物和重金属及类金属的迁移转化具有重要影响。

土壤中有机质的种类繁多、性质各异，可粗略分为腐殖物质和非腐殖物质两大类。腐殖物质是经微生物作用后，在土壤中新形成的一种特殊类型的高分子化合物，其分子结构复杂，性质较稳定。

土壤中的腐殖物质一般占土壤有机质总量的50%～90%，其主体为各种腐殖酸及其与金属离子相结合的盐类。依据其溶解性能，一般可分为富啡酸（黄腐酸、富里酸）、胡敏酸（褐腐酸）和胡敏素（黑腐素）。使用NaOH浸提过滤法可较好地分离辨别土壤样品中主要的腐殖物质（图4.2）。土壤腐殖物质主要存在于土壤腐殖质层中，该层位于土壤表层，厚度一般为10～20 cm。

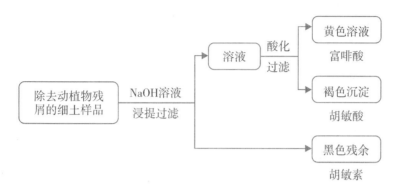

图4.2　NaOH浸提过滤法分离土壤腐殖物质

土壤中非腐殖物质包括碳水化合物、有机酸、木质素，以及含N、P、S的有机化合物等。其中，碳水化合物包括各种单糖、双糖和多糖类（纤维素和半纤维素）及氨基糖、甲基化糖等，它们占土壤有机质的15%～27%，主要来源于植物残体。植物根部的分泌物及植物残体的分解均可产生有机酸，如脂肪酸、芳香酸、糖醛酸等。土壤有机酸是土壤酸类物质的重要来源之一。植物组织中木质素的含量为10%～30%，构成了土壤中特别稳定的有机组分，它具有芳香族结构，是形成腐殖质的重要前驱体。土壤中非腐殖物质还包括氨基酸或蛋白质类、核酸类和脂类，以及数量很少的植酸、维生素等。

4.1.2　土壤水分

土壤的组成细部如图4.3所示。土壤颗粒间有孔隙，这些孔隙部分被水充满，部分被空气充满，这部分在地下水位以上，属于包气带。在地下水位以下，土壤孔隙完全被水充满，这部分叫饱和区，也叫含水层。土壤中的水分有固态水、气态水、束缚水和自由水。其中，束缚水包括化合水、结晶水、吸湿水和膜状水，自由水包括毛管水和重力水（图4.4）。

依靠土壤颗粒表面分子引力和静电引力作用，直接从土壤空气或大气中吸附气态水，从而形成吸湿水。土壤达到最大吸湿水量后，尚有多余的分子引力和静电引力，不足以吸附动能较大的水汽分子，但可以吸附液态水分子，附着在吸湿水外形成水膜，称为膜状水。当土壤水分含量达到最大分子持水量时，更多的水分不再受土粒吸附作用的约束，成为可以自由移动的自由水，这时靠土壤毛管孔隙的毛管引力而保持的水叫作毛管水。当土壤水分超过田间持水量时，多余的水分就受重力的作用沿土壤中的大孔隙向下移动，这种受重力支配的水叫作重力水。

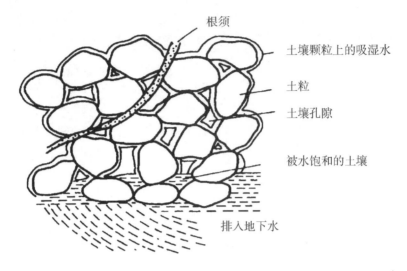

图 4.3　土壤组成细部

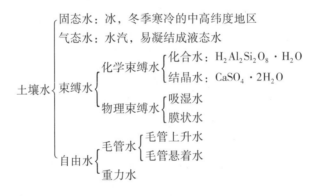

图 4.4　土壤水分组成

这些水分主要来源于大气降水、灌溉和地下水。土壤水分并非纯水，实际上是土壤中各种成分和污染物溶解形成的溶液，即土壤溶液。

4.1.3　土壤的空气

土壤空气主要成分有 O_2、N_2、CO_2 等，它来自大气，但组成与含量都与大气有所不同。与大气相比较，土壤空气中 N_2 的含量与大气中基本一致；土壤中水汽含量常过饱和，有更高的湿度；因为植物根系、土壤动物、微生物的呼吸作用，消耗 O_2，释放 CO_2，所以土壤中 O_2 含量常低于大气，而 CO_2 含量则远高于大气。此外，在土壤通气不良（如淹水）的情况下，微生物对有机质的厌氧分解会大大提高土壤中 H_2S、CH_4 等还原性气体的含量。

土壤空气的组成不是固定不变的，受很多因素影响，如土壤水分、微生物活动、土壤深度、土壤温度、pH、季节变化及栽培措施等。

4.1.4 土壤剖面

土壤在垂直方向上分布不均匀。一般可分为覆盖层、淋溶层、淀积层、母质层、母岩层，其中，覆盖层包括有机层和腐殖质层（图4.5）。

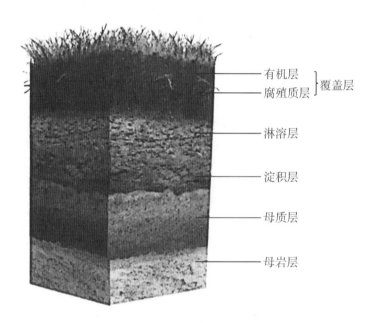

图 4.5　土壤剖面

淋溶是指污染物随渗透水在土壤中沿土壤垂直剖面向下的运动，是污染物在水和土壤颗粒之间吸附-解吸或分配的一种综合作用。淋溶层是指物质在淋溶作用下向下运动所经过的土层。最大淋溶深度是评价污染物淋溶性能的指标，是指土层中污染物的残留浓度为 500 μg/kg 时，污染物所能达到的最大深度。

淀积层位于淋溶层下面，是淋溶的组分，如黏粒、铁、铝或腐殖质在这一层淀积或累积后形成的产物。这层与母质层有明显的区别，呈块状或棱柱状结构，黏粒含量高，颜色变棕、棕红或红等。

母质层是指风化产物没有受到成土因素影响的土层，较上面土层紧实。

母岩层又叫基岩层，是尚未风化的岩层。

4.1.5 土壤圈

1938 年，瑞典学者马迪生提出土壤圈层的概念。1996 年，中国科学院南京土壤研究所赵其国院士指出，土壤圈的概念旨在从地球表层系统及其圈层的理念出发，研究土壤的结构、成因和演化规律，以了解土壤圈的内在功能及其在地球表层系统中的地位，土壤圈的物质循环与土壤全球变化及其对人类环境的影响。

土壤圈特殊的空间位置，决定了土壤圈是与岩石圈、水圈、大气圈和生物圈的连接界面。土壤独特的疏松结构使土壤可与这四个圈层进行一系列物理、化学、生物的反应，使土壤圈成为生物与非生物相互作用的中心环节，也是物质、能量交换的热点区域（图 4.6）。

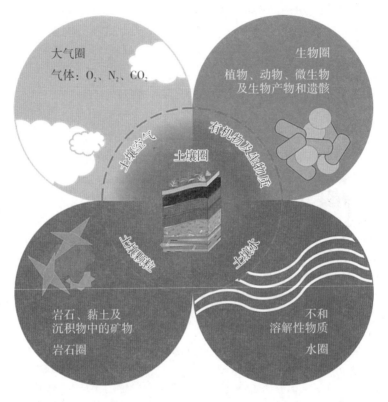

图 4.6　土壤与岩石圈、水圈、大气圈、生物圈的相互作用

土壤圈是最活跃与最富生命力的圈层，它与其他圈层进行着能量与物质交换。土壤圈具有记忆块的功能，有助于识别过去和现在土壤和环境的变化，并有一定的预测性。土壤圈具有时空特征，在空间上具有垂直和水平差异，体现了在特定条件下土壤的形成过程、土壤类型和性质的差异；在时间上是动态的连续统一体，表现在土壤－生态和土壤－环境体系的形成与演变过程之中，体现了土壤形成的阶段性；同时，在空间和时间特征上均体现了生态与环境的演替性。

4.2 土壤污染与危害

4.2.1 土壤污染及其特征

美国首先提出了土壤质量的概念，即土壤在生态界面内维持植物生产力、保障环境质量、促进动物与人类健康行为的能力。

土壤污染是指人类活动产生的污染物进入土壤，超过土壤自净能力，使土壤环境质量发生恶化的现象，具体包括：破坏了自然动态平衡，从而导致土壤的组成、结构和功能发生变化，土壤质量下降，对农作物的生长发育和质量产生影响，进而对人畜健康造成危害的现象。

土壤污染具有隐蔽性、累积性和难治理性。首先，土壤作为气、液、固三相共存的体系，污染特征并不明显，不像大气与水体污染那样，可以直接通过感官被发现。土壤污染往往要通过对土壤样品的分析化验和农作物的残留检测，甚至通过研究对人畜健康状况的影响才能确定。因此，土壤从产生污染到出现问题，通常会经过较长的时间。此外，污染物在土壤中与土壤相结合，部分可被分解或吸收，使它的危害并不明显。而部分污染物被农作物吸收，通过食物链损害人类健康，但是土壤本身仍然具有一定的生产能力，这也使土壤污染危害具有隐蔽性。其次，污染物在土壤环境中并不像在水体和大气中那样容易扩散和稀释，因此会不断积累。并且，其中的难降解的持久性污染物，如多氯联苯、多环芳烃、二噁英及重金属等进入土壤环境后，很难通过自净过程从土壤环境中稀释或消除，只会不断地积累。最后，土壤污染不像大气污染和水体污染，切断污染源之后通过稀释作用和自净化作用就能使污染逆转。积累在污染土壤中的难降解有机污染物和重金属，很难靠稀释作用和自净化作用来消除，需要靠淋洗、加热土壤等方法才能消除污染，故治理污染成本高、周期长、难度大。

4.2.2 土壤污染的判定

我国目前对土壤污染的判定是根据国家标准《土壤环境质量　农用地土壤污染风险管控标准（试行）》（GB 15618—2018）和《土壤环境质量　建设用地土壤污染风险管控标准（试行）》（GB 36600—2018）进行判定，这两个标准对土地的类型和等级有明确的划分。

根据土壤应用功能，土壤划分为农用地和建设用地。农用地土壤包括种植粮食作物、蔬菜等的土壤，也包括果园、茶园、天然或者人工的牧草地。而建设用地，根据保护对象暴露情况的不同，可划分为以下两类：第一类用地包括城市建设用地中的居住用地，公共管理与公共服务用地中的中小学用地、医疗卫生用地和社会福利设施用地，以及公园绿地中的社区公园或儿童公园用地等；第二类用地包括城市建设用地中的工业用地、物流仓储用地、商业服务业设施用地、道路与交通设施用地、公用设施用地、公共管理与公共服务用地，以及绿地与广场用（社区公园或儿童公园用地除外）等。

要对这两类土壤中污染物的浓度进行等级区分。风险筛选值是初步筛查判识土壤污染危害程度的标准，适用于各类用地土壤。土壤中污染物的浓度低于筛选值，一般可认为无污染危害风险；高于筛选值则具有污染危害的可能性，但是否有实际污染危害，尚需进一步调研并进行风险评估后确定。风险管制值是土壤发生实际污染危害的临界值，适用于各类用地的污染土壤。

对于农用地土壤，当其中的污染物含量不超过风险筛选值时，对农产品质量安全、农作物生长或土壤生态环境的风险低，一般情况下可以忽略；当超过该值时，对农产品质量安全、农作物生长或土壤生态环境可能存在风险，应当加强土壤环境监测和农产品协同监测，并采取安全利用措施。当农用地土壤中污染物含量超过风险管制值，食用农产品不符合质量安全标准，农用地土壤污染风险高，原则上应当采取严格管控措施。农用地的风险筛选值和管制还会考虑土壤 pH（不超过 5.5、5.5～6.5、6.5～7.5、大于 7.5）、土壤耕作方式（水田、旱地、菜地）和土壤功能划分。不同条件下，其对应的风险筛选值和管制值不同。

在特定土地利用方式下，当建设用地土壤中污染物含量不超过风险筛选值时，对人体健康风险可以忽略；当超过该值时，对人体健康可能存在风险，应当开展进一步的详细调查与风险评估，确定具体污染范围和风险水平。在特定的土地利用方式下，当建设用地土壤中污染物含量超过风险管制值时，对人体健康通常存在不可接受的风险，应当采取风险管控或修复措施。

在农用地中，关注的污染物主要包括 Cd、Hg、As、Pb、Cr、Cu、Ni、Zn 等 8 种重金属和类金属，以及有机污染物六氧环己烷、双对氯苯基三氯乙烷（dichlorodiphengltrichloroethane，DDT）和苯并[a]芘。其风险筛选值和管制值见表 4.1、表 4.2、表 4.3。在建设用地中，主要关注的污染物有 45 种：① 重金属与其他无机物，包括 Cd、Hg、As、Pb、Cr（Ⅵ）、Cu、Ni 等 7 项；② 挥发性有机物，包括四氯化碳、氯仿、苯等 17 项；③ 半挥发性有机物，包括硝基苯、苯胺等 11 项。其风险筛选值和管制值见表 4.4。

表 4.1 农用土壤污染风险筛选值（基本项目）

单位：mg/kg

序号	污染物项目[①②]		风险筛选值			
			pH≤5.5	5.5<pH≤6.5	6.5<pH≤7.5	PH>7.5
1	Cd	水田	0.3	0.4	0.6	0.8
		其他	0.3	0.3	0.3	0.6
2	Hg	水田	0.5	0.5	0.6	1.0
		其他	1.3	1.8	2.4	3.4
3	As	水田	30	30	25	20
		其他	40	40	30	25

(续上表)

序号	污染物项目①②		风险筛选值			
			pH≤5.5	5.5 < pH≤6.5	6.5 < pH≤7.5	PH > 7.5
4	Pb	水田	80	100	140	240
		其他	70	90	120	170
5	Cr(Ⅵ)	水田	250	250	300	350
		其他	150	150	200	250
6	Cu	水田	150	150	200	200
		其他	50	50	100	100
7	Ni	—	60	70	100	190
8	Zn	—	200	200	250	300

注：①重金属和类金属 As 均按元素总量计
②对于水旱轮作地，采用其中较严格的风险筛选值。

表 4.2 农用地土壤污染风险筛选值（其他项目）

单位：mg/kg

序号	污染物项目	风险筛选值
1	六氧环己烷①	0.10
2	DDT②	0.10
3	苯并[a]芘	0.55

注：①六氧环己烷包括 α-六氧环己烷、β-六氧环己烷、γ-六氧环己烷、δ-六氧环己烷等 4 种同分异构体。
②DDT 包括 p, p'-DDE、p, p'-DDD、o, p'-DDT、p, p'-DDT 等 4 种衍生物。

表 4.3 农用地土壤污染风险管制值

单位：mg/L

序号	污染物项目	风险管制值			
		PH≤5.5	5.5 < pH≤6.5	6.5 < pH≤7.5	PH > 7.5
1	Cd	1.5	2.0	3.0	4.0
2	Hg	2.0	2.5	4.0	6.0
3	As	200	150	120	100
4	Pb	400	500	700	1000
5	Cr	800	850	1000	1300

表4-4 建设用地土壤污染筛选值和管制值（基本项目）

单位：mg/kg

分类	序号	污染物项目	CAS 编号	筛选值		管制值	
				第一类用地	第二类用地	第一类用地	第二类用地
重金属和无机物	1	As	7440-38-2	20	60	120	140
	2	Cd	7440-43-9	20	65	47	172
	3	Cr	18540-29-9	3.0	5.7	30	78
	4	Cu	7440-50-8	2000	18000	8000	36000
	5	Pb	7439-92-1	400	800	800	2500
	6	Hg	7439-97-6	8	38	33	82
	7	Ni	7440-02-0	150	900	600	2000
挥发性有机物	8	四氯化碳	56-23-5	0.9	2.8	9	36
	9	氯仿	67-66-3	0.3	0.9	5	10
	10	氯甲烷	74-87-3	12	37	21	120
	11	1,1-二氯乙烷	75-34-3	3	9	20	100
	12	1,2-二氯乙烷	107-06-2	0.52	5	6	21
	13	1,1-二氯乙烯	75-35-4	12	66	40	200
	14	顺-1,2-二氯乙烯	156-59-2	66	596	200	2000
	15	反-1,2-二氯乙烯	156-60-5	10	54	31	136
	16	二氯甲烷	75-09-2	9	616	300	2000
	17	1,2-二氯丙烷	78-87-5	1	5	5	47
	18	1,1,1,2-四氯乙烷	630-20-6	2.6	10	26	100
	19	1,1,2,2-四氯乙烷	79-34-5	1.6	6.8	14	50
	20	四氯乙烯	127-18-4	11	53	34	183

4.2.3 土壤污染的危害

只有知道土壤污染是如何导致环境风险的，才能在污染风险控制中对症下药。任何土壤污染都会导致环境风险，都有一个污染源。这个污染源通过一些传播途径暴露给受体。在现阶段，我们国家的土壤污染管理的受体主要强调的是人体，当然也有环境受体。

农用地污染最大的危害是影响农产品质量、食品安全。土壤污染影响农作物生长，造成减产；农作物可能会吸收和富集某些污染物，影响农产品质量，给农业生产带来经济损失；长期食用超标农产品可能严重危害人体健康（图4.7）。

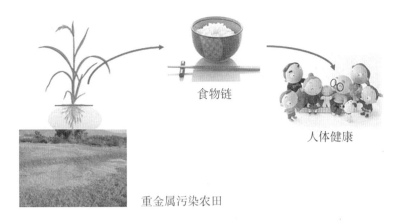

图 4.7 农用地土壤污染风险示意

建设用地土壤污染带来的风险主要是危害人居环境安全。住宅、商业、工业等建设用地土壤污染可能通过经口摄入、呼吸吸入和皮肤接触等方式危害人体健康；土壤污染还极易造成地下水污染，威胁饮用水安全；污染地块未经治理修复就直接开发或者修复不当，会给有关人群造成长期的危害（图4.8）。

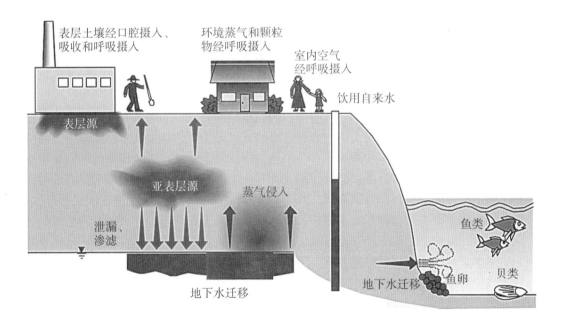

图 4.8 建设用地土壤污染环境风险示意

土壤污染也能威胁生态环境安全。土壤污染影响植物、动物（如蚯蚓）和微生物（如根瘤菌）的生长和繁衍，危及正常的土壤生态过程和生态服务功能，不利于土壤养分转化和肥力保持，从而影响土壤的正常功能。这些环境风险都有一个完整的链条，包括污染源、传播途径、暴露给受体，然后产生毒害效益（图4.9）。

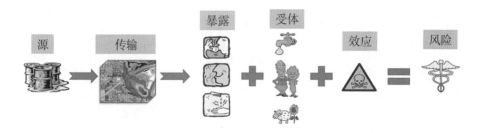

图4.9 土壤污染传播链条

4.3 土壤污染控制工程

控制土壤污染，其本质在于消除土壤污染产生的环境风险，所以应从产生环境风险的这个角度来进行追溯。因此，控制土壤污染，可以从两个角度去进行，分别为土壤修复和风险管控。消减污染源其实就是严格意义上的土壤修复。其他的手段包括减少传播、减少暴露、保护受体、减少毒性效应，都属于风险管控。

土壤污染控制工程是一个系统工程。这个过程，我们应该根据土壤污染的类型、土壤现在的污染状况及地块未来的用途，对土地进行分级分离管理。例如，农用地分为三类：对于优先保护的农田，会划为永久基本农田，设定基本农田保护区，这是保障我国粮食安全的基础；对安全利用类农田，限制其使用，并进行产业结构调整，使其能安全利用；对于严格管制的农用地，要进行替代使用。

针对污染源的土壤修复技术，按照技术的性质，可分成三大类。第一类是生物修复技术，就是利用生物作用而将污染物分解、降解或去除。生物修复技术可细分为植物修复、微生物修复。第二类是物理修复，就是利用物理阻隔、加热、气体抽提等物理作用来降低土壤中污染物的浓度或者毒性。第三类是化学修复，利用化学手段来降低土壤中污染物的浓度或者毒性，包括固定/稳定化、土壤淋洗、氧化还原、渗透反应格栅等。

实际应用中往往会根据场地的污染状况、修复要求等来选择一种或者多种技术组合使用。例如，城市中心的土地开发周期短，要求修复时间短，因此不可能采用生物修复技术，更多采用物理、化学修复技术及其组合。在农田或者矿区，土地价值比较低，可以闲置较长时间，常常采用植物或者微生物修复技术等更经济有效的手段。

此外，根据修复过程中，是否将土壤开挖出来，土壤修复技术又分为原位修复技术和异位修复技术。原位修复的特点，就是不需要将污染土壤开挖出来，仅仅对其就地处置，使其中的污染物得以降解或者降低其毒性。原位修复技术不需要建设昂贵的地面工程基础设施和远程运输，操作维护起来比较简单，但是修复效果受到当地的水文地质条件的影响。一般来说，相比异位修复技术，原位修复效果要差一些。一般农用地污染土壤，矿山污染土壤都采用原位修复技术，如植物修复、微生物修复技术。

异位修复技术是指受污染的土壤从场地发生污染的原来位置挖掘出来，搬运或转移到其他场所或位置进行治理修复的土壤修复技术。异位修复涉及挖土和运土，破坏了原土壤结构，很难治理污染较深的区域，并且操作成本高，但是修复效果常常高于原位修复技术，一般只在建设用地土壤修复中使用。异位修复技术主要包括异位填埋、异位固化、异位化学淋洗、异位化学固化稳定化、异位热处理和一系列的异位生物修复等。

4.3.1 植物修复

4.3.1.1 植物修复的定义

植物修复的概念由美国农业部科学家 Chaney 在 1983 年提出，这项技术因其经济、环保且无二次污染等特点而逐渐受到科学家和政府机构等的广泛关注，其研究范围及内涵也不断扩大。

广义上，植物修复是一种利用自然生长植物或遗传培育植物的新陈代谢活动来固定、提取、降解和挥发污染环境中的污染物质的土壤修复技术。目前，有关植物修复技术主要集中用于无机污染（重金属和类金属）土壤中。根据重金属污染土壤植物修复的作用过程和机理，该技术可分为植物提取、植物阻隔、植物稳定、植物挥发等。其中，植物提取指的是利用植物将土壤中的污染物（主要是重金属或者类金属）提取出来。

4.3.1.2 植物提取的适用土壤和植物

土壤呈中轻度污染，重金属有较高的生物有效性，以及适宜的土壤理化生性质。植物提取所用的植物，在污染物浓度较低时也有较高的积累，能在植物体内积累高浓度的污染物，能同时积累几种金属，并且植物本身生长快、生物量大、根系繁茂，具有抗虫抗病能力。

4.3.1.3 超富集植物

能够大量吸收 1 种或几种重金属，并将其转运到地上部分的特殊植物是超富集植物。一般认为，超富集植物富集重金属含量超过一般植物 100 倍。

超富集植物的界定需要满足两个条件。①植物地上部分重金属临界含量如下：Zn、Mn 大于 10000 mg/kg，Ni、Pb、Cu、As、Se、Go、Sn 大于 1000 mg/kg，Cd、Tl 大于 100 mg/kg，Au 大于 1 mg/kg。②土壤－植物富集系数大于 1，根－地上转运系数大于 1。其中，土壤－植物富集系数是指重金属在植物根部的浓度除以在土里的浓度，根－地上转运系数是指重金属在植物地上部分的浓度除以在根里的浓度。

超富集植物是植物提取的基础，超富集植物的发现是植物（提取）修复从概念到实践的关键。目前世界上已报道的超富集植物超过 700 种，广泛分布于植物界的 50 个科以上，其中以 Ni 的超富集植物种类最多，其次是 Cu 的超富集植物，有 37 种，其余的，Co 的超富集植物有 30 种，Zn 的超富集植物有 21 种，Se 超富集植物有 20 种，Pb 的超富集植物有 17 种，Mn 的超富集植物有 13 种，As 超富集植物有 5 种。例如，蜈蚣草（图 4.10）是 As 超富集植物，天蓝遏蓝菜（图 4.11）是 Cd、Zn、Ni 的超富集植物，东南景天（图4.12）是 Zn、Cd 的超富集植物。

图 4.10 蜈蚣草（As 的超富集植物）

图 4.11 天蓝遏蓝菜（Cd、Zn、Ni 的超富集植物）

图 4.12 东南景天（Zn、Cd 的超富集植物）

4.3.1.4 超富集植物对重金属的富集机理

根际特异微生物通过分泌酸类物质活化重金属,增加重金属溶解性,提高重金属运输到根系的速率,促进植物根系生长。

在超富集植物根内,细胞质膜上有更多的重金属的运载位点,其质膜上高丰度的重金属运载蛋白是重金属吸收速度及吸收量增加的重要原因。

木质部汁液中重金属转运基因 $Hma4$ 的表达更高,重金属的排出则依赖蒸腾作用、流质外体运输和共质体运输。

许多研究表明,液泡是重金属在植物细胞中的主要贮存场所,液泡的区室化在植物超富集重金属过程中发挥着重要作用,特别是在叶片表皮液泡、叶肉细胞、表皮毛。

4.3.1.5 超富集植物对重金属的耐性和解毒机理

重金属和植物的细胞壁结合,形成沉淀,这是大多数非超富集植物所具有的机理;区室化作用使重金属存储在表皮细胞液泡、叶肉细胞、表皮毛中;形成重金属配位体,包括有机酸、氨基酸、谷胱甘肽、植物络合素、金属硫蛋白等;抗氧化系统的作用,通过酶或者非酶,如抗坏血酸盐/谷胱甘肽/维生素等,使耐性植物在受到重金属污染后仍然保持正常的代谢。

4.3.1.6 提高植物提取效率的途径

使用转基因植物,提高超富集植物的生长速率或生物量,提高一些高生物量、生长速率快的植物的金属耐受能力和富集能力;通过螯合作用来诱导植物修复;采用微生物植物联合修复系统,利用微生物对重金属的活化效应和对植物生长的促进效应;营养物质强化,促进植物生长发育,提高生物量;强化表面活性物质,这对土壤重金属有增溶增流作用。

自然界中有一种天然富 Ni 土壤——蛇纹岩的土壤,它的分布遍布世界,希腊、阿尔巴尼亚及中国的云南、新疆等都有分布。蛇纹岩发育土壤含 Ni 最高可以超过 4000 mg/kg,比很多矿山尾矿要高,但很难把这些分布在土壤中的 Ni 收集提炼出来。但这种土壤上有一种齿丝荠属的植物,可以通过根部金属吸收蛋白家族快速大量吸收土壤里游离的 Ni,最高可达 20000 mg/kg,达到自身重量的 2%,而镍矿的富矿石级别含量也就 1% ~ 3% 的镍占比。比起矿石,植物还可以燃烧,提供热能的同时去除大部分有机物杂质,变为含大量 Ni 的植物(草木灰)矿石,进一步提炼便可成为纯净的金属氧化物、金属盐类,最后冶炼成为 Ni。在实际操作中,法国一位教授已经使用这种植物在阿尔巴尼亚实现了 105 kg/hm² 的采镍量,经济效益可达 6000 元/公顷。中国作为 Ni 需求量第一而储量只是第八的国家,利用植物采矿开展 Ni 采矿,将很有前景。

4.3.1.7 植物采矿的流程

超富集植物像水泵一样提取土壤里面的重金属,可加入特定的化学药剂提高重金属提取效率。植物成熟后进行收割,焚烧成植物矿石,然后再提取需要的金属。

植物修复技术对环境友好、原位修复，工程上易于推广和实施，它的运行成本大大低于传统方法。例如，治理一块 4.86 hm^2 被 Pb 污染的土地，挖掘填埋法需 1200 万美元，化学淋洗法为 6300 万美元，而植物提取法仅为 20 万美元。

但是，植物修复也存在一定的局限性。首先，参与修复的植物必须位于污染物所在的位置。因此，土壤特性、毒性水平和气候应允许植物生长。如果土壤有毒，可以通过添加改良剂对土壤进行改良，以便更适合植物生长。其次，植物修复也受到根系深度的限制，因为植物必须能够接触到污染物。草本植物的根深通常为 50 cm，树木的根深通常为 3 m，尽管据报道某些进入地下水的潜生植物可达到 15 m 或以上的深度，尤其是在干旱气候下。根深的限制可以通过在钻孔中深植（达 12 m）树木或抽出受污染的地下水进行植物灌溉来规避。最后，植物修复通常也比物理化学过程慢，一般是一个长期的修复过程，特别是通过植物提取来去除土壤中的污染物，通常需要数年或者数十年时间，这严重限制了其适用性。因此，植物修复一般都不适合需要短期内完成治理的建设用地。

植物修复也可能受到污染物的生物利用性的限制。若土壤中只有一小部分污染物可被生物利用，但修复要求去除所有污染物，则植物修复也不适用。通过添加土壤改良剂可以在一定程度上提高污染物的生物利用性，但是植物是有生命的，它们的根需要水分和养分。土壤质地、pH、盐度、污染物浓度和其他毒素的存在必须在植物所能耐受范围内。高度水溶性的污染物可能会渗出到根区之外，从而增加其环境风险，因此需要加以遏制。

植物修复的时间较长，适用于矿区和农田。在矿山生态修复过程中，通过植物稳定的方式来阻隔或者稳定重金属的迁移。对于污染农田的修复，可以通过种植超富集植物来实现污染物的提取，或者通过超富集植物与农作物的间作与套作来实现边生产边修复。间套种植物修复的优点在于成本低、污染小，但是缺点也是非常明显，即时间慢，而且只能对土壤的表层进行提取。此外，需要对植物修复的产物进行严格的管理，如果缺乏严格的管理，就有可能把重金属提取出来后又使其重新回到土壤里，反而提升了土壤中活性重金属的浓度。

中山大学从 20 世纪 90 年代就开始进行植物修复研究，研发了针对不同污染程度的土壤植物修复技术，并于 2008 年率先在国内构建了高污土壤植物稳定－中污土壤植物提取－低污土壤植物阻隔的修复体系。尤其是针对面广量大的低污土壤所建立的植物阻隔修复体系，目前已经成为在全国农田推广的核心技术，是国家农业重点研发专项的关键和核心技术。

现在很多研究者利用植物、微生物吸收代谢重金属过程中的关键基因，通过基因编辑等方法制造植物基因工程材料；利用高通量测序－宏基因组手段研究根际微生物群落特征，用以指导微生物修复菌剂的构成等。

4.3.2 微生物修复

微生物修复是利用微生物，在适宜环境条件下，促进或强化微生物代谢功能，从而达到降低有毒污染物活性或将其降解成无毒物质的生物修复技术。与物理化学修复相比，它具有成本低、不破坏植物生长所需要的土壤环境、环境安全、无二次污染、处理效果好、操作简单等特点，已成为污染土壤生物修复技术的重要组成部分。

微生物修复技术可以应用于土壤和地下水治理。其修复方式也分为原位修复和异位修复。原位微生物修复技术应用比较广泛，如通过原位注入 O_2 和营养元素来加速微生物的繁殖及对污染物的降解。它主要有两种形式：一种是生物刺激，即人为增加 H_2O、O_2、营养元素，刺激降解微生物的生长；另一种是微生物富集，即增加微生物的数量。表 4.5 列出了主要的原位微生物修复技术。

表4.5 主要的原位微生物修复技术

类型	技术方法描述	适用性
投菌法	直接向污染土壤接入外源的污染物降解菌，同时提供这些细菌生长所需营养	不同的菌种可处理不同的污染物质
生物通风	在不饱和土壤中通入空气，并注入营养液，为微生物降解提供充足的 O_2、碳源和能源，促进其最大限度地降解污染物	适用于挥发/半挥发性及多环芳烃等有机污染物
生物搅拌	向土壤饱和部分注入空气，从土壤不饱和部分吸出空气，加大气体流动性，为微生物供氧，促进其最大限度地降解污染物	适于无机污染物、腐蚀性和爆炸性污染物
工程螺钻	用工程螺钻系统使表层污染土壤混合，并注入含有营养和 O_2 的溶液，促进微生物最大限度地降解污染物	适用于杀虫剂/除草剂，挥发/半挥发性、多环芳烃、二噁英/呋喃、多氯联苯等有机污染物
泵出生物	将污染的地下水抽出经地表处理后与营养液按一定比例配比混合后注入土壤，促进微生物最大限度地降解污染物	
慢速渗滤	在污染土壤区内布设垂直井网，将营养液和 O_2 缓慢注入土壤表层，促进微生物最大限度地降解污染物	
农耕法	对污染土壤进行耕耙处理，在处理进程中施入肥料，进行灌溉，加入石灰，从而为微生物降解提供良好的环境	土壤污染较浅，污染物又较易降解时可以选用

异位修复是把污染的土壤挖出来，对其进行处理，再将修复完成的土壤进行回填。主要的异位微生物修复技术见表 4.6。堆腐是比较常用的异位微生物修复技术。它是指在人工控制条件下，通过微生物的作用将大分子物质分解为作物能吸收利用的小分子物质，使有机废弃物被矿化、腐殖化和无害化的技术。对污染土壤堆体采取人工强化措施，促进土壤中具备降解特定污染物能力的土著微生物或外源微生物的生长，降解土壤中的有机污染物。

表 4.6 主要的异位微生物修复技术

类型	技术方法描述	适用性
土地填埋	通过施肥、灌溉、添加石灰等方式调节污染土壤的营养、湿度和 pH，保持污染物在土壤上层发生好氧降解	广泛用于油料工业的油泥处理
土壤耕作	将污染土壤撒于地表（约 0.5 m），通过定期农耕的方法改善土壤结构，供给 O_2、水分和无机营养，促进污染物降解	适用于可降解的有机污染物，如杀虫剂/除草剂，挥发/半挥发性和多环芳烃等有机物。不适于二噁英/呋喃和多氯联苯
预备床	将土壤运输到一个经过各种工程准备的预备床上进行生物处理，处理过程中通过施肥、灌溉、控制 pH 等方式保持对污染物的最佳降解状态，有时也加入一些微生物和表面活性剂	适用于挥发/半挥发性有机污染物、多环芳烃及爆炸性污染物
堆腐	堆积污染土壤，通过翻耕和施加一定数量的稻草、麦秸、碎木片和树皮等增加土壤透气性和改善土壤结构，促进污染物微生物分解	适用于挥发/半挥发性、非卤有机污染物和多环芳烃
泥浆生物反应器	污染土壤和水混合成泥浆在带有机械搅拌装置的反应器内通过人为调控温度、pH、营养物和供氧等促进微生物最大限度地降解污染物	适用于杀虫剂/除草剂，挥发/半挥发性、多环芳烃、二噁英/呋喃等有机污染物

无论是原位微生物修复技术还是异位微生物修复技术，一般地，其中使用的微生物大多来自污染场地本身。因为一个场地在被污染后，自然选择会改变场地里的微生物种群结构，其中的优势种群具有某些特性，像植物一样具有自然选择性。当然，现在也有很多研究者用基因工程的办法编辑合成具有修复功能的微生物，但实际应用这些工程微生物来治理污染场地还是非常少的。

微生物修复成本比较低，但是在短时间内它的效果并不是特别好，对于生物可降解性较差的污染物或修复周期要求比较短的污染场地不太适用。例如，某焦化厂，污染物主要是多环芳烃类，这类污染物的生物可降解性较弱，微生物无法直接对其进行降解，只能够通过共代谢方式进行降解。把污染的土壤挖出来（异位修复），与树叶、木屑相混合以增加土壤的孔隙度和透气性，再接种相关的功能微生物，充分保证足够的水分、O_2 和营养元素的供给，仍需 1 年左右的修复时间才能实现多环芳烃的降解。即使如此，当修复完成时，现场仍有残留的多环芳烃气味。

4.3.3 防渗墙

（原位）防渗墙的阻控主要指通过在污染地块周围敷设阻隔层来阻断土壤中污染物

迁移扩散，使污染土壤与四周环境隔离，避免污染物与人体接触和随地下水迁移，进而对人体和周围环境造成危害。这个技术适用于重金属、有机物及重金属－有机物复合污染土壤，但不宜用于污染物水溶性强或渗透率高的污染土壤，不适用于地质活动频繁和地下水水位较高的地区。

在地基处理时，会使用一种叫高压旋喷的技术，来加固地基。土壤修复的防渗墙也借鉴了该技术，并得到广泛使用。防渗墙是一种物理的阻隔技术，现在的防渗墙常常升级为生态围墙，就是在水平方向、垂直方向将污染土壤全面阻隔起来。在污染土层下方注入水平的阻隔层，使污染物无法垂向迁移，阻隔其对地下水的潜在威胁；污染土壤的上层还将构建覆盖系统，覆盖层要考虑阻止污染物扩散、生态植被恢复等多重要求（图4.13）。

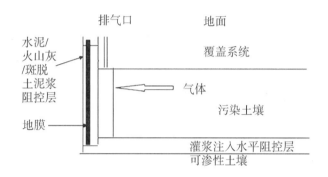

图 4.13　生态围墙

防渗墙的作用主要是防止污染物的扩散，因此严格意义来说，它是一种风险管控的措施。应用防渗墙案例比较多。例如，某铬盐厂原址周边修建了防渗墙，目的是保护附近河流的水质。首先在场地的四周采用了密封的高密度聚乙烯（high density polyethlene，HDPE）防渗膜构架的垂直防渗墙，长度达到 2000 m。对于场区中心区域，污染物浓度可能更高，于是采用了额外的一层垂直防渗墙，长度为 700 m 左右。同时，在水平方向上、顶层做了生态修复，底层也布置了一层 HDPE 防渗膜，相当于上面和下面都有防渗墙，然后旁边的止水帷幕也使用了高密度 HDPE 膜。

HDPE 膜即高密度聚乙烯膜，也称为 HDPE 土工膜、HDPE 防渗膜。HDPE 具有很好的防腐性能、电性能、防潮性能、防渗漏性能，拉伸强度高，且具有极好的抗冲击性，在常温甚至在 -40 ℃ 低温度下均如此。HDPE 是高分子聚合物，是无毒、无味的白色颗粒，熔点为 110～130 ℃，相对密度为 0.918～0.965，可耐酸、碱、有机溶剂等腐蚀。1980 年，该材料开始被引入我国，在原位阻隔修复过程中广泛使用。

防渗膜在土壤修复里面应用非常非常广，一般地，厚度越厚，阻隔效果越好。无论是污染土壤，还是铬渣，都可以堆放进其中，类似于一个垃圾填埋场，十分实用。这种技术应用越来越广，特别是大规模污染治理。相对来说，污染规模越大，单位成本越低。

 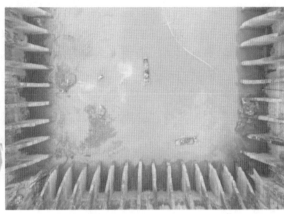

(a) 垂直防渗墙平面布置　　　　　　(b) 现场的止水帷幕

图 4.14　某铬盐厂的防渗墙

4.3.4　热脱附技术

热脱附技术是指通过热介质对污染土壤进行直接或者间接加热，使污染物挥发、分离或裂解，并收集气态产物加以处置的技术。热脱附技术具有适用范围广、不受土壤质地影响等优点，且采用热脱附技术可减少二噁英的生成和排放。

热脱附技术根据是否需要挖掘和运输土壤，可分为原位热脱附技术和异位热脱附技术。原位热脱附技术优点在于无须挖掘和运输污染土壤，二次污染风险小。原位热脱附技术对石油烃、多氯联苯、氯苯、苯、农药等挥发性、半挥发性有机污染物具有良好的修复效果。根据加热温度高低，原位热脱附技术又可分为低温原位热脱附技术（100～350 ℃）和高温原位热脱附技术（350～600 ℃）。其原理是用电装置或者蒸汽对土壤加热，同时设立收集管道，利用真空泵收集挥发出的气体，并对其进行处理。现在原位热脱附在地下水位比较深的北方应用较多。在地下水位浅的地区，如广东，因为土壤中含水率高，而水的汽化热大，若要把土壤加热到几百摄氏度的高温，需要消耗大量能源，所以很少使用原位热脱附技术，而更多采用异位热脱附。异位热脱附需要将拟修复土壤挖出来，先加入土壤调理剂，如生石灰，降低含水率，然后通过传送带将土壤送到热脱附装置中升温，待污染物从土壤中挥发后，收集起来进行处理。

4.3.5　土壤蒸汽抽提 – 曝气技术

土壤蒸汽抽提（soil vapor extraction，SVE）是对土壤挥发性有机污染物进行原位修复的一种方法，用来处理包气带中地层介质的污染问题。通过专门的地下抽提（井）系统，利用抽真空或注入空气产生的压力迫使非饱和区土壤中的气体流动，从而将其中的挥发和半挥发性有机污染物脱除，达到清洁土壤的目的。气相抽提适用于包气带污染土壤的恢复，且要求污染土壤具有质地均一、渗透能力强（透气率大于 1×10^{-4} cm/s）、孔隙度大、湿度小和地下水位较深的特点。影响蒸汽抽提技术的主要因素包括土壤的渗透性、蒸气压与环境温度、地下水深度与土壤湿度、土壤结构和分层，以及气相抽提流量和达西流速。因此，低渗透性的土壤难以采用该技术进行修复处理，地下水位降低亦会降低修复效果。

土壤蒸汽抽提技术有点类似热脱附技术，只是不用加热，直接用真空泵来抽。因为不用额外加热，土壤蒸汽抽提相对于热脱附成本低，但污染物释放较慢，所以适合于长期的土壤处理周期，如 2～3 年。土壤蒸汽抽提在很多国家（如美国）应用非常广泛。在我国，因为它的周期比较长，应用不多。

除了对土壤直接充气或抽真空，还可以往地下水里面曝气（图 4.15）。曝气后，地下水中的气态污染物会被气泡所捕捉，然后再通过真空泵收集这些气泡并进行处理。在包气带中，土壤孔隙有一部分充满水，一部分充满空气；如果是在地下水位以下的含水层，土壤孔隙就都充满了水。对于污染的含水层，需要曝入空气，然后再进行抽真空。对于地下水以上部分，只要抽真空就行，相对来说成本较低，不过处理时间较长。

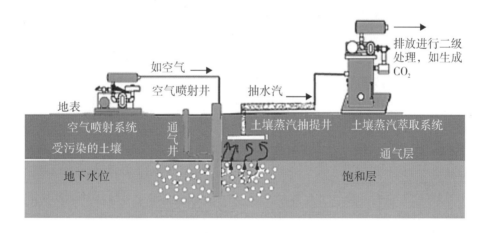

图 4.15 曝气流程

土壤蒸汽抽提处理过程对土壤的损害较小，生态功能基本无损伤，属于可持续性修复手段。土壤蒸汽抽提设备简单、标准化，易于安装操作；对现场环境破坏小，常常和其他修复技术联合使用，如地下水曝气、生物曝气等，并可以在建筑物等下面操作，不破坏地上建筑物。

4.3.6 固化/稳定化技术

固化/稳定化技术是指通过添加固化剂或者钝化剂将土壤中有害污染物固定起来，或将污染物转化为化学性质不活泼的形态，阻止其在环境中迁移、扩散，从而降低污染物质毒害程度的修复技术。

固化和稳定化具有不同的含义。固化技术是通过添加固化剂（如水泥）将土壤中的有害污染物包被起来，物理隔离污染土壤与外界环境的联系，从而达到控制污染物迁移的目的。稳定化技术则是指加入化学钝化剂与污染物发生化学反应，使污染物转化为不易溶解、迁移能力或毒性更低的形式，从而降低其对生态系统的危害。固化/稳定化技术包括异位固化/稳定化和原位固化/稳定化两种。异位固化/稳定化技术是将污染土壤挖出后，在土壤中添加药剂。原位固化/稳定化技术通过一些原位搅拌的装置，把药剂跟污染土壤在原地进行搅拌混合使之反应。固化/稳定化实际上是一种风险管控技术，因为污染物依旧存在土壤中，只是其移动性、活性降低了。

目前为止，已有大量的土壤稳定剂被应用，包括多种金属氧化物、黏土矿物、有机质、高分子聚合材料、生物材料等。它们能够吸附或络合重金属、改变土壤介质的pH等性质，并根据重金属的种类、土壤理化性质、气候条件、耕作制度的不同而被分别用于土壤中重金属的稳定。这些典型的土壤稳定剂可分为有机稳定剂、无机稳定剂和有机－无机复合稳定剂。

有机稳定剂主要为有机肥料、绿肥、草炭和作物秸秆等。有机稳定剂可以提高土壤肥力，且取材方便、经济，因此得到了广泛应用。其作用机理有提高土壤pH、与重金属形成难溶盐和与重金属结合等，具体见表4.7。

表4.7 土壤有机稳定剂

材料	重金属	来源	固定效果
树皮、锯末	Cd、Pb、Hg、Cu	木材加工厂的副产品	黏合重金属离子
木质素	Zn、Pb、Hg	纸厂废水	络合后降低离子迁移性
壳聚糖	Cd、Cr、Hg	蟹肉罐头厂废弃产品	对金属离子产生吸附作用
甘蔗渣	Pb	甘蔗	提高对金属离子的固定效率
家禽有机肥	Cu、Zn、Pb、Cd	家禽	固定离子限制其活动性
牛粪有机肥	Cd	牧场和养殖场	提高有机结合态含量
谷壳	Cd、Cr、Pb	谷场种植	增加对金属离子的吸附容量
活性污泥	Cd	人工驯化合成	降低被植物吸收的Cd的含量
树叶	Cr、Cd	番泻树、红木树和松树	有效降低游离态金属离子
秸秆	Cd、Cr、Pb	棉花、小麦、玉米和水稻	降低金属离子的迁移性

无机稳定剂（表4.8）包括：① 石灰、钢渣、高炉渣、粉煤灰等碱性物质，通过对重金属的吸附、氧化还原、拮抗或沉淀作用来降低土壤中重金属的生物有效性；② 羟基磷灰石、磷矿石、磷酸氢钙等磷酸盐，可增加离子的吸附和沉淀，减少水溶态污染物的含量及生物毒性；③ 天然、天然改性或人工合成的沸石、膨润土等矿物亦可提高稳定效果。

表4.8 土壤无机稳定剂

材料	重金属	来源	固定效果
石灰或生石灰	Cd、Cu、Ni Pb、Zn、Cr、Hg	石灰厂或碎石厂	降低离子淋溶迁移性，减少生物特性
磷酸盐	Pb、Zn、Cd、Cu	磷肥和磷矿	增加离子的吸附和沉降，减少水溶态含量及生物毒性
羟磷灰石	Zn、Pb、Cu、Cd	磷矿加工	降低金属离子在植物中含量
磷矿石	Pb、Zn、Cd	磷矿	把水溶态离子转变为残渣态
粉煤灰	Cd、Pb、Cu、Zn、Cr	热电厂	降低可提取离子的浓度
炉渣	Cd、Pb、Zn、Cr	热电厂	减少离子淋溶
蒙脱石	Zn、Pb	矿厂	提高固定效果
棕闪粗面矾土	Zn、Cd Cd、Pb	矾土矿	减少植物体内金属离子含量，提高微生物生物量
波特兰水泥	Cr^{3+}、Cu、Zn、Pb	水泥厂	俘获金属离子，降低其移动性
斑脱土	Pb	火山灰	减少植物体内的Pb含量
沙砾矿泥	Zn、Cu、Cd	碎石场	降低可提取离子浓度
铁钒石	Cd、Cu、Pb、Zn、Cr	矾土	化学俘获金属离子

有机-无机复合稳定剂包括城市固体废弃物、黄酸盐吸附剂、污水污泥、石灰化生物固体等。人工合成的有机-无机复合体大多是以天然黏土矿物和有机化学试剂为原料，具体见表4.9。

表4.9 有机-无机复合稳定剂

材料	重金属	来源	固定效果
城市固体废弃物	Cd、Pb、Zn、Cr	人类城市活动	降低金属离子移动性，废物利用
石灰化生物固体	Cd、Pb、Zn	石灰和有机物	降低金属离子生物有效性
污水污泥	Cd	人工合成	降低植物吸收
活性土	Cd	污泥	降低可交换态Cd含量
泥炭 泥炭苔	Cd、Cr、Hg、Pb	不同降解阶段富含有机质的土壤组分	络合和吸附金属离子
黄酸盐吸附剂	Cd、Hg、Cr	纤维、蛋白和二硫化碳等人工合成	增加对金属离子的吸附容量

稳定化技术常常与植物阻隔一起使用,变成一个组合技术——植物稳定阻隔技术。农用地土壤中重金属污染以轻度为主,重金属淋出迁移的生态风险不大,但存在农产品重金属超标的食品安全问题。因此,对于此类轻度污染土壤,植物提取并不是最适用的修复技术。植物稳定阻隔技术是一种边生产边修复的技术模式,适用于重金属轻度污染农田,其核心目标为农产品重金属含量达标,实现污染土地的安全利用。例如,在土壤里加一些稳定剂,同时选用一些低累积水稻品种进行种植,使得这个水稻品种收获的籽实中 Cd 的含量满足食品安全要求。

4.3.7 土壤淋洗技术

土壤淋洗技术是把污染的土壤挖出来,在土壤中加入水、酸、螯合剂、表面活性剂、共溶剂等,提高污染物溶解性和可移动性,并通过冲洗、淋滤、浸提等方式移除污染物,再处理含有污染物的废水或废液,然后将洁净的土壤回填或运送到其他地点的一种异位的土壤修复技术。土壤淋洗技术可用来修复被重金属、有机物污染的砂性土壤。

土壤淋洗技术,从字面上来看是将土壤中的污染物洗出来,实际上它包括两个步骤。第一,土壤的颗粒有粗有细,但是污染物在不同的土壤颗粒中分布是不一样的,粗颗粒里面污染物的浓度会低很多,细颗粒污染物的浓度会高很多,所以将土壤颗粒按照粗细分开,粗的污染程度比较低,可直接回填。第二,将土壤颗粒加入水和淋洗剂中,使污染物从土壤里转移到水相中,然后对废水进行处理。因此,土壤淋洗技术适合颗粒比较大的砂性土。如果土壤颗粒特别小,进行分离的粗颗粒就特别少,大量的细颗粒需要进行淋洗,把污染物从细颗粒转移到水相的难度较大,淋洗后要处理的废水也较多,经济上就不可行。

综上,土壤淋洗技术一般流程包括:① 初步筛分,根据处理土壤的物理状况,分为不同组分(石块、砂、细砂、黏粒);② 梯度处理,根据二次利用的用途和最终处理的需求,采用不同的方法将这些不同组分土壤清洁到不同程度。

一般的淋洗剂包括清水、酸、碱、盐等无机化合物及表面活性剂、螯合剂等。其中,淋洗处理中一般优先选择清水作为淋洗剂,以避免淋洗液带来二次污染。例如,1988—1991 年,美国工程人员使用清水淋洗某电镀厂造成的铬污染,4 年内使地下水六价铬浓度从 1923 mg/L 降低至 65 mg/L。酸、碱、盐等无机化合物相比其他淋洗剂具有成本较低、效果好、反应快等优点。其作用机制主要是通过酸解、络合或离子交换作用来破坏土壤表面官能团与重金属形成的络合物,从而将重金属交换解吸下来,进而使重金属从土壤溶液中溶出。Tampouris 等通过土柱实验研究了以 $HCl + CaCl_2$ 溶液为淋洗剂去除污染土壤中重金属的效果。结果表明,该淋洗剂对 Pb 的去除率为 94%,对 Zn 的去除率为 78%,对 Cd 的去除率为 70%。Alam 等通过批量处理实验研究了磷酸盐对土壤中砷的去除率,结果表明磷酸盐对铁铝结合态的 As 有较高的去除率,去除率可以达到 40% 以上,但对于残渣态的 As 无明显效果。

酸淋洗剂一般对重金属的去除效果好,但其使用带来的负面影响也相当严重。由于土壤中重金属的溶解主要受 pH 控制,只有土壤的 pH 达到一定程度,通常 pH < 4 时,

大部分重金属才以离子形态存在，但过高的酸度会严重地破坏土壤的理化性质，使大量土壤养分流失，并严重破坏土壤微团聚体结构。此外，在淋洗过程中还会产生大量废液，增加后续处理成本。

常用的螯合剂可分为人工螯合剂和天然螯合剂两类。人工螯合剂包括乙二胺四乙酸、羟乙基替乙二胺三乙酸、二乙基三乙酸、乙二醇双四乙酸、乙二胺二乙酸、环己烷二胺四乙酸等，天然有机螯合剂包括柠檬酸、苹果酸、丙二酸、乙酸、组氨酸及其他类型天然有机物质等。螯合剂的作用机理为：首先通过螯合作用，将吸附在土壤颗粒及胶体表面的重金属离子解络下来，然后利用自身强大的螯合作用和重金属离子形成螯合体，从土壤中分离出来。乙二胺四乙酸等人工合成的有机螯合剂能在很宽的 pH 范围内与大部分金属特别是过渡金属形成稳定的络合物，不仅能解吸被土壤吸附的金属，也能溶解不溶性的金属化合物。某镉镍电池污染场地，其主要污染物为 Cd 和 Ni，采用了土壤淋洗技术进行修复。采用物理分离，把土壤按颗粒尺寸分成三部分：特别大的粗砂直接用滚筒清洗；10～100 目颗粒加入乙二胺四乙酸溶液进行土壤淋洗；特别小的颗粒（小于 100 目），其重金属浓度特别高，就作为危废处理。总体来说，通过物理筛分可以降低后面 30% 的土壤淋洗量；在淋洗过程中，70%～80% 的 Cd 和 Ni 被淋洗出来。

在淋洗液中添加表面活性剂能提高对有机物污染土壤的洗脱效果。近年来，发现一些表面活性剂对重金属也有很好的洗脱效果，因此表面活性剂也被用作去除重金属的助剂。

4.3.8 土壤化学氧化或还原技术

原位化学氧化或还原修复技术是通过在污染土壤中注入化学氧化或者还原剂，与土壤和地下水中的污染物发生氧化或者还原反应，使污染物降解或转化为低毒、低移动性产物的一项污染土壤修复技术。该技术可以用于受污染的地下水、沉积物和土壤。化学氧化或还原修复技术一般都在原位使用，设有注入井和监测井。

如图 4.16 所示，注入井中注入 H_2O_2、$KMnO_4$、过硫酸盐、$FeSO_4$、多硫化钙、零价铁等氧化剂或还原剂。现在更多的研究领域使用纳米零价铁，效果很好，但成本有点高。

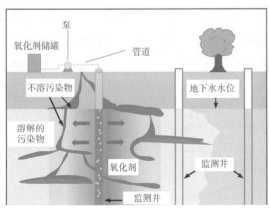 

图 4.16　原位化学氧化修复技术

常用的氧化剂包括 K_2MnO_4、H_2O_2、Fenton 试剂、过硫酸盐、O_3 等，常用的还原剂包括 $Na_2S_2O_4$、$NaHSO_3$、$FeSO_4$、多硫化钙、H_2S 气体、SO_2 气体、Fe^{2+}、零价铁等。

氧化剂的氧化能力一般由标准电极电位决定。表 4.10 列出了常见的氧化剂的标准电极电位，电位越高，氧化性越强。

表 4.10 常用氧化剂的标准电极电位

氧化性物质	标准电极电位/V
·OH	3.06
O_3	2.07
H_2O_2	1.78
MnO_4^{2-}	1.67
HClO	1.63
ClO_2	1.50
K_2MnO_4	1.49
Cl_2	1.36

·OH 产生通常与 Fenton 反应联系起来。Fenton 反应是 1894 年法国科学家 Fenton 在一项研究中发现的，这项研究的发现为氧化难降解有机物提供了一种新的方法。后人为了纪念这位伟大的科学家，把使用这种试剂的反应过程称为 Fenton 反应。为了提高 H_2O_2 的氧化能力，人们开始尝试加入 Fe^{2+}，形成 Fenton 试剂，它在酸性条件下发生的反应可生成·OH。

Fenton 试剂的催化氧化机理，目前得到公认的是通过催化分解产生·OH 进攻有机物分子，使有机物氧化为 CO_2、H_2O 等无机物质。在此体系中，·OH 实际上作为氧化剂参与反应，其氧化的机理主要包括以下 3 个过程：

(1) 链的开始。

$$Fe^{2+} + H_2O_2 = Fe^{3+} + OH^- + \cdot OH$$

(2) 链的传递。

$$\cdot OH + Fe^{2+} = Fe^{3+} + OH^-$$
$$\cdot OH + H_2O_2 = \cdot HO_2 + H_2O$$
$$Fe^{3+} + H_2O_2 = Fe^{2+} + \cdot HO_2 + H^+$$
$$\cdot HO_2 + Fe^{3+} = Fe^{2+} + \cdot O_2 + H^+$$
$$\cdot OH + R-H = \cdot R + H_2O$$
$$\cdot OH + R-H = [R-H]^+ + \cdot OH^-$$

(3) 链的中止。

$$2 \cdot OH = H_2O_2$$

$$\cdot HO_2 + \cdot HO_2 = H_2O_2 + O_2$$
$$Fe^{3+} + \cdot HO_2 = Fe^{2+} + H^+ + O_2$$
$$\cdot HO_2 + Fe^{2+} + H^+ = Fe^{3+} + H_2O_2$$
$$\cdot HO_2 + \cdot O_2^- + H^+ = H_2O_2 + O_2$$
$$\cdot O_2^- + Fe^{2+} + 2H^+ = Fe^{3+} + H_2O_2$$
$$\cdot O + R_1 - CH = CH - R_2 \rightarrow R_1 - C(OH)H = CH - R_2$$

从上述过程可以看出,1 mol 的 H_2O_2 分子与 1 mol 的 Fe^{2+} 反应后生成 1 mol 的 Fe^{3+} 和 OH^-,同时伴随生成 1 mol 的 $\cdot OH$,并引发连锁反应,从而产生更多的其他自由基,然后利用这些自由基进攻有机物分子,从而破坏有机物分子并使其矿化直至转化为 CO_2、H_2O 等无机物。

除了标准电极电位,不同的氧化剂的形态和不同的环境,也会影响其在土壤修复中的效果。表 4.11 就列出了 $KMnO_4$、H_2O_2、过硫酸盐和 O_3 的一些特征。

表 4.11 常用的土壤原位化学氧化剂的特性

氧化剂	过硫酸盐	H_2O_2(Fenton 试剂)	$KMnO_4$	O_3
反应活性组分	$S_2O_8^{2-}$,$\cdot SO_4$	H_2O_2,$\cdot OH$,$\cdot O_2$,$HO_2 \cdot$	MnO_4^-	O_3,$\cdot OH$
氧化电势 $E^{\ominus}/V$	2.6	2.8	1.68	2.42,2.07
形态	固态、液态	液态	固态、液态	气态
稳定性	几小时至几周	几分钟至几小时	3 个月以上	几分钟至几小时
处理化合物	还原性元素(Cr)和氯代溶剂	氯代溶剂、多环芳烃和石油烃类,对于氯代烷烃和饱和碳氢化合物则几乎无效果		
适当介质	通常为地下水环境	土壤和地下水环境		
pH 的影响	偏向于碱性环境	偏向于 pH 为 2~4 或近中性环境	偏向于 pH 为 7~8 的近中性环境	中性环境中有效
渗透性的影响	倾向于渗透性好的含水层,若结合先进的氧化剂传输系统,在渗透性较低的含水层中也是可行的。但由于 Fenton 试剂和 O_3 更依赖于自由基的产生,因此从注射点向远处传输受到限制			
温度的影响	所有氧化剂都受温度变化影响			
深度的影响	由于使用先进的氧化剂传输系统,深度通常不会受到限制			
氧化剂消耗	比较稳定	容易与土壤和地下水反应而被降解	比较稳定	土壤中 O_3 的降解受到限制

（续上表）

氧化剂	过硫酸盐	H_2O_2（Fenton 试剂）	$KMnO_4$	O_3
其他因素	在地下水的饱和带中有效	需要补充铁（$FeSO_4$）形成 Fenton 试剂	—	—
可能的负面影响	传输困难并可能生成有毒的气体	形成颗粒物，可能造成土壤渗透性下降，也可产生气体或潜在的毒性副产物	形成颗粒物，可能造成土壤渗透性下降	可产生气体 O_3 或潜在的毒性副产物

各种氧化剂在氧化作用过程中产生的自由基不同，过硫酸盐会产生过硫酸盐自由基和硫酸盐自由基，Fenton 试剂主要产生羟基自由基、超氧自由基、过氧羟基自由基等，O_3 会产生羟基自由基。

此外，各种氧化剂的存在形式不同，也会影响其在土壤中的传输速度。例如，过硫酸盐和高锰酸盐一般是固态和溶液的，H_2O_2 一般是溶液，O_3 一般是气态的。一般地，气体的传输较溶液迅速，溶液较固态迅速。因此，O_3 的分散能力高于其他液态氧化剂。

这些氧化剂的稳定性也不同，如 Fenton 试剂和 O_3 非常不稳定，只能持续几分钟至几小时。过硫酸盐可以稳定几小时至几周，而高锰酸盐比较稳定，可以持续超过 3 个月。因此，Fenton 试剂和 O_3 因太容易被降解而导致修复效果不太好。

过硫酸盐比较适合处理含水层中的还原性元素，如 Cr（Ⅵ）和氯代溶剂污染，其他的氧化剂则适合处理土壤和地下水中氯代溶剂、多环芳烃和石油烃类，但是对于氯代烷烃和饱和碳氢化合物则几乎无效果。过硫酸盐偏向于在碱性环境中使用，Fenton 试剂适合在 pH 为 2～4 的酸性环境中使用，$KMnO_4$ 和 O_3 适合在中性环境中使用。因此，与其他氧化剂相比，高锰酸盐在环境中的存在时间更为持久，且适用的 pH 范围更大。

这些氧化剂大多倾向于渗透性好的含水层，若结合先进的氧化剂传输系统，在渗透性较低的含水层中也是可行的。但由于 Fenton 试剂和 O_3 更依赖于自由基的产生，因此从注射点向远处传输受到限制。过硫酸盐可能存在传输困难，并可能在氧化过程生成有毒的气体而导致不良效应。Fenton 试剂、高锰酸盐氧化产物均形成颗粒物，可能造成土壤渗透性下降，它们也可产生气体或潜在的毒性副产物。例如，高锰酸盐生成的 MnO_2 会在注射井附近积累，影响污染物的迁移，并可能堵塞含水层介质。

除了原位化学氧化修复技术，还有原位化学还原修复技术。所谓的原位化学还原修复技术，是利用化学还原剂将有机污染物还原为低毒的或者无毒的，从而使污染物在土壤环境中迁移性和生物可利用性降低。这些还原剂包括液态还原剂、气态还原剂和胶体态还原剂。原位化学还原修复技术处理的主要是氯代有机污染物。

常见的还原剂包括 SO_2、H_2S 气体、零价铁胶体。它们的特性及环境因素对其还原效果的影响见表 4.12。

表 4.12 常用的土壤原位化学还原剂的特性

注入的还原剂	SO_2	H_2S 气体	零价铁胶体
适用的污染物	对还原敏感的元素（如 Cr、U、Th 等）及散布范围较大的氯代溶剂	对还原敏感的重金属元素，如 Cr 等	对还原敏感的元素（如 Cr、U、Th 等）及氯代溶剂
pH 的影响	碱性条件	无须调节 pH	高 pH 导致铁表面形成覆盖膜，降低还原效率
天然有机质的影响	未知		有促进铁表面形成覆盖膜的可能性
土壤可渗性的影响	高渗土壤	高渗和低渗土壤	依赖于胶体铁的分散技术
其他因素	在水饱和区较有效	以 N_2 作载体	要求高的土壤水含量和低氧量
潜在不利影响	有可能产生有毒气体，系统运行较难控制		有可能产生有毒中间产物

SO_2 和零价铁胶体适用的污染物为对还原敏感的元素，如 Cr、U、Th 等及氯代溶剂。H_2S 气体主要用于还原重金属元素，如 Cr（Ⅵ）等。

SO_2 作为还原剂，适用于碱性条件，H_2S 气体无须调节 pH。对于零价铁胶体，高 pH 将导致铁表面形成覆盖膜，降低还原效率，同时天然有机质有促进铁表面形成覆盖膜的可能性，从而降低还原效率。

H_2S 气体具有很好的传输性，常常以 N_2 作为载体注入，也可在低渗透性的黏性土壤中使用。零价铁胶体则非常依赖于胶体铁的分散技术，常常要求土壤有高的水含量和低的含氧量。SO_2 常常在饱和的含水层较为有效。

这三种还原剂都存在可能产生有毒的中间产物的潜在不利影响。此外，气态还原剂的系统运行也较难控制。

4.3.9 渗透反应格栅

还有一种专门处理地下水的一个化学修复技术，叫作渗透反应格栅，它是以活性填料组成的构筑物垂直于地下水水流方向，污水经过反应格栅，通过物理的、化学的及生物的反应使污染物得以有效去除的地下水净化技术（图 4.17）。

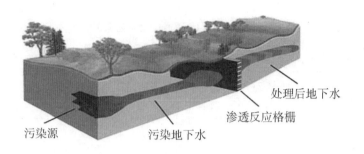

图 4.17 渗透反应格栅示意

这是原位修复技术，它实际上是通过挖掘建造，形成由活性填料材料构成的格栅。格栅由 1 种或几种活性填料物质按照修复要求混合在一起构成。当污染物沿地下水流向迁移并流经该反应格栅时，与其中的活性物质相遇发生反应，被降解或原位固定（图 4.18）。渗透反应格栅技术是一种被动的、不需要动力的修复技术，只能控制污染物的扩散，不能根除污染源。

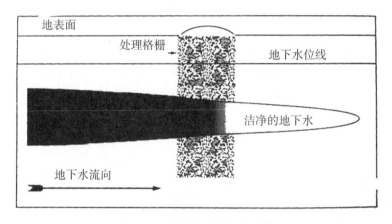

图 4.18 渗透反应格栅的示意

渗透反应格栅可以广泛应用于不明污染物来源的污染场地，污染物缓慢释放的污染场地，污染物溶解度低，易于沉淀、有大量污染土壤的场地、生活生产居住区等。

渗透反应格栅的核心是格栅中的填料。渗透反应格栅中使用的填料一般要求具有良好的渗透性、稳定性，与目标污染物能高效、快速进行反应降解，并且具有一定的选择性。这些填料应来源广泛、成本低廉、环境友好、天然无污染。常用的填料有零价铁、活性铝、活性炭、离子交换树脂、三价铁氧化物和氢氧化物、泥炭、褐煤、钛氧化物、黏土、沸石、煤灰、橡胶屑、矿渣、铁屑、锯木屑等。其中，零价铁和活性炭的适用最广泛。零价铁是一个还原剂，如含有 Cr（Ⅵ）的地下水经过装载零价铁的渗透反应格栅，Cr(Ⅵ) 会被还原成 Cr^{3+}，Cr^{3+} 很容易在氧化铁表面形成共沉淀，被活性填料给截留下来，使下游地下水中 Cr 的浓度下降。

渗透反应格栅是一种原位的修复技术，非常有效且成本低，其成本主要是修复初期建设格栅和填充填料的成本。在运行过程中,地下水自然流动,无须外加动力,只需要进行监测,确保下游地下水中污染物浓度达到修复目标,否则需要进行填料更换。该技术在国外用得比较多,但在我国建设用地中使用非常少,因为修复速率太慢了。

渗透反应格栅按其安装布置方式,可以分为连续型、漏斗-导水门型和注入反应带型等。

4.3.10 绿色可持续修复技术

前文所述的技术都是目前在各种污染土壤中广泛使用的修复技术。在未来,我们的技术可能不仅关注现有的风险,更多的是一个基于全生命周期的可持续使用的土壤修复技术。绿色可持续修复是近年兴起的一个概念,为更明智的土壤修复决策制定提供了具体的背景环境,且重点聚焦于修复措施的整体净环境效益。

欧洲工业污染场地网络组织认为,可持续修复技术是在考虑了环境、社会和经济因素后,利益相关方一致认为的最佳解决方案。英国可持续修复论坛2010年发布的报告指出,在均衡地考虑到环境、经济和社会因素的各个指标后,实施修复行为带来的利益大于修复行为本身的影响,这种优化的修复方案即可被认定为绿色可持续修复。

根据美国可持续修复论坛2009年发布的白皮书,绿色可持续修复是"通过对有限的资源进行合理精细的使用,使一个或多个修复实践中带来的人体健康和环境的净收益最大化"。美国环保署没有对绿色可持续修复给出定义,仅对绿色修复发布了一系列的指南和技术文件,并将其描述为"考虑到修复工程中所带来的所有环境因素,并采取一定的措施尽可能减少修复过程中产生的环境足迹的实践"。美国材料与试验协会2013年发布了两份指南,分别对可持续性目标和绿色目标进行了规定。其中,在《在修复中集成可持续目标的标准指南》(ASTM E2876-13)规定了场地清理过程中需要考虑可持续的目标,并描述了在修复工程中减少环境足迹的评估和实施流程;《更绿色治理指南》(ASTM E2893-13)提出,使用最佳管理实践来综合定量评估修复工程,以减少其环境足迹,并描述了识别、评估和实施最佳管理实践的步骤。

此外,美国其他联邦政府机构对绿色可持续修复的内涵也进行了更深层次的延伸。2011年,美国州际技术管理委员会认为,绿色可持续修复是一种超越传统的决策方式,它是技术、产品、流程等在特定污染场地的应用。这种应用在控制土壤和地下水中潜在污染风险的同时,以净效益最大化为目的,综合考虑社区情况、经济影响及环境效益,对修复进行全生命周期(从场地调查到项目结束的各个阶段)的优化。

当前对绿色可持续修复并没有统一的定义。综合目前流行的几种描述,将绿色可持续修复定义为:总体考虑在污染场地调查和修复过程中的资源和能源利用情况,以及在场地管理整个过程对社区、区域和全球范围内的环境、社会和经济方面可能带来的正面或负面效应的修复。在修复领域中,传统的决策过程主要是关注修复场地本身,想办法降低污染物浓度。绿色可持续修复则更多地考虑修复场地以外的影响,例如,在生产过程中使用修复试剂造成的环境影响,在填埋处置中将污染土壤运出场地对交通的影响,等等。对于修复过程中要用到的原料,不仅要考虑价格,还要考虑原料获得的过程中消耗的能量，是否产生污染，等等。另外，也要综合考虑场地污染情况和空间规划，能够保障人体健康，并且使环境、经济和社会总体效益最大化。选择绿色的、可持续的、对环境影响小的技术用于我们实际的污染场地修复，是未来发展的一个方向。

从全生命周期的绿色可持续修复技术的思路来看，我们的土壤管理不仅涉及末端的修复和风险管控，还涉及土壤管理的前端，如土壤的合理使用、农药化肥的品质等。因此，在2016年，国务院发布了土壤污染防治计划，俗称"土十条"，这是一个从土壤使用中的"污染预防"到后端的"污染土壤管理"的土壤综合污染防控计划。

思考题

1. 什么是土壤污染？土壤污染的主要来源和危害是什么？
2. 土壤的固相组成包括哪两部分？什么是原生矿物？什么是次生矿物？
3. 土壤的水分组成包括哪些？土壤空气与大气的组分有何异同？
4. 土壤剖面的组成一般是怎样的？什么是土壤圈？它与其他圈层的关系是怎样的？
5. 现阶段，我国农用地和建设用地土壤污染如何判定？土壤污染对环境产生风险包括哪些环节？
6. 什么是原位修复技术？什么是异位修复技术？它们各自的适用原则是什么？
7. 土壤污染控制技术包括哪些？其中，生物技术有哪些，物理技术有哪些，化学技术有哪些？
8. 什么是植物修复？它分为哪几种？各自的适用范围是什么？什么是超富集植物？它对重金属的耐性和解毒机理是什么？
9. 什么是微生物修复，它的主要优缺点有哪些？主要的原位和异位微生物修复技术有哪些？
10. 什么是防渗墙？在污染地块中使用它的目的是什么？
11. 什么是热脱附技术？它的基本原理和适用条件是什么？
12. 什么是土壤蒸汽抽提-曝气技术？它的适用条件是什么？
13. 什么是固化/稳定化技术？常用的土壤稳定剂有哪些？
14. 土壤淋洗技术降低污染物浓度的机理是什么？该技术的适用性如何？
15. 什么是土壤化学氧化或还原技术？主要的氧化剂或还原剂有哪些？它们的适用性如何？
16. 渗透反应格栅处理地下水的基本原理是什么？它有什么优缺点？
17. 什么是绿色可持续修复技术？它在未来的前景如何？
18. 某地块占地37000 m²，原为冶炼厂的厂址，以金属冶炼为主，现已关闭。距该场地1 km范围内无湖泊、河流等地表水，居民饮用水来源主要为自来水厂供水，农田为旱地，灌溉用水为自然降水。该场地经采样调查，发现重点关注污染物为As和Ni。As的平均浓度为41.9 mg/kg，该值超GB 36600第一类用地筛选值，最大值为668 mg/kg，超筛选值32.4倍，超管制值4.567倍；Ni的平均浓度为117.52 mg/kg，最大值为1394 mg/kg，超筛选值8.293倍，超管制值1.323倍。这些污染物主要集中在地层0～3 m区域。含水层的渗透系数为3.6×10^{-6} cm/s，场地内赋存的地下水为上层滞水,勘察期间测得稳定水位为 4.8～9.0 m。场区内地下水均不超标。该场地拟作为居住用地使用。请问:如需进行土壤污染修复,可采取哪些修复技术?还需要考虑哪些因素?

参考文献

[1] 布雷迪,韦尔. 土壤学与生活:第 14 版 [M]. 李保国,徐建明,译. 北京:科学出版社,2019.

[2] 生态环境部土壤生态环境司,生态环境部南京环境科学研究所. 土壤污染风险管控与修复技术手册 [M]. 北京:中国环境出版集团有限公司,2023.

[3] ALAM M G M, TOKUNAGA S, MAEKAWA T. Extraction of arsenic in a synthetic arsenic-contaminated soil using phosphate [J]. Chemosphere, 2001, 43 (8):1035 – 1041.

[4] CLEMENS S, PALMGREN M G, KRÄME U. A long way ahead: understanding and engineering plant metal accumulation [J]. Trends in plant sciences, 2002, 7 (7):309 – 315.

[5] TAMPOURIS S, PAPASSIOPI N, PASPALIARIS I. Removal of contaminant metals from fine grained soils, using agglomeration, chloride solutions and pile leaching techniques [J]. Journal of hazardous materials, 2001, 84 (2/3): 297 – 319.

[6] VAN DER ENT A, BAKER A J M, REEVES R D, et al. Agromining: farming for metals in the future? [J]. Environmental science & technology, 2015, 49 (8):4773 – 4780.

[7] VERBRUGGEN N, HERMANS C, SCHAT H. Molecular mechanisms of metal hyperaccumulation in plants [J]. New phytologist, 2009, 181 (4): 759 – 776.

第 5 章 固体废物处理与处置工程

党的二十大报告指出,新时代新征程,要以中国式现代化全面推进中华民族伟大复兴,中国式现代化是人与自然和谐共生的现代化。因此,我们要推进美丽中国建设,统筹产业结构调整、污染治理、生态保护、应对气候变化,协同推进降碳、减污、扩绿、增长,推进生态优先、节约集约、绿色低碳发展。报告指出,推进美丽中国建设的重点之一是加快发展方式绿色转型。推动经济社会发展绿色化、低碳化是实现高质量发展的关键环节。因此,要实施全面节约战略,推进各类资源节约集约利用,加快构建废弃物循环利用体系。

固体废物通常是指人类社会生产、流通、消费等一系列活动中产生的无用、不用或丢弃的以固态和泥状存在的物质。《中华人民共和国固体废物污染防治法》(简称《固废法》)明确提出:固体废物是指在生产、生活和其他活动中产生的丧失原有利用价值或者虽未丧失利用价值但被抛弃或者放弃的固态、半固态和置于容器中的气态的物品、物质以及法律、行政法规规定纳入固体废物管理的物品、物质。

固体废物可按其形态、燃烧性及来源等不同方式进行分类。按形态进行分类,固体废物可分为液态、半固态(泥状)和固态废物三类;按燃烧性进行分类,其可分为可燃性、不燃性和难燃性废物三类;按来源进行分类,其可分为工业固体废物、城市生活垃圾、农林渔业固体废物和危险废物四类。

固体废物特别是有害的固体废物,若处理处置不当,会通过不同途径污染环境和危害人体健康,其对人类环境的危害具有多样性、长期性与潜在性,主要包括侵占土地、污染土壤、污染水体、污染大气及影响公共环境卫生等。我国的《固体废物污染环境防治法》确立了对固体废物进行全过程管理的原则,提出了固体废物污染防治的"三化"原则,即减量化、资源化、无害化,符合低碳、环保与可持续发展的政策。固体废物处理指通过物理、化学、生物等不同方法,使固体废物转化为适于运输、储存、资源化利用及最终处置的一种过程,一般包括预处理和资源化处理。固体废物处置主要解决固体废物的归属问题,是固体废物污染控制的末端环节,指最终处置或安全处置。

5.1 固体废物的预处理技术

固体废物在进行焚烧、热解、堆肥等中间处理和最终处置之前,为了清运、有用成分的分离与资源回收,通常要对其进行一定的预处理。固体废弃物预处理主要采用物理处理,废物的性质一般不发生改变,包括破碎、分选、压实、脱水与干燥等。固体废弃物预处理的目的包括：①回收固体废弃物中的资源；②提高固体废弃物的清运效率；③提高后续处理（如焚烧及堆肥等）的处理效率；④减小对后续处理装置和设备的损害；⑤减小后续处理处置的成本；⑥便于程序间的运输和储存。

5.1.1 破碎

5.1.1.1 概述

1. 破碎的定义

通过机械力或其他外力（如热、电、超声波）的作用，破坏物体内部的凝聚力和分子间作用力，使大块物分裂为小块，从而降低其体积尺寸，这个过程统称为破碎。使小块固体废物颗粒分裂成细粉的过程称为磨碎。

2. 破碎的目的

固体废弃物的破碎是其预处理中重要的一环，通常也是最先进行的一步。固体废弃物的破碎预处理目的一般包括：

（1）减小固体废弃物的体积并使其粒径均匀化，有利于储存和清运。

（2）减小固体废弃物的粒径，使其比表面积增大，有利于提高后续处理的效率，如提高焚烧、热裂解及堆肥等的处理效率。

（3）减小固体废弃物的体积，可在后续填埋处理时增加压实密度、促进微生物的分解作用，以及加速土地的稳定化和还原利用。

（4）回收部分资源（如干电池破碎后可回收金属外壳），或通过提供合适的粒度，进而提高后续分选时回收资源的能力。

（5）减小固体废弃物的体积，防止粗大或尖锐的固体废物损伤后续分选、焚烧等操作的设备。

3. 破碎的分类与选择

破碎按照其作用力的不同大致可分为以下两种：

（1）机械破碎。机械破碎是指利用破碎工具对固体废弃物施加机械力从而将其破碎的方法。机械破碎作用分为挤压、劈碎、剪切、磨剥、撕裂和冲击等。

（2）非机械破碎。非机械破碎是指利用电能、热能、超声波及微波等对固体废弃物进行破碎的方法，如低温、热力、减压及超声波破碎等。

固体废弃物的机械强度，尤其是硬度，是其破碎方式选择的一个主要依据。一般来说，坚固固体废物是指抗压强度不低于 250 MPa 的固体废物，软性固体废物是指抗压强度不超过 40 MPa 的固体废物。对于抗压强度较高的、坚硬的固体废物而言，压碎、劈碎或冲击式破碎较有效；对于抗压强度较低的、具有塑性或韧性的固体废物（如橡胶、塑料等），考虑采用剪切破碎或磨碎的方式；折断和冲击式破碎的方式则适于处理较脆的固体废物。

5.1.1.2 破碎设备

固体废弃物所采用的机械破碎装置,按照其原理及机械作用力的不同可有如下分类:①压碎机,常见的压碎机有颚式压碎机;②磨碎机,常见的有磨球式磨碎机;③切碎机,常见的有剪切式破碎机;④辊轴式破碎机,如辊式破碎机;⑤冲击式破碎机,常见的有锤式破碎机等。

1. 颚式压碎机

颚式压碎机利用机器中的硬体面将固体废物挤压、折断成较小的碎片,从而实现破碎。图5.1显示了颚式压碎机的基本构造,其主要由固定颚板、可动颚板、偏心转动轴等组成。颚式压碎机主要的工作原理是偏心转动轴不断地转动,可动颚板在偏心转动轴的驱动下做简单的往复运动,进入固定颚板与可动颚板间的固体废弃物就会因挤压而破碎。颚式压碎机可用于处理硬度大、抗压强度大、具腐蚀性的物料。其具有构造简单、不易堵塞、处理量大及可处理混杂的废物(如混杂玻璃、金属类)等优点,但其也存在能耗大、破碎效率较低、压碎后粒径较大且不均一等缺陷。

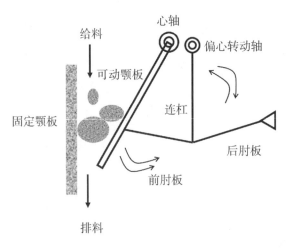

图5.1 颚式压碎机

2. 磨球式磨碎机

磨球式磨碎机利用设备内硬体面——磨球,将物料来回多次地破碎。磨球式磨碎机的结构如图5.2所示。物料由磨球式磨碎机进料端空心轴装入筒体内,当磨球式磨碎机筒体转动时,研磨体由于惯性、离心力和摩擦力的作用,附在筒体衬板上被筒体带走,当被带到一定的高度时候,由于其本身的重力作用而被抛落,下落的研磨体像抛射体一样对筒体内的物料产生击碎及研磨的作用。磨球式磨碎机具有以下特点:①破碎方式较彻底,破碎成品粒径较细;②主轴承采用了大直径双列调心滚子轴承,代替原来的滑动轴承,减少了摩擦,降低耗能,磨机容易启动;③保留了普通磨机的端盖结构形式,大口径进出料口,处理量大;④给料器分为联合给料器和鼓形给料器两种,结构简单,分体安装;⑤没有惯性冲击,设备运行平稳,减少了磨机停机维修时间,提高了效率。

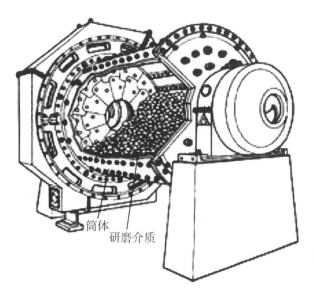

图 5.2 磨球式磨碎机

3. 剪切式破碎机

剪切式破碎机利用设备内部不断旋转的飞刀,对进料进行剪切破碎。剪切式破碎机的结构如图 5.3 所示。剪切式破碎机通过固定刀和可动刀(往复式刀或旋转式刀)之间的啮合作用,将固体废物切开或割裂成适宜的形状和尺寸,特别适合破碎低 SiO_2 含量的松散废物。剪切式破碎机具有刀轴转速低、高效、节能、噪音低、破碎比大、出料粒度均匀、粉尘小及对韧性物料破碎效果好等优点,但其不利于分类且刀口容易受到杂质的影响。

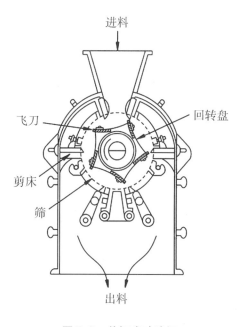

图 5.3 剪切式破碎机

4. 辊式破碎机

辊式破碎机又称为对辊破碎机,其利用冲击、剪切和挤压作用对固体废物进行破碎。辊式破碎机的结构如图5.4所示,其利用光辊轴或齿辊轴,将固体废物夹于两个同步转动或一个滚动而另一个固定的弧状破碎板的辊轴间,进而将固体废物折断和磨碎。这种破碎机主要用于破碎脆性材料,对延性材料只能起到压平作用。在资源回收和废物处理领域,辊式破碎机既可用于废物的破碎,也可用于对含有玻璃器皿、铝和铁皮罐的废物进行分选。辊式破碎机具有结构简单、紧凑、轻便、工作可靠、价格低廉、能耗低、产品过度粉碎程度小等优点,因此被广泛用于处理脆性物料和含泥黏性物料,作为中细碎之用。

图5.4 辊式破碎机

5. 锤式破碎机

锤式破碎机是应用最普遍的一种工业破碎设备,其利用冲击、摩擦和剪切作用对固体废物进行破碎。锤式破碎机的结构如图5.5所示。主体破碎部件包括多排重锤和破碎板,锤头以铰链方式装在各圆盘之间的销轴上,可以在销轴上摆动,电动机带动主轴、圆盘、销轴及锤头(合成转子)高速旋转。该机主要用于水泥、选煤、发电、建材及复合肥等行业,它可以把大小不同的原料破碎成均匀颗粒,以利于下一道工序加工,机械结构可靠,生产效率高,适用性好。锤式破碎机具有破碎比大(一般为10~25,高者达50)、生产能力高、产品均匀、单位产品能耗低、结构简单、设备质量轻、操作维护容易等优点,但其震动及噪声大,锤头磨损快,粉尘多,一般需要采取隔离和防震措施,并且检修和找平衡时间长。

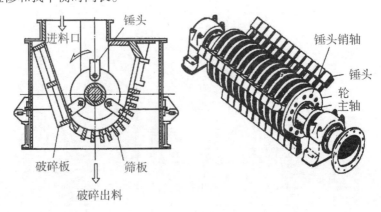

(a) 纵剖面　　　　　　　　　　(b) 卧轴与锤组合件

图5.5 锤式破碎机

5.1.1.3 破碎效果衡量指标

衡量破碎机破碎效果的指标主要有破碎比及单位动力消耗。

1. 破碎比

破碎比是指固体废物在破碎前后粒径的比值,表示为:

$$i = \frac{D}{d} \tag{5-1}$$

式中,i 为破碎比,D 为破碎前固体废物粒径,d 为破碎后固体废物粒径。

破碎比按照使用的破碎前后固体废弃物粒径的不同又可分为粗略破碎比和平均破碎比两种。粗略破碎比是指破碎前后固体废弃物最大粒径的比值,该值一般在工程设计中应用较多,通常在已知需破碎的固体废物的最大粒径后选择破碎机,根据破碎机的进出料口宽度即可确定粗略破碎比。平均破碎比是指破碎前后固体废物平均粒径的比值,该值更能科学合理地反映固体废物的破碎程度。一般破碎机的平均破碎比为 3~30,而磨碎机的平均破碎比可高达 40~400。

2. 单位动力消耗

单位动力消耗指的是单位质量破碎产品的能量消耗,一般用于判断破碎机的经济性,可根据 Kick 定律进行计算:

$$E = c\ln\frac{D}{d} \tag{5-2}$$

式中,E 为单位质量破碎产品的动力消耗,单位为 kW·h/t;c 为动力消耗常数,单位为 kW·h/t;D 为破碎前固体废物粒径;d 为破碎后固体废物粒径。

5.1.2 分选

分选是指利用各种机械、电学、光学的方法将固体废物加以分类或筛除的过程。对固体废弃物进行分选预处理的目的一般有回收资源、剔除不适合中间处理的成分以提高后续的中间处理的效率、避免二次公害的产生等。例如,在分选时将不适合堆肥或焚烧的成分先分选出来并加以剔除,可降低焚烧等操作的负荷,也可提高焚烧效率或堆肥的效果,且剔除了焚烧中可能产生二噁英等有害焚烧产物的各种废物,避免二次污染的产生。

根据物料的物理性质和化学性质分别采用不同的分选方法,包括人工分选、筛分、重力分选、磁力分选、电力分选、涡电流分选等分选技术。

5.1.2.1 筛分

筛分是利用筛子使物料中小于筛孔的细粒物料透过筛面,而大于筛孔的粗粒物料留在筛面上,完成粗料、细料分离的过程。常见的筛分设备有固定筛、滚动筛和振动筛三种。

1. 固定筛

固定筛是最简单的筛分设备,筛面由许多平行排列的筛条组成,固定不动,可水平安装或倾斜安装,依靠物料自重沿筛面下滑而筛分。固定筛虽然单位面积处理能力和筛分效率低,但因为其构造简单、不耗用动力、没有运动部件、设备费用低和维修方便,所以在选煤厂广泛应用。

2. 滚动筛

滚动筛(图5.6)也称为转动筛。滚动筛筛面为带孔的圆柱形筒体或截头圆锥形筒体,在传动装置带动下,筛筒绕轴缓慢回转,转速一般为 10～15 r/min。物料由筛筒的一端给入,被旋转的筒体带起,到达一定高度后,因受重力作用,自行落下,如此不断起落运动,使小于筛孔尺寸的颗粒透筛,而筛上物则逐渐移至筛筒的另一端排出。滚动筛的单位面积处理能力低、筛孔易堵塞、筛分效率低,因此目前只有少数选煤厂在粗粒、中粒物料的筛分和脱水中使用。

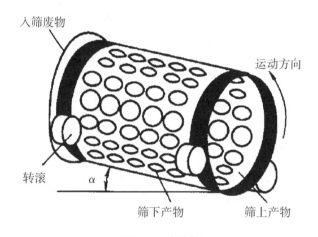

图 5.6 滚动筛

3. 振动筛

振动筛(图5.7)是目前许多工业部门最广泛应用的筛分设备。振动筛具有带平面筛面的矩形筛箱,筛箱用弹性元件支承(或吊挂)在支架上并用激振器进行激振,是一个弹性振动系统,其振幅受给料及其他动力学因素的影响,可人为改动。振动筛适用于各粒级物料的分级和中粒、细粒级煤的脱水、脱泥和脱介。其效率高,质量轻,系列完整多样,层次多。振动筛一般适用于干物料的筛分,其筛分效果可以满足需求,但对于水分高、有黏附性的物料,该机型不适宜,因为工作时的振动会使物料更紧实地黏附于筛面,造成物料拥堵或者被迫停机,并且振动筛工作时噪音和粉尘较重。

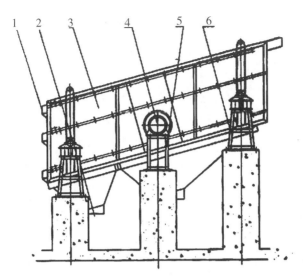

1—支架；2—弹簧；3—电动机；4—筛体；5—出料口；6—激振器。

图 5.7 振动筛

5.1.2.2 重力分选

重力分选是在活动或流动的介质中按颗粒的密度或粒度的不同进行分选的过程。重力分选的方法很多，按作用原理可分为风力分选（气流分选）、水力分选、惯性分选、重介质分选、摇床分选等。

1. 风力分选

风力分选的基本原理是利用空气作为分选介质，在气流与重力的共同作用下，固体废物由于比重大小不同，在气流中的运动轨迹存在差异，以此区分出不同比重、粒径的固体废物。在风力分选机中，气流将较轻的物料向上带走或在水平方向上带向较远的地方，重物料则由于向上气流不能支承它而沉降，或是由于惯性大不易被剧烈改变方向而穿过气流沉降。被气流带走的轻物料再进一步从气流中分离出来，一般用旋流器分离。

风力分选设备按照气流吹入方向的不同，可分为水平风力分选机（卧式风力分选机）和垂直风力分选机（立式风力分选机）两种。

水平风力分选机的结构如图 5.8 所示。经过破碎与筛分后的固体废弃物颗粒从进料口均匀地给入机内，空气气流由侧面进入，在气流与自身重力的作用下，不同比重的固体废物颗粒的运动轨迹不同，较轻的颗粒在水平方向上的迁移距离比重颗粒更大，两者分别落入不同的收集槽中，从而实现不同比重的固体废物颗粒的分离。水平风力分选机的构造简单，因此维修方便，但其分选精度较低。

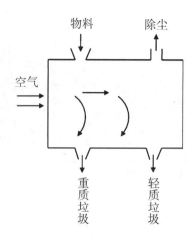

图 5.8　水平风力分选机

垂直风力分选机的构造如图5.9所示。经破碎后的固体废弃物从垂直风选机的中部均匀投入，固体废弃物颗粒在风选机中同时受到上升气流及自身重力的作用。由于不同比重的固体废物颗粒在垂直方向上的运动轨迹不同，重质颗粒落入底部排出，轻质颗粒则被气流带走，从顶部经过旋风除尘器分离排出，从而实现不同比重的固体颗粒物的分离。与水平风力分选机相比，垂直风力分选机的分离精度较高。

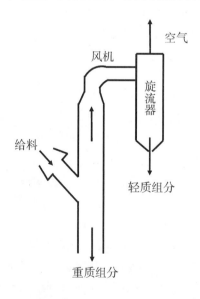

图 5.9　垂直风力分选机

2. 水力分选

水力分选也叫水力跳汰，是在垂直变速水流中按密度分选固体废物的一种方法（图5.10）。在水力分选中，磨细的混合固体废物中存在不同密度的粒子群，它们在垂直脉动的水流中按密度分层，小密度的颗粒群（轻质组分）位于上层，大密度的颗粒群（重质组分）位于下层，从而实现物料的分离。

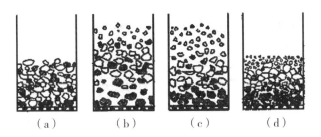

(a) 分层前颗粒混杂堆积；(b) 上升水流将床层抬起；(c) 颗粒在水流中沉降分层；
(d) 水流下降，床层密集，重矿物进入底层。

图 5.10　水力分选过程

5.1.2.3　磁力分选

磁力分选是借助磁选设备产生的磁场使铁磁物质分离的一种方法。将固体物料送入磁选设备后，磁性颗粒在不均匀磁场的作用下被磁化，进而受到磁场吸引力的作用，磁性颗粒被吸在鼓上，而非磁性物质则无法被吸附，被吸附的磁性颗粒最终被送至排料末端的非磁性区排出，从而实现了磁性物质和非磁性物质的分离。在固体废物的处理系统中，磁选主要用于回收或富集黑色金属，或是在某些工艺中用以排除物料中的铁质物质。常见的磁选设备包括滚筒式磁选机和带式磁选机两种。

1. 滚筒式磁选机

滚筒式磁选机（图 5.11）将一个悬挂式的圆筒状磁鼓装在一台物料传送机的一端，再用一传送带输送固体废物颗粒，待分选的固体废物颗粒进入圆筒磁鼓产生的不均匀磁场后，磁性物质被磁化进而吸附在圆筒磁鼓上，并随圆筒磁鼓转动，最后到达非磁性区脱落，非磁性物质则由于未被圆筒磁鼓吸附而与磁性物质分开。

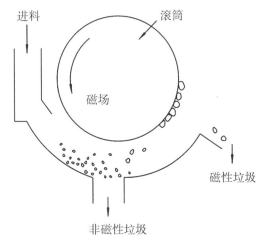

图 5.11　滚筒式磁选机

2. 带式磁选机

带式磁选机（图 5.12）在传送带上方配有固定磁铁，用于吸附固体废物颗粒中的磁性物质，被吸附的磁性物质被传动皮带送到非磁性区时自动掉落下来，非磁性物质则由于未被磁铁吸附而与磁性物质分开。

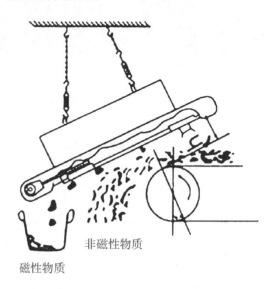

图 5.12 带式磁选机

3. 磁力分选效果影响因素

磁力加速度是衡量磁力分选效果的重要指标，其可表示为

$$a_m = \frac{1}{\mu_0} \chi B \mathbf{grad}\, B \tag{5-3}$$

式中，a_m 为磁力加速度，μ_0 为真空磁导率，B 为磁场强度，$\mathbf{grad}\, B$ 为磁场梯度，χ 为相对磁化系数。

5.1.2.4 电力分选

1. 基本原理

电力分选是利用固体废物中各种组分在高压电场中电性的差异来实现分选的一种方法。物料随滚筒转动进入电晕电场区后，由于空间带有电荷而获得负电荷。物料中的导电颗粒荷电后立即在滚筒上放电，滚筒进入静电场之后，导电颗粒负电荷释放完毕并从滚筒上获得正电荷而被排斥，在电力、重力、离心力的综合作用下排入料斗。导电性差的颗粒或非导体颗粒不易在滚筒上失去所带负电荷，因此与滚筒相吸被带到滚筒后方用毛刷强制刷下，从而完成了分选过程。电力分选适用于粒径在 0.5～2 mm 之间的有色金属与非金属固体颗粒的分离，铁磁性金属不太适用。

按电力分选机的电场特性，分为电晕分选机和静电分选机（图 5.13）两类。

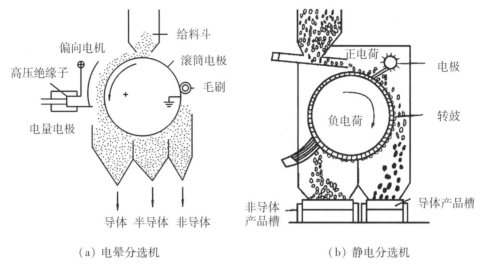

(a)电晕分选机　　　　　　　(b)静电分选机

图 5.13　两种电力分选机

2. 电力分选效果影响因素

影响电力分选效果的因素有很多，包括分选机本身的操作条件及待分选固体废弃物的性质等。

(1) 电压。电压一般为 100～200 kV，若电压过大，则容易击穿；若电压过小，则分离效果差。

(2) 转速。转速太高会导致某些固体颗粒无法荷电而影响分离效果，转速太低又会影响分离效率。

(3) 给料速度。电力分选需要保证单层喂料。

(4) 滚筒直径。滚筒的直径会影响电场范围，进而影响固体废弃物的荷电与分离。

(5) 固体颗粒粒径。粒径应在 0.5～2 mm 之间，只有粒径小于 2 mm 的固体废弃物颗粒才能产生电晕电荷，粒径小于 0.5 mm 的颗粒间会产生静电吸附，难以分离。

(6) 空气湿度。空气湿度会影响电场分布及电晕电荷的产生，湿度过大会导致颗粒之间相互黏附。

5.1.2.5　涡电流分选

涡电流分选（图 5.14）是利用物质电导率不同的一种分选技术。涡电流分选机中的磁石转筒高速旋转，产生一个交变磁场，当具有导电性能的有色金属通过磁场时，有色金属内产生涡电流，涡电流本身产生交变磁场，并与磁石转筒产生的磁场方向相反，即对有色金属产生排斥力，同时，转筒转动还对有色金属颗粒具有剪切力，使有色金属从料流中分离出来，并到达最远端；非金属材料由于不与磁场产生作用力，因此其只受到转筒的剪切力而分离，其在横向的迁移距离比有色金属小；铁磁性金属则会被吸附在转筒上，运动到转筒的后下方因转刷等外力作用而与转筒分离，从而达到非金属、有色金属及铁磁性金属分选的目的。影响涡电流分选效果的因素大致包括转速、颗粒物粒径（固体废弃物颗粒粒径一般为 2～20 mm，过大、过小均无法产生涡电流）和固体废弃物颗粒形状。

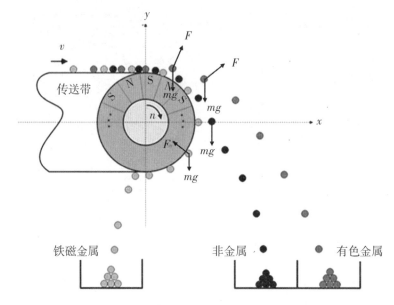

图 5.14　涡电流分选机

5.1.3　压实

压实又称为压缩，是通过施加外力的方法增加固体废物的聚集程度，增大容重和减小体积，以便于装卸、运输、贮存和填埋的过程。

压实的目的，一是增大容重和减少体积，便于装卸和运输，确保运输安全与卫生，降低运输成本；二是制取高密度惰性块料，便于贮存、填埋或再利用（如作建筑材料）。可燃、不可燃或放射性废物都可进行压实处理。

5.1.3.1　压实设备

压实设备也称为压实器，根据操作情况，可分为固定式和移动式两大类。凡是人工或机械方法（液压方式为主）把废物送到压实机械中进行压实的设备称为固定式压实器，移动式压实器则是指在填埋场现场使用的轮胎式或履带式压实机等。

1. 水平压实器

水平压实器（图 5.15）是一种固定式压实器，其利用做水平往复运动的压头将废物压到矩形或方形的钢制容器中，从而实现固体废物体积的减小。水平压实器适用于压实城市垃圾，首先将垃圾加入装料室，启动具有压面的水平压头，使垃圾致密化和定型化，然后将坯块推出。推出过程中，坯块表面的杂乱废物受破碎杆作用而被破碎，不至于妨碍坯块移出。

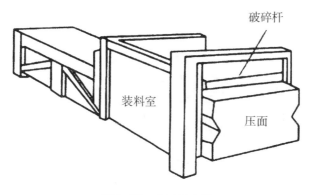

图 5.15 水平压实器

2. 三向联合式压实器

三向联合式压实器（图 5.16）也属于固定式压实器，其具有 3 个互相垂直的压头，可依次向设备中松散的固体废弃物进行施压，逐渐使固体废物的空间体积缩小，容重增大，最终达到一定的尺寸，从而实现固体废弃物的压实。经过三向联合式压实器压后尺寸一般在 200～1000 mm 之间。三向联合式压实器适合于压实松散金属废物。

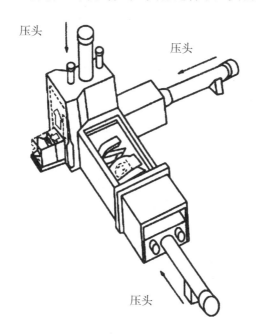

图 5.16 三向联合式压实器

3. 回转式压实器

回转式压实器（图 5.17）也是一种固定式压实器，其具有 2 个压头和 1 个旋动式压头。废物装入回转式压实器的容器单元后先按水平式压头 1 的方向压缩，然后按箭头的运动方向驱动旋动式压头，使废物致密化，最后按水平式压头 2 的运动方向将废物压至一定尺寸后排出。回转式压实器一般适于体积小、质量小的废物。

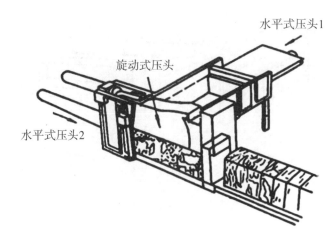

图 5.17 回转式压实器

4. 填埋夯实压实机

填埋夯实压实机（图 5.18）是一种移动式压实器，其主要用于填埋场夯实填埋废物，以减小填埋废物的体积及增加填埋场的容量。填埋夯实压实机的重型夯锤在外力的作用下提升至一定高度，之后在重力及其他外力的作用下下降，猛烈冲击松散的固体废弃物，从而实现固体废弃物的减容与压实。

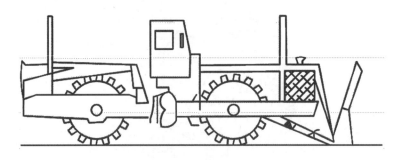

图 5.18 填埋夯实压实机

5.1.3.2 压缩比及压实器的选择

1. 压缩比

固体废弃物的压实程度通常可用其体积减小的程度来表示，即压缩比，其计算公式如下：

$$R = \frac{V_i}{V_f} \tag{5-4}$$

式中，R 为固体废弃物的体积压缩比，V_i 为固体废弃物压缩前的体积，V_f 为固体废弃物压缩后的体积。

固体废弃物的压缩比一般取决于其本身的性质及外界（压实器）施加的压力。适用于压实处理的物质一般具有较好的压缩性能及较小的复原性能，如填埋垃圾及纸张。

强度较大的刚性材料，如玻璃、金属及木材等，则不适合采用压实处理。在压实的过程中，施加的外力越大，压实的效果越好，因此不同的压实器由于其本身所能提供的外界机械力的不同而具有不同的压实效果。

2. 压实器的选择

为了最大限度对固体废弃物进行压实，以获得最高的压缩比，达到最大的减容效果，在选择或设计压实装置时应考虑的主要因素包括废物压实后的用途或后续的处理方式、废物本身的特性（如水分、密度、成分、硬度）、压实装置本身的性能等。

5.1.4 脱水与干燥

脱水与干燥的目的均是减小固体废弃物的水分。脱水与干燥一方面有利于固体废弃物的减容，以便于包装与运输；另一方面可以提高固体废弃物的热量，进而提高后续焚烧等中间处理的效率，促进其资源化利用。

虽然脱水与干燥均以降低固体废弃物含水量为目的，但两者的基本原理存在差异。脱水以机械能为动力，即机械脱水，其常见的脱水方式包括浓缩脱水、压滤脱水、离心脱水及真空脱水等。干燥则以热量传导使固体废弃物中的水分气化，进而将其去除，包括热介质对流（热风）、加热面传导及辐射传热等不同方式。

5.1.4.1 脱水

固体废弃物常见的脱水方式包括浓缩脱水、真空脱水、离心脱水及压滤脱水等。

1. 重力浓缩脱水

重力浓缩本质上是一种沉淀工艺，属于压缩沉淀。浓缩前由于污泥浓度很高，颗粒间彼此接触。浓缩开始以后，在上层颗粒的重力作用下，下层颗粒中空隙水被挤出界面，颗粒之间更加紧密。通过这种挤压过程，污泥浓度进一步提高，从而实现污泥浓缩。重力浓缩脱水后的污泥含水率一般为 95% ~ 97%。

重力浓缩设备一般为重力污泥浓缩池，池体一般采用圆形，进泥管在池中心，进泥点在池深一半处，排泥管设在池中心底部的最低点，上清液自液面池周的溢流堰溢流排出。较大的浓缩池一般都设有污泥浓缩机。污泥浓缩机为一底部带刮板的回转式刮泥机。底部污泥刮板可将污泥刮至排泥斗，便于排泥。上部的浮渣刮板可将浮渣刮至浮渣槽排出。刮泥机上装设一些栅条，可起到助浓作用，随着刮泥机转动，栅条搅拌污泥，有利于空隙水与污泥颗粒的分离。浓缩池排泥方式可用泵排，也可直接重力排泥。后续工艺采用厌氧消化时，常用泵排，以便直接将排除的污泥泵送至消化池。

重力污泥浓缩池一般分为连续式与间歇式两种。连续式浓缩池（图 5.19）类似于辐流式沉淀池，一般为直径 5 ~ 20 m 的圆形或矩形钢筋混凝土构筑物，可分为带刮泥机和搅动栅浓缩池、不带刮泥机浓缩池、带刮泥机多层浓缩池；间歇式浓缩池是间断浓缩的，上清液虹吸排出，仅用于小型处理厂的污泥脱水。

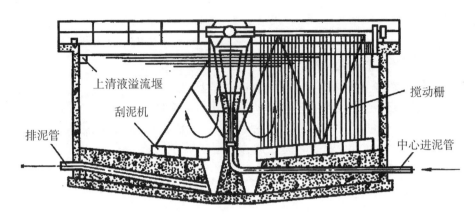

图 5.19 带刮泥机与搅动栅的连续式浓缩池结构示意

2. 气浮浓缩脱水

气浮浓缩是使溶于水中的气体以微气泡的形式释放出来，并能迅速又均匀地附着于污泥固体颗粒上，使固体颗粒的密度小于水而产生上浮，最后用刮泥机刮出，从而达到固体颗粒与水分离的方法。气浮浓缩具有以下优点：①浓缩速度快，处理时间一般为重力浓缩的 1/3 左右；②占地较少；③生成的污泥较干燥，表面刮泥较方便；④很适用于比重接近于 1 g/cm^3 的固体废物颗粒的处理。但气浮池基建和操作费用较高，管理较复杂，气浮浓缩费用一般较重力浓缩高 2～3 倍。

气浮浓缩脱水的设备为气浮浓缩池（图 5.20），常用的气浮工艺采用加压溶气气浮系统。气浮浓缩池分离出的上清液进入贮存池，部分上清液排至污水处理系统进行处理，另一部分被加压泵抽取加压。加压后的污水在管路内与空压机压入的空气混合之后，进入溶气罐。在溶气罐内，大部分空气溶入污水中，溶气后的污水与进入的污泥在管道内混合后进入气浮池。入池后，由于压力剧减，溶气会形成大量的细微气泡，这些气泡附着在污泥絮体上，使絮体随之一起上升。升至液面的絮体大量积累后形成浓缩污泥，从而实现了污泥的浓缩。常用链条式刮泥机将污泥刮至积泥槽，然后进入脱气池搅拌脱气，将污泥中的溶气全部释放出来。

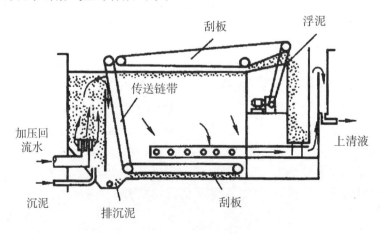

图 5.20 气浮浓缩池

3. 离心脱水

离心脱水的原理与离心分离相同,即利用离心脱水机中高速旋转产生的离心力,使固体废弃物中的固体和液体分离。

离心脱水的效果可以用分离因数表示,分离因数是指固体废弃物颗粒在离心脱水机中所受到的离心力与重力的比值,分离因数越大脱水效果越好。分离因数的计算公式为:

$$Z = \frac{m\omega^2 r}{mg} = \frac{\omega^2 r}{g} \tag{5-5}$$

式中,Z 为分离因数;m 为固体废弃物颗粒的质量,单位为 kg;ω 为离心脱水机的角速度;r 为离心脱水机的半径,单位为 m;g 为重力加速度,单位为 m/s²。

一般情况下,Z 为 1000~1500 的为低速离心机,Z 为 1500~3000 的为中速离心机,$Z>3000$ 的为高速离心机。

离心脱水机一般为转筒式离心脱水机(图 5.21),其主要构件包括旋转筒、螺旋送料器、主马达、差速齿轮箱、外罩及控制盘等,转筒式离心机一般用于污泥的脱水。污泥进入旋转筒后,受到离心力的作用,污泥固体颗粒向外移动,并在旋转筒内侧形成污泥饼,而与旋转筒同轴但反向旋转的螺旋送料器,相当于螺旋输送机,将污泥饼移往排泥出口,其间污泥饼不断受到离心力的作用,颗粒彼此挤压,进一步将其中的水分排出,从而实现污泥中水分的脱除。

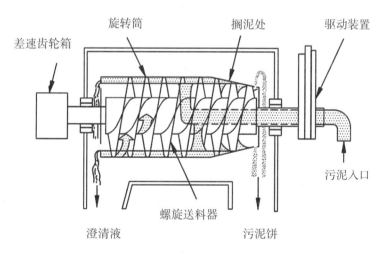

图 5.21 转筒式离心脱水机

4. 压滤脱水

压滤脱水是以具有许多毛细孔的物质为过滤介质,以过滤介质两侧产生压差为过滤的推动力,使固体废物中的溶液强制通过过滤介质成为滤液,固体颗粒被截留成为滤饼的固液分离操作。压滤脱水可分为间歇型与连续型,间歇型的典型压滤机为板框压滤机,连续型的典型压滤机为带式压滤机。

带式压滤机(图 5.22)由两组同向移动的回转带组成,上面为金属丝网做成的压榨带，下面为滤布做成的过滤带。污泥在带式压滤机上一般经历以下三个过程：①重力排水段，污泥排入一段水平行走的滤带上，利用固定而交错的犁片，不断将污泥拨开，并使其中的自由水以重力方式排出；②楔形段，污泥进入两片逐渐闭合的滤带之间，施于污泥的压力逐渐增加，并形成稳定的污泥饼；③剪力段（又称为高压段），滤带在 8～14 组滚轮间以 "S" 形绕行，施于污泥饼的压力为 3～15 psi（1 psi = 6.895 kPa），此时污泥饼中的水分持续排出，并在离开滤带前达到最终含水率。通过带式压滤机脱水后的污泥滤饼含水率可降至 80% 左右。带式压滤机的特点是把压力直接施加在滤布上，用滤布的压力或张力使污泥脱水，而不需真空或加压设备，因此消耗动力少，并可以连续运行。

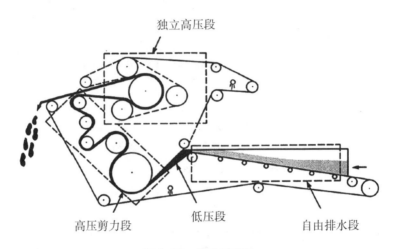

图 5.22　带式压滤机

自动板框压滤机（图 5.23）主要构件一般包括框架、滤板、滤布或隔膜、油压装置、进料泵及控制盘等，其开板、污泥饼剥除、滤布清洗、关板等程序均为自动化，有助于减少所操作人力。自动板框压滤机采用批次操作，其一批次运转包含以下步骤：①关板，以人工或自动机制，将滤板移往脱水机框架的固定端，再以油压装置紧密压合所有滤板，防止污泥由滤板间缝隙渗漏；②进料，污泥通过进料泵送入并充满整个污泥室；③挤压，提高污泥室压力，以排除污泥水分，其又分为定容式及变容式，定容式一般以滤布为过滤介质，变容式则以具弹性的隔膜为过滤介质；④开板，完成挤压程序后，先解除脱水机压力，然后人工或以自动机制将原本密合的滤板移开；⑤排泥，将附着于滤布的污泥饼剥除；⑥滤布清洗，以高压水清洗滤布表面，去除阻塞的污泥颗粒。

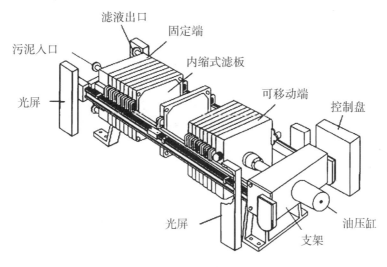

图 5.23 板框压滤机

5.2 固体废物的资源化处理技术

固体废物常被称为放错地方的资源。从《固废法》中对于固体废弃物的定义可以看出，废物仅仅是相对于某一过程或某一方面没有价值，而并非在一切过程或一切方面均没有价值，某一过程产生的固体废物可能是另一过程的原料，例如，高炉渣可以作为水泥生产的原料，有机垃圾（如餐厨垃圾）可以发酵制成肥料，因此固体废弃物一般同时具有废物和资源的二重性。

固体废弃物的资源化具有重大意义，尤其在"双碳"政策的背景下，深化固体废物管理制度改革，探索建立长效体制机制，以大宗工业固体废物、主要农业废弃物、生活垃圾和建筑垃圾、危险废物为重点，实现源头大幅减量、充分资源化利用和安全处置，始终坚持绿色低碳循环发展。

固体废弃物的资源化利用包括直接资源化回收利用及间接资源化利用。可以直接资源化回收利用的固体废弃物即可回收垃圾，包括废纸、塑料、玻璃、金属和布料等，可在源头或固体废弃物预处理（分选）等过程中便将其回收进行资源化再利用。对于难以直接回收利用的固体废弃物，其仍具有资源化价值，因此常对其采取间接资源化利用的方式，如餐厨垃圾可进行堆肥化处理获得堆肥产品或厌氧发酵产沼气能源等。固体废弃物间接的资源化利用方式主要包括热处理及生物处理。

5.2.1 热处理

热处理通常是以高温分解和深度氧化为主要手段，通过改变废物的物理化学特性和组成来处理固体废物的过程。热处理特别适合有机固体废物的资源化处理。与其他处理方法相比，热处理具有以下优点：①减容效果好，如焚烧可减少生活垃圾 80%～90% 的体积；②消毒彻底，热处理的高温可有效杀灭致病微生物；③减轻或消除后续固体废弃物处置过程对环境的影响，如垃圾焚烧后填埋可大大降低渗滤液中有机物浓度及释放气体量等；④回收资源和能源，如焚烧可回收热能进行发电和供热，热解可产生可燃气体、液体作为燃料等。但热处理也存在以下问题：①投资和运行费用高；②操作运行复杂，尤其是当废物成分变化较大时，对设备和运行条件要求严格，体系的运行稳定性难以控制；③容易产生二次污染，热化学处理过程都会产生各种大气污染物，如 SO_2、NO_x、HCl、二噁英和飞灰等，因此需要对焚烧或热解产生的尾气进行处理。

目前的热处理技术包括成熟技术及新颖技术，成熟技术主要有焚烧、热解、湿式氧化等，新颖技术主要有熔融、熔盐、热等离子体高温热解等。

5.2.1.1 焚烧

焚烧是燃烧的一种，是指被处理的废物在人为控制的条件下于焚烧炉内与过量空气进行强烈的氧化燃烧反应，废物中的有害有毒物质在 800～1200 ℃的高温下氧化分解而被破坏，燃烧产生余热用于供热或发电，产生的废渣作建材使用，是可同时实现废物的无害化、减量化、资源化的一种固体废物处理方法。焚烧法适用于处理有机成分多、热值高的废物。

1. 焚烧原理及过程

通常把具有强烈放热效应、有基态和电子激发态的自由基出现并伴有光辐射的化学反应称为燃烧。可燃废物一般可用 $C_xH_yO_zN_uS_vCl_w$ 表示，其完全燃烧的氧化反应可表示为：

$$C_xH_yO_zN_uS_vCl_w + O_2 \rightarrow CO_2 + H_2O + NO_2 + SO_2 + HCl + 余热 + 灰渣$$

实际燃烧过程中，通过加入足够的 O_2、保持适当温度和反应停留时间来控制燃烧反应，使之接近理论燃烧，不致产生有毒气体。

焚烧的物料从送入焚烧炉起到形成烟气和固态残渣的整个过程称为焚烧过程。焚烧过程是一个包括蒸发、熔融、热分解及一系列化学反应的复杂物理化学过程，它包括干燥阶段、燃烧阶段和燃尽阶段。

（1）干燥阶段指利用热能使固体废物中水分气化生成水蒸气并排出的过程。在此阶段，物料的水分是以蒸汽形态析出的，因此需要吸收大量的热量——水的汽化热。废物含水量越大，干燥阶段越长，对炉内温度降低影响越大。水分过高，需投入辅助燃料，有时也可将干燥段与焚烧段分开。

（2）燃烧阶段。燃烧阶段包括三个同时发生的化学反应，分别为强氧化反应、热解反应和原子基团碰撞反应。首先是强氧化反应，即固体废物的直接燃烧反应，其次是焚烧过程不能提供足够的氧而使固体废物在高温下发生分解反应，最后是前面两个过程产生的原子基团碰撞形成火焰，通常温度在 1000 ℃左右就能形成火焰。

（3）燃尽阶段指燃烧阶段结束到燃烧完全停止的过程。在此阶段，可燃物浓度减少，反应生成的惰性物质、气态产物（CO_2 和 H_2O）和固态灰渣增加，氧化剂量相对较大，反应区温度降低。

燃烧过程的三个阶段没有界限，不同物料可能处于不同阶段，同一物料的表面和内部也可能处在不同的阶段。三个阶段仅是焚烧过程的必由之路，实际的过程更为复杂。

2. 焚烧评价指标

一般固体废弃物焚烧的评价指标包括焚烧效率和热灼减率，而危险废物的焚烧还需考察其有害物质破坏去除率。

（1）焚烧效率。焚烧效率是指燃烧处理后的烟道排气中 CO_2 浓度与 CO 及 CO_2 浓度总和的百分比，可表示为：

$$CE = \frac{[CO_2]}{[CO_2] + [CO]} \times 100\% \tag{5-6}$$

式中，CE 为焚烧效率，$[CO_2]$ 为烟道气中 CO_2 的浓度，$[CO]$ 为烟道气中 CO 的浓度。

（2）热灼减率。热灼减率又称为热损失量，是指焚烧残渣在 (800 ± 25) ℃下经 3 h 灼烧后减少的质量占原焚烧残渣质量的百分数，可表示为：

$$P = \frac{m_1 - m_2}{m_1} \times 100\% \tag{5-7}$$

式中，P 为热灼减率，m_1 为焚烧残渣灼烧前的质量，m_2 为焚烧残渣经过灼烧后的质量。

（3）有害物质破坏去除率。有害物质破坏去除率是指危险废物经过焚烧处理后，其中有害组分破坏和去除的百分比，可表达为：

$$DRE = \frac{W_{in} - W_{out}}{W_{in}} \times 100\% \tag{5-8}$$

式中，DRE 为有害物质破坏去除率，W_{in} 为进料中有害物质的质量，W_{out} 为出料中有害物质的质量。

对于危险废物的焚烧处理，我国《危险废物焚烧污染控制标准》要求有害组分的 DRE 达到 99.99% 以上，二噁英和呋喃类的 DRE 需达到 99.9999%。

3. 焚烧影响因素

固体废弃物的焚烧处理是一个复杂的物理化学过程，影响其焚烧效果的因素有很多，包括焚烧炉本身的构造、待焚烧废物本身的物理化学特性及焚烧过程的操作条件等。下面介绍几个重要的影响因素。

（1）固体废弃物的性质。固体废弃物的三组分即可燃分（挥发分和固定碳）、水分和灰分，是影响其焚烧效果的关键因素。三组分的相对含量决定了固体废弃物的热值和焚烧处理的难易程度，一般而言，可燃分高、水分和灰分低的固体废弃物具有较高的热值，焚烧处理难度较低，焚烧处理效果一般较好。固体废弃物的其他特征，如破碎后的物料尺寸等也会影响其焚烧效果。物料尺寸越小，所需加热和燃烧时间就越短，一般来说，固体物质的燃烧时间与物料尺寸或其平方成正比。

（2）焚烧温度。焚烧温度过低时，固体废物无法完全燃烧，并且低温燃烧容易产生二噁英等剧毒污染物。一般而言，焚烧温度越高，废物燃烧所需的停留时间就越短，焚烧效率也越高。当炉膛的焚烧温度高于 850 ℃时，二噁英等污染物便会从生成转向分解，进而有效控制焚烧尾气中的污染物。但是，如果焚烧温度过高，不仅会对炉体的耐火涂层和管道产生影响，发生炉排结焦等问题，还会使焚烧产生的气体污染物（如NO_x）等急剧增加。目前，生活垃圾的焚烧温度要求在850～950 ℃，医疗垃圾等危险废物的焚烧温度要求达到1150 ℃。

（3）停留时间。停留时间是指废物（尤指焚烧尾气）在燃烧室与空气接触的时间。为保证物料充分燃烧，需在炉内停留一定时间，包括加热物料及氧化反应时间。物料在焚烧炉中的停留时间将直接影响其焚烧效果及焚烧尾气的组成，同时也会影响焚烧炉的处理能力与设计体积大小。一般而言，停留时间越长，固体废弃物的燃烧越彻底，但焚烧炉的处理量减小且体积增加。反之，停留时间不足时，固体废弃物焚烧不彻底，二次污染增加。通常要求生活垃圾焚烧时，固体废物在炉中的停留时间为1.5～2 h，烟气停留时间在850 ℃下需大于2 s，在1000 ℃下需大于1 s。

（4）湍流程度。湍流程度是指物料与空气及气化产物与空气之间的混合情况。湍流程度越大，混合越充分，空气的利用率越高，燃烧越有效。

（5）过剩空气量。焚烧过程中的空气不仅起到提供O_2的作用，还可以冷却炉排和搅动炉气。焚烧过程中空气量与温度是两个相互矛盾的影响因素，在实际操作过程中，应根据废物特性、处理要求等加以适当调整。一般情况下，过剩空气量应控制在理论空气量的1.7～2.5倍。

温度、停留时间、湍流程度和过剩空气量是四个最重要的影响因素，通常称为"3T1E原则"。

4. 焚烧系统组成

一个完整的焚烧系统不仅包括焚烧炉本身，还包括许多其他辅助子系统，各个子系统之间互相独立又相互关联。完整的固体废弃物焚烧系统一般包括以下子系统：贮存及进料子系统、焚烧子系统、废热回收子系统、发电子系统、烟气处理子系统、给水处理子系统、废水处理子系统、灰渣收集及处理子系统和自动化控制子系统等。

（1）贮存及进料子系统。该子系统主要包括秤重系统、垃圾贮坑、抓斗、破碎机（有时可无）、进料斗及故障排除监视设备等。垃圾贮坑的主要作用包括垃圾暂时贮存、混合破碎大件垃圾及调节垃圾含水率等。

（2）焚烧子系统。该子系统是整个固体废弃物焚烧系统的核心，该子系统主要包括炉排、炉膛、风机和辅助燃烧器等。在焚烧炉中，固体废弃物进行蒸发、干燥、热分解与燃烧。

（3）废热回收子系统。该子系统包括布置在燃烧室四周的锅炉炉管（蒸发器）、过热器、节热器、炉管吹灰设备、蒸汽导管、安全阀等装置。主要用于与高温烟气进行热交换，回收高温烟气的热能并用于后续的资源化利用。

（4）发电子系统。经过废热回收子系统的锅炉产生的高温高压蒸汽，被导入发电机后，在急速冷凝的过程中推动了发电机的涡轮叶片，产生电力；未凝结的蒸汽导入冷却水塔，冷却后贮存在凝结水贮槽，经由给水系统再打入锅炉炉管中，进行下一循环的发电工作。

（5）烟气处理子系统。该子系统一般包含脱硫、脱硝、除尘、除重金属及剧毒有机污染物（如二噁英）等工序。一般采用湿法脱硫、SCR 脱硝、袋式除尘及活性炭吸附去除重金属及剧毒有机污染物等工艺，以使排放尾气达标。

（6）给水处理子系统。该子系统主要处理外界送入的自来水或地下水，将其处理到纯水或超纯水的程度，再送入锅炉水循环系统。

（7）废水处理子系统。该子系统主要处理来自锅炉排放的废水、垃圾贮坑渗滤液、垃圾运输车的洗车废水及生活废水等。

（8）灰渣收集及处理子系统。该子系统主要负责回收焚烧炉焚烧产生的炉渣、焚烧飞灰及后续烟气处理系统产生的废渣。需要强调的是，焚烧炉产生的炉渣通常按照一般的固体废弃物进行处理处置，而飞灰由于吸附了焚烧过程挥发的许多重金属及剧毒有机物，需要按照危险废物进行处理处置。对于后续烟气处理系统产生的废渣，需要按照危险废物鉴别标准判断是否属于危险废物，再采取进一步的处理处置方法。

5. 焚烧炉

焚烧炉是整个固体废弃物焚烧系统的核心，目前常见的焚烧炉包括机械炉床式焚烧炉、旋转窑焚烧炉和流化床焚烧炉。

（1）机械炉床式焚烧炉（机械炉排炉）。在机械炉排炉（图 5.24）中，储存在废物贮坑的废物经加料斗进入炉膛，废物在炉排上连续、缓慢地向下移动，其间通过与热风的对流传热和火焰及炉壁的辐射传热，完成干燥、点火、燃烧和后燃烧的过程。并且垃圾是在 850～1100 ℃的高温下充分燃烧，当其到达炉排底端时，废物中的有机成分基本燃尽，通过排渣装置进入灰渣处理系统。

机械炉排炉的焚烧炉炉膛一般分为第一燃烧室和第二燃烧室，第一燃烧室主要完成固体物料的燃烧和挥发组分的火焰燃烧，第二燃烧室主要对烟气中的未燃尽组分和悬浮颗粒进行燃烧。炉排的主要作用是输送废物及灰渣通过炉膛、搅拌和混合物料并使从炉排下方进入的一次空气顺利通过燃烧层。焚烧炉膛内的助燃空气分为一次空气和二次空气。一次空气由炉排下方吹入，其作用是提供废物燃烧所需的 O_2 并可以防止炉排过热。二次空气从炉排上方吹入，其主要作用是使炉膛内气体产生扰动，产生良好的混合效果，并且二次空气可提供烟气中未燃尽可燃组分氧化分解所需的 O_2。烟气在炉膛内的流动状态可以根据炉膛构造设计的不同分为对流式（逆流式）、并流式（顺流式）、错流式（交流式）及二次回流式（复流式）。

机械炉排炉炉膛的燃烧热负荷须控制在合理范围内，燃烧热负荷指燃烧室单位容积、单位时间燃烧的废物所产生的热量。炉膛的热负荷过大时，虽然燃烧室的体积减小，造价降低，但炉膛的温度过高，容易造成炉壁的损伤，进一步造成炉排和炉壁上的结焦。此外，当燃烧热负荷过大时，烟气在燃烧室的停留时间变短，致使烟气中的可燃组分燃烧不完全，在后续烟道中再燃引发事故。当炉膛的热负荷过小时，燃烧室的体积会增加，不仅会增加造价，而且大面积的炉壁造成的热损失使炉膛温度降低，可能使燃烧不稳定。

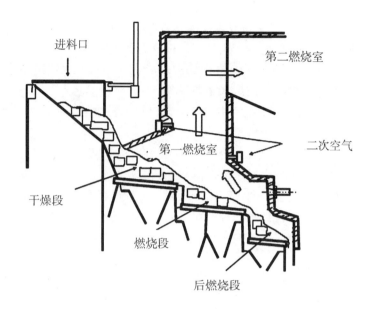

图 5.24 机械炉排炉

（2）旋转窑焚烧炉（旋转窑炉）。旋转窑炉（图 5.25）的主体设备是一个横置的滚筒式炉体，通过炉体的缓慢转动，对废物起到搅拌和移送的作用，可使废物得到良好的混合，提高其焚烧效率。旋转窑焚烧炉通常包括滚筒式炉体、后燃烧炉排和二次燃烧室。旋转窑焚烧炉根据其进料方式可分为同向式旋转窑焚烧炉和逆向式旋转窑焚烧炉，根据窑内温度和灰渣状态又可分为灰渣式旋转窑炉和熔渣式旋转窑炉。

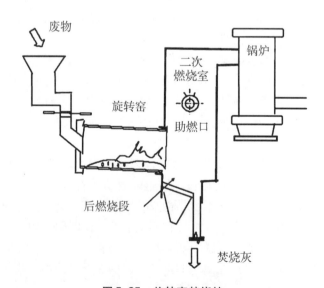

图 5.25 旋转窑焚烧炉

旋转窑焚烧炉主要功能是将一般废物及有害废物转化成气相产物。以固体废物为例，在旋转窑焚烧炉内基本上可分割成干燥、热解及焚烧三部分，产生的气体可能含有部分未完全燃烧的有害气体产物，因此必须再采用后燃烧室使其在高温（1000～1300 ℃）氧化状态下完全燃烧，气体产物在后燃烧室中的平均滞留时间通常设计为 1～3 s。旋转窑焚烧炉的炉膛内衬耐火材料，通常热容量设计值为 $2.5 \times 10^5 \text{ kcal/m}^3$，操作温度通常为 600～1000 ℃，其中，灰渣式旋转窑炉操作温度为 650～980 ℃，熔渣式旋转窑炉为 1200 ℃ 以上。旋转窑炉的过剩空气量一般为 100%～150%，二燃室过剩空气量一般在 80% 左右。其进料速率通常控制在炉内废物量占炉体体积 30% 以下，固体废物在旋转窑焚烧炉内的滞留时间取决于窑体转速、炉膛长度与直径的比值及炉体倾斜角，长径比愈高，停留时间愈长，成本也愈高；长径比不足，垃圾燃烧不完全；转速愈大，垃圾搅动增强，但停留时间缩短，固体废弃物在炉内的停留时间一般为 2～5 h。

旋转窑焚烧炉所处理的废物多为工业废物，除了重金属、水或无机化合物含量高的不可燃物，各种不同物态（固体、液体、污泥等）及形状（颗粒、粉状、块状及桶状）的可燃性废物皆可送入旋转窑焚烧炉内焚烧。

旋转窑焚烧炉具有以下优点：①可以处理各种不同形状的固体、液体废物；②可以处理熔点低的物质；③可以将桶装或大块状固体废物直接送入窑内处理；④窑内气体乱流程度高，气体、固体接触良好；⑤炉内温度可高达1200 ℃ 以上，可以有效摧毁多数有害物质。但其投资成本高，过剩空气需求高，排气中粉尘含量高，整体焚烧系统机械性零件复杂，维修费高，并且球状及筒状物体可能会快速滚落至窑炉末端，以致无法完全焚烧。

（3）流化床焚烧炉。当一流体由下往上通过固体颗粒层时，固体颗粒在流体的作用下呈现类似流体状态的现象称为流体化。流化床是应用流体化原理，利用大量的气体通过粒子床，当气体的拖曳力超过粒子本身的重量时，粒子移动并悬浮于气流中的一种设计。流化床焚烧炉的基本构造如图 5.26 所示，其具有以下优点：①在低过剩空气下仍能维持高燃烧效率，进而有效破坏有害物质；②在炉内即能去除或抑制酸性气体的产生，可免去后续尾气的除酸设施；③气相、固相混合均匀，床中温度分布均匀；④操作温度低，滞留时间及接触时间长；⑤进料速率变化对系统影响较小；⑥可处理含水量高的污泥、废物。但流化床焚烧炉焚烧的固体废物须做前处理，固体粒径需在 100 mm 以下，并且存在操作技术层次高及炉床材料冲蚀等问题。

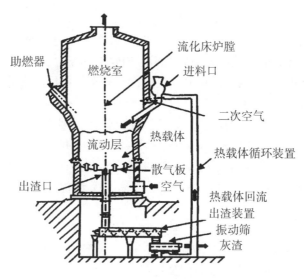

图 5.26 流化床焚烧炉

6. 焚烧污染物的产生及控制

固体废弃物经过焚烧炉焚烧后会产生固体污染物及气体污染物，其中，固体污染物主要为焚烧后产生的灰渣与飞灰，气体污染物主要为大气污染物，包括颗粒污染物、一氧化碳、氮氧化物、重金属、酸性气体及剧毒性有机氯化物（如二噁英）等。因此，应充分了解焚烧炉中各类污染物的形成原因及形成机制，以通过过程操作控制等从源头减少污染物的产生量；或在污染物形成后，根据其特性，在焚烧系统中加入相应的控制设备加以去除。

（1）粒状污染物。在焚烧过程中产生的粒状污染物大致可分为三类：①废物中的不可燃物，在焚烧过程中较大粒状残留物将变成灰渣排出，而部分的小颗粒状物则随废气而排出炉外成为飞灰。飞灰一般粒径大于 $10~\mu m$，极易利用空气污染控制设备去除，这些粒状污染物主要成分为 SiO_2、Al_2O_3、CaO 及微量金属；②部分无机盐类在高温之下气化排出，于炉外遇冷凝结成颗粒物，或与 SO_2 气体反应形成硫酸盐雾状微粒等；③未燃烧完全所产生的碳颗粒与煤烟，其粒径为 $0.1 \sim 10~\mu m$。

对于前两种颗粒污染物，可采用除尘设备对其进行控制，固体废物焚烧系统中常使用的除尘设备有旋风分离器、静电除尘器、布袋除尘器、文丘里洗涤器、填料洗涤塔等。对于未燃烧完全所产生的碳颗粒与煤烟，由于其粒径很小，难以用空气污染控制设备去除，处理的方式通常是在二次燃烧室利用高温加以充分氧化。

（2）CO。CO 是焚烧炉内固体废物或燃料在不完全燃烧情况下的产物。因此，焚烧炉需设置二次燃烧室对未完全燃烧的尾气进行充分燃烧，二次燃烧室内需保证充足的过剩空气、较高的焚烧温度（1000 ℃左右）及充足的废气停留时间（$t \geq 1~s$）。

（3）酸性气体。焚烧所产生的酸性气体，主要包括 SO_2、SO_3、HCl 与 HF 等，这些污染物都是直接由废物中的 S、Cl、F 等元素经焚烧反应而形成，诸如含 Cl 的 PVC 塑料会形成 HCl，含 F 的塑料会形成 HF，而含 S 的煤焦油则会产生 SO_2。

大气污染物中酸性气体的控制原理详见3.2节。在焚烧系统中常用的烟气脱酸技术有干式洗烟法、半干式洗烟法、湿式洗烟法等。最常用的是湿式洗烟法（喷淋塔及填料塔等），该方法具有以下优点：酸性气体的去除效率高，对HCl去除率为98%，对SO_2、SO_3去除率为90%以上，且附带去除高挥发性重金属物质（如Hg）的潜力。但其也存在一些缺陷，如造价较高，用电量及用水量较高，以及排出液中通常含有很多溶解性重金属盐类（如$HgCl_2$、$PbCl_2$等），氯盐浓度高，废水必须予以适当处理。

（4）NO_x。焚烧处理过程中，NO_x的产生主要来自燃料氮与热力型氮氧化物两种。燃料氮主要是燃料或固体废物中的N元素与O_2反应产生；热力型氮氧化物主要是燃烧过程中由N_2与O_2在高温下反应产生，且温度越高，热力型氮氧化物的生成量越高。

NO_x的控制从源头与末端治理两个方面考虑。对于源头生成的控制，由于燃料型NO_x的控制较难，因此主要是控制减少热力型NO_x的产生，通常采用各类低氮燃烧技术（详见3.2节）。除此之外，降低炉膛内的焚烧温度有利于减少热力型NO_x的产生，但焚烧温度过低可能导致焚烧炉运行不稳定且低温燃烧增加了其他污染物（如二噁英）的产生，因此需合理设计选择焚烧炉的焚烧温度。NO_x的末端治理主要采用选择性催化还原技术及选择性非催化还原技术等（原理详见3.2）。

（5）重金属类。固体废物的无机成分含有金属元素，焚烧过程中部分金属元素成为底灰，另外一部分则受热挥发而被炉气带走，随后在炉外因温度降低而凝结。凝结可能形成均匀的微小粒状物，粒径在1 μm以下，也可能凝结于微小的飞灰颗粒上。另外，有部分金属物在炉中参与反应生成氯化物、硫化物或氧化物，这些化合物都比原金属元素更易挥发，同样也会因冷凝而成为微小粒状物，不过其转化成为底灰的残留物、飞灰或熏烟的流程则受废物组成、空燃比、炉内温度与炉气的流速等因素的影响。

重金属类物质的去除机理大致如下：①重金属降温而达到饱和，经凝结成粒状物后被除尘设备收集去除；②饱和温度较低的重金属元素虽无法充分凝结，但会因飞灰表面的催化作用而形成饱和温度较高且较易凝结的氧化物或氯化物，从而易于被除尘设备收集去除；③仍以气态存在的重金属物质，因吸附于飞灰上或喷入的活性炭粉末上而被除尘设备一并收集去除；④部分重金属的氯化物为水溶性，即使无法被上述的凝结及吸附作用去除，也可利用氯化物溶于水的特性，经由湿式洗烟塔去除。

（6）剧毒有机氯化物。一般焚烧炉产生的毒性有机物主要是二噁英与呋喃。二噁英是指多氯二苯并对二噁英（polychlorinated dibenzo-p-dioxins，PCDDs），是75个相关化合物的通称。呋喃是指多氯二苯并呋喃（polychlorinated dibenzofurans，PCDFs），是一族含135个相关化合物的通称。

PCDDs与PCDFs形成的主要机制可能为：①从结构相近的氯化物分解或组合形成，在燃烧过程中由含氯前驱物（如氯乙烯、氯代苯、五氯苯酚等）生成；②有机物与氯化物相互作用反应形成，燃烧状态不好，废物热分解产生的碳氢化合物环化后与废气中氯化物反应生成；③飞灰与氯化物在低温下经催化或组合而形成，因燃烧不充分而在烟气中产生过多的未燃尽的物质，并遇到适量的触媒物质（主要为重金属，特别是Cu等），并处于250～400 ℃的温度环境（300 ℃时最显著），在高温燃烧中已经分解的二噁英将会重新生成。

高温焚烧是控制 PCDDs 与 PCDFs 的有效方法，925 ℃以上这些毒性有机物即开始被破坏，因此需保证废气在高温区有足够的停留时间。在 925 ℃下，废气停留时间 2 s以上，可有效去除 PCDDs 和 PCDFs。另有一些研究认为，PCDDs 和 PCDFs 是下游降温设备温度降至 260～370 ℃时形成的。在下游控制设备方面，可在 200 ℃下在反应器内喷活性炭，使 PCDDs 和 PCDFs 被吸附在粉状活性炭上，最后利用布袋除尘器收集活性炭以去除 PCDDs 和 PCDF，去除率可达 95%。

除了末端治理，还可依据剧毒有机氯化物的生成原因从源头上减少产生，包括以下的措施：①通过分类收集或预分拣控制垃圾中 Cl 和重金属含量高的物质进入垃圾焚烧；②选用合适的炉膛和炉排结构，使垃圾在焚烧炉得以充分燃烧；③缩短烟气在处理和排放过程中处于 250～400 ℃温度域的时间，设置急速冷却系统，控制余热锅炉的排烟温度不超过 250 ℃。

（7）焚烧残渣。固体废弃物焚烧后的残渣主要包括灰渣与飞灰，其中飞灰属于危险废物，需按照危险废物的标准对其进行处理处置，包括固化处理及达标后进行最终的安全填埋。

焚烧灰渣属于一般固体废弃物，可处理后进行卫生填埋，也可进行适当中间处理后进行资源化利用。焚烧灰渣在进行最终的卫生填埋前一般需要进行中间处理，包括稳定化处理及固化处理等，使其达到最终符合填埋的标准。焚烧灰渣主要成分为 SiO_2 及 Al_2O_3 等，因此可进行建材资源化回收利用，如进行造粒处理用于园艺土壤，制成混凝土混合材料及建材制砖，等等。

5.2.1.2 热解

热解是指将有机物在无氧或缺氧状态下进行加热高温蒸馏，产生裂解，经冷凝后形成新的气体、液体和固体，从中提取燃料油、油脂和燃料气的过程，是固体废物热处理的另一种方式。

1. 热解原理、过程及产物

热解在工业上也称为干馏，是利用有机物的热不稳定性，在无氧或缺氧条件下，使有机物受热分解成分子量较小的可燃气、液态油、固体燃料的过程，即

$$\text{有机固体废物} + \text{热量} \xrightarrow{\text{无氧或缺氧}} \text{可燃气} + \text{液态油} + \text{固体燃料} + \text{炉渣}$$

在热解过程中，其中间产物存在两种变化趋势：由大分子变成小分子直至气体的裂解过程及由小分子聚合成较大分子的聚合过程。热解是从脱水开始的，如两分子苯酚聚合脱水，其次是脱甲基或脱氢，生成的水与架桥部分的次甲基键进行反应生成 CO 和 H_2。温度更高时，生成的芳环化合物再进行裂解、脱氢、缩合、氢化等反应。热解反应没有明显的阶段性，许多反应是交叉进行的。

固体废弃物热解产生的物质包括可燃气、液态油、固体燃料。可燃气主要包括 $C_{1\sim5}$ 的烃类、H_2 及 CO 等，其中 H_2 及 CO 为主要成分，一般占 90% 以上；液态油主要包括甲醇、丙酮、乙酸、C_{25} 的烃类等液态燃料；固体燃料主要包括纯碳和聚合高分子的含碳物。废物类型不同，热解反应条件不同，热解产物也会有所差异，但产生可燃气量

大，特别是在温度较高情况下，废物有机成分的 50% 以上转化成气态产物。热解后，固体废弃物的减容量大，残余碳渣较少。

2. 热解的影响因素

（1）固体废弃物的性质，包括其组分、含水率及粒径等。固体废弃物有机质含量越高，越有利于其热解产生更多的可燃气及液体燃料等。固体废弃物的含水率越低，物料加热速度快，越有利于得到较高产率的可燃性气体。废物较小的颗粒将促进热量传递，从而使高温热解反应更容易进行。

（2）反应温度是热解过程需要控制的一个重要参数。热解温度与气体产量成正比，并且温度不同，气体组分也不同，反应温度越高，气体组分中 H_2 含量也越高。

（3）加热速度也是影响热解效果的一个重要因素。气体产量随着加热速度的增加而增加，并且加热速度对气体成分亦有影响，而水分、有机液体含量及固体残渣则相应减少。

（4）固体废物热解的加热方式分为直接加热和间接加热。直接加热具有传热好的优点，但其回收的气体热值较低。间接加热虽然热效率较低，但其回收的气体热值较高，因此为提高间接加热的传热效率，一般需要降低固体废物的粒径。

3. 热解的处理对象及优缺点

热解可以处理固体、液体及污泥等废物。具有下列特性的固体废物更适合以热解法来处理：

（1）高黏度、高腐蚀性的污泥废物，或其特性变化太大且不均匀以致无法以液体喷射进入焚烧炉焚烧的液体废物。

（2）在热处理过程中会有部分或全部的相变化的废物，如塑料等。

（3）含有盐或金属物质的废物，在一般的焚烧过程中会产生融解或挥发的现象。如含 NaCl、Zn、Pb 等的物质，焚烧时会造成耐火材料的破坏、热交换面的积垢及细微的烟雾排放。

固体废弃物热解具有以下优点：①与焚烧法相比，热解的处理温度较低，可提高耐火材料的寿命，并降低机器维护费用；②热解废气中的悬浮微粒较少，因此对尾气除尘设备的要求较低；③由于热解的处理温度较低，其热力型 NO_x 产生量少；④热解为吸热反应，其过程较易控制；⑤适用不均匀成分的固体、液体废物；⑥可回收可燃气、液态油及固体燃料等资源。但热解法也存在一定的缺陷，如热解必须加装废气燃烧室，以进一步破坏尾气中的毒性有机物。

4. 热解设备

一个完整的热解工艺包括进料系统、反应器、回收净化系统、控制系统等部分。其中，反应器是整个工艺的核心，热解过程在其中发生，其类型决定了整个热解反应的方式及热解产物的成分。

热解设备按反应器的类型可分为固定床反应器（图 5.27）、流化态燃烧床反应器（图 5.28）、反向物流可移动床反应器等。

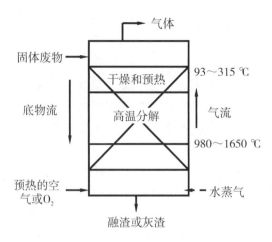

图 5.27　固定床反应器

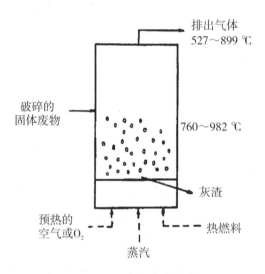

图 5.28　流化燃烧床反应器

5.2.2　生物处理

固体废弃物的生物处理就是以固体废物中的可降解有机物或其他组分为对象，在人为控制的条件下，利用微生物作用将其转化为稳定产物、能源和其他有用物质的一种处理技术。固体废物生物处理的重要意义在于稳定化、减量化及回收有用物质和能源等。

固体废弃物的生物处理方法有多种，如堆肥化、厌氧消化及纤维素水解等。本节重点介绍好氧堆肥及厌氧消化技术。

5.2.2.1　好氧堆肥

堆肥化是利用自然界广泛存在的细菌、放线菌、真菌等微生物，在一定的人工条件下，有效地控制并促进可被微生物降解的有机物质向稳定的腐殖质转化的生物化学过程,其实质上是一种发酵的过程。

1. 好氧堆肥原理及过程

好氧堆肥是在有氧条件下,好氧微生物通过自身的分解代谢和合成代谢过程,将一部分有机物分解氧化成简单的无机物,从中获得微生物新陈代谢所需要的能量,同时将一部分有机物转化合成新的细胞物质的过程。

好氧堆肥一般可分为四个阶段,即潜伏阶段、中温阶段、高温阶段及熟化阶段(图5.28)。

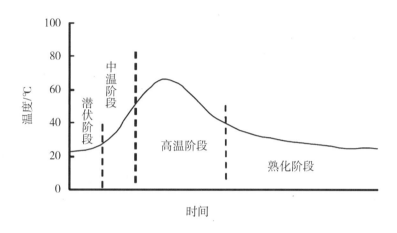

图 5.28 好氧堆肥的四个阶段

（1）潜伏阶段。堆肥化开始时微生物适应新环境的过程,即驯化过程。

（2）中温阶段。堆肥化过程的初期,此阶段堆层的温度为 15 ~ 45 ℃,嗜温性微生物较为活跃,利用堆肥中可溶解性有机物（如糖类、淀粉）的大量繁殖,在转换和利用化学能的过程中释放出多余能量,加上物料的保温作用,使温度不断上升。嗜温性微生物包括细菌、真菌和放线菌,主要以糖类和淀粉为基质。在目前的堆肥化设备中,此阶段一般在 12 h 以内。

（3）高温阶段。堆温升高到 45 ℃以上即进入高温阶段,嗜温性微生物受到抑制甚至死亡,取而代之的是嗜热性微生物,堆肥中所残留的和新形成的可溶性有机物持续被氧化分解,复杂的有机物（如半纤维素、纤维素和蛋白质）也开始被急速分解。高温阶段中,各种嗜热性微生物的最适温度也大不相同,在温度上升的过程中,嗜热性微生物的类群与种群是相互接替的。通常在 50 ℃左右最为活跃的是嗜热性真菌和放线菌;当温度上升到 60 ℃时,真菌几乎完全停止活动,嗜热性放线菌及细菌仍持续作用;当温度上升到 70 ℃以上时,大多数的嗜热性微生物已经无法适应,因而进入死亡或是休眠的状态。现代化堆肥的最佳生产温度一般约为 55 ℃,这是因为大多数的微生物在 45 ~ 80 ℃范围内最为活跃,最易分解有机物质,且堆肥中的病原菌和寄生菌大多可以被杀死。在高温阶段,嗜热性微生物按其活性又可分为三个时期:对数增长期、减速增长期和内源呼吸期。微生物经历上述三个时期的变化以后,堆层开始形成腐殖质,堆肥物料逐步进入稳定状态。

（4）熟化阶段。在内源呼吸期之后，剩下的部分为较难分解的有机物和新形成的腐殖质，此时微生物的活性下降，发热量减少，堆体温度下降，嗜温性微生物再度占据优势，对残余较难分解的有机物再一次进行分解，腐殖质不断增加，最终实现稳定化。堆肥进入熟化阶段后，需氧量大为减少，含水率也逐渐下降。生物分解过程中产生的 NH_3 在这一阶段通过硝化细菌的作用转化为硝酸盐，因为硝化细菌生长缓慢，只有在温度低于 40 ℃ 时才有活性，所以硝化反应通常是在有机物分解完成后的熟化阶段才开始进行。氮必须转化为硝酸盐后才能被植物吸收，因此熟化阶段对于生产优质堆肥产品是一个很重要的过程。

2. 好氧堆肥的影响因素

影响好氧堆肥效率及堆肥产品效果的因素包括温度、pH、水分、碳氮比、通风条件及固体废物的有机物组成等。

（1）温度。温度是堆肥过程中影响微生物活动的一个重要参数，会影响微生物的生长速率、繁殖方式、形态、代谢反应，甚至营养要求。在堆肥初期，堆体温度与环境温度相似，经过嗜温微生物 1～2 天的作用，堆肥的温度便能达到嗜热微生物的理想温度 50～65 ℃。依此温度，一般堆肥只要 5～6 天，即可完成堆体的无害化过程。堆体温度若能维持在 55～60 ℃ 最好，尽量不要超过 60 ℃，因为一旦超过 60 ℃，微生物的生长活动会受到抑制，且温度过高也可能会过度消耗有机物，降低堆肥的品质与质量。

（2）pH。微生物对 pH 的变化很敏感，强酸或强碱环境不利于细菌的繁殖。一般地，分解有机物时，适合的 pH 为 6.5～7.5。在堆肥过程中，若 pH 较低，可在材料中加入适量的石灰调整堆体的 pH，改善微生物的生长环境，进而可提高堆肥产品的品质。

（3）水分。制造堆肥时，堆积物的含水率为影响堆肥过程的关键因素。堆积物含水率为 40%～70% 时，较适合好氧微生物的活动，尤其在堆肥发酵过程中，以含水率为 60%～70% 最佳，含水率低于 40% 时发酵被抑制，而高于 70% 时会进入厌氧状态。通常水分含量低于最佳值的时候，可以添加污水、污泥、禽畜粪尿、厨余等进行调整。

（4）碳氮比。微生物所需的营养盐，以碳、氮最多，碳主要为微生物生命活动提供能源，氮则用于合成细胞所需的养分。正常的好氧性堆肥原料中要求要有一定的碳氮比。一般而言，最佳碳氮比为 25～35（干重比）时，发酵过程最快。若碳氮比过低（低于 20∶1），微生物繁殖会因为能量不足而受到抑制，导致分解缓慢且不彻底，微生物分解出过多的氨，易从堆肥中逸散，导致氮素损失。反之，若碳氮比过高（高于 40∶1），堆肥施用于土壤后，会夺取土壤中的氮，形成"氮饥饿"现象，对于作物的生长产生不良影响。

（5）通风条件。通风是好氧堆肥成功的重要因素之一，其主要作用在于提供 O_2，以促进微生物的发酵过程，并且通过供气量的控制调节堆体温度，同时有助于水分的去除。在通风过程中，要注意供氧的浓度，堆肥过程中合适的 O_2 浓度应大于 18%，且最低不得低于 8%，一旦 O_2 浓度低于 8%，O_2 就会成为好氧堆肥中微生物活动的限制因素,甚至产生恶臭。常见的好氧堆肥通风方式包括自然扩散、翻堆、强制通风及被动通风等。

(6) 固体废物的有机质。固体废物中有机质含量的大小会明显影响好氧堆肥的效率与堆肥产品的效果。有机质含量较低的物质在发酵过程中所产生的热量不足以维持堆肥所需的温度,且堆肥产品会因有效性过低而影响施用效果。反之,若堆肥物料中的有机质含量过高但却未及时加以供氧,将会造成堆肥通气不良的负面效果,如产生恶臭。在高温好氧堆肥化中,有机物含量变化的最合适范围为 20%~80%。通常调整堆肥原料有机组成的做法包括:①对堆肥原料进行前处理,利用破碎、筛分等方式减少无机成分,使固体废物的有机质含量提高到 50% 以上;②在待堆肥处理的固体废物中添加一定比例的禽畜粪尿、无害的城市废水或污泥等,一方面增加堆肥材料中的有机物含量,另一方面可以调节原料的含水率,同时也处理了禽畜粪尿。

3. 堆肥工程

典型的堆肥工程流程如图 5.29 所示,其主要包括前处理、一次发酵、二次发酵、后处理加工、臭味处理等单元。

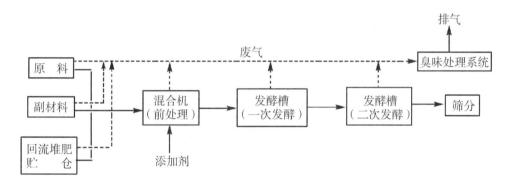

图 5.29 堆肥工程流程

(1) 前处理。前处理是指将物料调整至适合微生物生长的条件,包括:①碳氮比控制在 20~30 之间;②水分为 50%~60%;③酸碱度维持在中性;④物料粒径为 2~30 mm;⑤添加菌种或微生物;⑥物料混合均匀,去除杂质。

(2) 主发酵(一次发酵)。将堆肥开始到堆肥温度升高再到温度开始降低的阶段称为主发酵阶段(或主发酵期),即堆肥过程的中温阶段和高温阶段,时间为 4~12 天。

(3) 后发酵(二次发酵)。将主发酵尚未分解的易分解和较难分解的有机物进一步分解,使之变成腐殖酸、氨基酸等较稳定的有机物,得到完全成熟的堆肥制品,也称为熟化阶段或堆肥过程的腐熟阶段,发酵时间通常为 20~30 天。

(4) 后处理。对发酵熟化的堆肥产品进行处理,通过干燥与筛分,进一步去除前处理过程中没有去除的杂质,并对堆肥产品进行品质调整、检验、制粒与包装。经处理后得到的精制堆肥含水量在 30% 左右,碳氮比为 15~20。

(5) 臭味处理。堆肥过程中,物料局部或某段时间内的厌氧会导致 NH_3、H_2S、甲硫醇(CH_3SH)等臭气产生。去除臭气的方法有化学除臭剂除臭、碱水和水溶液过滤、熟堆肥，以及活性炭、沸石等吸附剂过滤。

4. 堆肥工艺设备

常见的好氧堆肥包括传统式堆肥、通气静态堆肥及好氧槽式堆肥等。

（1）传统式堆肥（风道式堆肥）。风道式堆肥（图 5.30）通常需 30～50 天或者更长时间才能完成一个完整的堆肥程序。堆肥过程中每周至少要进行 3 次的定期翻堆，翻堆的主要作用包括：降低粒子大小，使堆积物质混合均匀，增加孔隙度以保持喜气状态，增加供气量，通过底部受压挤的水蒸气释放以加速干燥，并使所有物料均能进入高温区以有效消灭病虫菌。风道式堆肥的成败取决于程序操作因素及环境因素，包括：①原料性质。首要的特性为总固体物的含量，因其决定了副材料的比例，也就是需使混合后的物料水分控制在 50%～60%。②副材料种类。副材料的主要作用为增加原料的孔隙度以利于氧气渗透，并作为微生物生长所需的食物来源之一。③翻堆频率。翻堆就是使冷温区与高温区充分混合，以确保所有堆积物皆能暴露于高温区内，达到灭菌功能。④风道大小。风道式堆肥视其目的，如杀菌或干燥，加以调整体积（截面积）大小。⑤通气量。为使堆肥化过程 O_2 含量保持大于 5% 的状态，风道式堆积法应定期地翻堆，提供足够的 O_2 以供热分解菌利用，同时可避免形成厌氧状态而产生臭味。

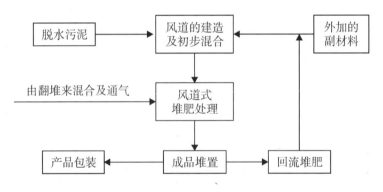

图 5.30　典型风道式堆肥处理流程

（2）通气静态堆肥。通气静态堆肥法的堆肥制作技术采用静态堆积法并配合强制送风，可以增进堆肥化速率，且较易控制水分及温度变化。由于通气静态堆肥法要安装强制送风设备，因此堆肥制作区大多设置在堆肥场房内，堆积多采用容器方式，以配合强制送风设计，而容器可分为开放式与密闭式两种方式。通气静态堆肥处理流程如图 5.31 所示。

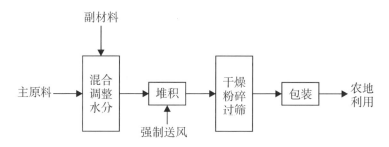

图 5.31 通气静态堆肥法处理流程

（3）好氧槽式堆肥。好氧槽式堆肥是由传统式堆肥及通气静态堆肥进一步改良发展而成的，其基本原理是将有机废弃物置于一个生物性反应槽内进行分解发酵，同时利用强制送风与自动搅拌翻堆系统营造出好氧环境条件，让好氧微生物可以大量繁殖并快速将堆肥分解发酵。好氧槽式堆肥通常采用多段式处理流程，重要的分解发酵阶段通常在生物反应槽内进行，也可称之为分解发酵槽。反应槽通常可分为直立推流式、水平推流式及搅拌槽式。好氧槽式堆肥法处理流程如图 5.32 所示。

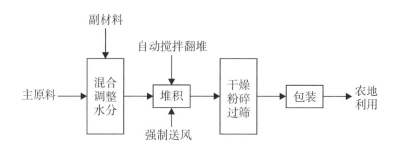

图 5.32 好氧槽式堆肥法处理流程

5. 堆肥产品功效

合格的堆肥产品可以对施用土壤的理化性质等进行改善。

堆肥产品对土壤化学性质产生的影响包括：①增加土壤贮存营养成分的能力，使有机质易贮存、可交换，对含黏粒少的土壤尤其重要；②经分解可提供植物所需的营养及能量，有机物分解时，产生无机营养及有机营养，同时放出的 CO_2 可进入空气中供光合作用应用；③分解有机肥的过程中，大量的有机化合物被释放出来，包括作物生长促进剂与抑制剂，以及类似抗生素的物质，可能直接对作物或土壤微生物产生影响。

堆肥产品对土壤物理性质产生的影响包括：①改善土壤构造，有机颗粒可以使土壤变松；②增加土壤保水力，有机质肥料可直接帮助保持水分，或间接通过土壤构造的改善提高土壤保水力；③增进土壤通气性，可使供应根系的 O_2 增加，使来自根系间的 CO_2 易于扩散出去；④增进土壤温度，因有机质颜色较黑，能吸收较多热量，或因土壤构造改善，在春季来临时将过多的水分排出，使土温上升。

5.2.2.2 厌氧消化

厌氧发酵指厌氧微生物在低氧或无氧的环境下，有效地控制使废物中可生物降解的有机物转化为 CH_4、CO_2、NH_3、H_2S 和稳定物质的生物化学过程，亦称为厌氧消化或沼气发酵。

厌氧消化产生的沼气成分主要为 CH_4（55%～70%）和 CO_2（25%～40%），此外还有总量小于 5% 的 CO、O_2、H_2、H_2S、N_2、PH_3、碳氢化合物等。

1. 厌氧消化过程

关于厌氧消化的过程理论，目前普遍公认的是 1979 年由布赖恩提出的三阶段理论（图 5.33），该理论将厌氧发酵依次分为液化、产酸、产 CH_4 三个阶段，起作用的细菌分别称为发酵细菌、醋酸分解菌、产甲烷菌。

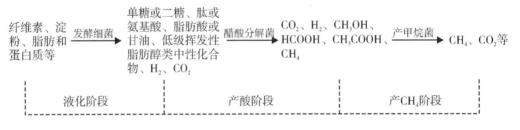

图 5.33 厌氧消化过程

（1）液化阶段。在水解与发酵细菌作用下，大分子有机物（如碳水化合物、蛋白质、脂肪）经水解与发酵，转化为单糖、氨基酸、脂肪酸、甘油及 CO_2、H_2 等。液化阶段起作用的细菌是发酵细菌，包括纤维素分解菌、脂肪分解菌、蛋白质水解菌等。

（2）产酸阶段。产氢、产乙酸菌和同型产乙酸菌等把液化阶段产物转化成 H_2、CO_2 和 CH_3COOH。

（3）产 CH_4 阶段。通过产甲烷菌作用，将 H_2 和 CO_2 转化为 CH_4 或 CH_3COOH 脱羧产生 CH_4。

2. 厌氧消化的影响因素

在有机物的厌氧消化过程中，以下因素会影响其消化效率及产气效果：

（1）有机物组分与产气量。产气量的大小主要取决于物料的组分特性。

（2）有机物含量与去除率。沼气产气量与有机物去除率成正比，而在合适的温度和有机物负荷的条件下，有机物的去除率又与有机物含量成正比。因此，提高废物的有机物含量是增加沼气产量的重要措施。

（3）温度。温度是影响厌氧消化效果的重要因素，比较理想的温度范围是 30～39 ℃（中温）和 50～55 ℃（高温）。通常 CH_4 的产生量随温度的升高而增加，但在 45 ℃ 左右有一个间断点，这是由于中温发酵和高温发酵分别由两个不同的微生物种群在起作用，在该温度条件下，对嗜温微生物和嗜热微生物的生长都不利。当消化系统的温度低于 10 ℃ 时，产气量明显下降。

(4) pH。醋酸分解菌适于在酸性条件下生长，其最佳的 pH 为 5.8，所以产酸阶段也称为酸性发酵；而产甲烷菌则需要较为严格的碱条件（碱性发酵），pH 低于 6.2 时，它就会失去活性。因此，在醋酸分解菌和产甲烷菌共存的厌氧消化过程中，系统的 pH 应控制在 6.5～7.2 之间，最佳范围是 6.8～7.2。

(5) 营养物质。由于厌氧微生物摄取碳的速率为氮的 25～30 倍，故最佳碳氮比应控制在 25～30。当碳氮比大于 35 时，产气量会明显下降。

(6) 抑制物。厌氧消化过程中挥发性脂肪酸和 H_2 的积累往往是由于甲烷菌的生长受到了抑制。例如，系统中有 O_2 存在就会对产甲烷菌形成抑制。

(7) 搅拌。有效的搅拌可以增加物料与微生物接触的机会，使系统内的物料和温度均匀分布，还可以使反应产生的气体迅速排出。

3. 厌氧发酵工艺类型

根据发酵温度，厌氧发酵工艺可分为以下三类：

(1) 高温发酵。最佳温度范围是 47～55 ℃，此时有机物分解旺盛，发酵快，物料在厌氧池内停留时间短，产气率高，但 CH_4 比例低且不稳定。

(2) 中温发酵。发酵温度维持在 30～35 ℃，有机物消化速度较快，产气率较高，能量回收较理想，应用普遍。

(3) 常（低）温发酵。自然温度，结构相对简单，造价低。

根据投料运转方式分类，可分为以下四种：

(1) 连续发酵。投料启动，经过一段时间的正常产气后，每天或随时连续加料，其发酵过程能够长期连续地进行。

(2) 半连续发酵。启动时一次性投入较多的发酵原料，当产气量趋于下降时，开始不定期、不定量地添加新料和排出旧料，以维持比较稳定的产气率。

(3) 批量发酵。将发酵原料和接种物一次性装满沼气池，运转期中不添加新料，发酵周期结束后，取出旧料再重新投入新料发酵。这种发酵工艺的产气量在初期上升很快，维持一段时间的产气高峰后，即逐渐下降，因此，该工艺的发酵产气是不均衡的。

(4) 两步发酵。根据沼气发酵过程分为产酸和产 CH_4 两个阶段而开发。其基本特点是，沼气发酵过程中的产酸和产 CH_4 过程分别在不同的装置中进行，并分别给予最适合的条件，实行严格的分步控制，以实现沼气发酵过程的最优化，因此单位产气率及沼气中的 CH_4 含量较高。

4. 厌氧发酵系统设备

发酵罐是厌氧发酵系统的核心，附属设备有气压表、导气管、出料机、预处理装置、搅拌器、加热管等。

常用的发酵罐类型包括立式圆形水压式沼气池、立式圆形浮罩式沼气池及长方形（或方形）发酵池等。

(1) 立式圆形水压式沼气池。立式圆形水压式沼气池（图 5.34）的发酵间为圆形，两侧带有进料口、出料口，池顶有活动盖板，池盖和池底是具有一定曲率半径的壳体。主要结构包括加料管、发酵间、出料管、水压间、导气管等。其具有结构较简单、造价低、施工方便等优点。但其同样具有一定缺陷，如气压不稳定且池温低、影响产气、原料利用率低（仅 10%～20%）及对防渗措施的要求较高等。

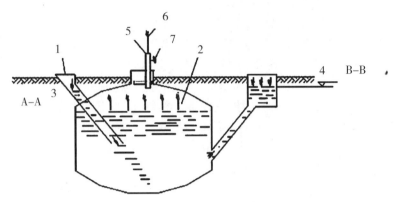

1—加料管；2—发酵间；3—池内料液液面 A-A；
4—出料间液面 B-B；5—导气管；6—沼气输气管；7—控制阀。

图5.34 立式圆形水压式沼气池

（2）立式圆形浮罩式沼气池。将发酵间与储气间分开，产生的沼气由浮沉式的气罩储存起来。气罩可直接安装在沼气发酵池顶，也可安装在沼气发酵池侧。浮沉式气罩由水封池和气罩两部分组成，当沼气压力大于气罩重量时，气罩便沿水池内壁的导向轨道上升，直至平衡为止。当用气时，罩内气压下降，气罩也随之下沉。立式圆形浮罩式沼气池（图5.35）具有将发酵间与储气间分开、压力低、发酵好及产气多等优点。但顶浮罩式沼气储气池气压不够稳定，侧浮罩式沼气储气池对材料要求比较高且造价昂贵。

（3）长方形（或方形）发酵池。长方形（或方形）发酵池（图5.36）由发酵间、气体储藏室、储水库、进料口、出料口、搅拌器、导气喇叭口等部分组成。储水库的主要作用是调节气体储藏室的压力，若室内气压很高，则可将发酵间内经发酵的废液通过进料口的通水穴压入储水库内；反之，若气体储藏室内压力不足，则储水库中的水由于自重流入发酵间。就这样，通过水量调节气体储藏的空间，使气压相对稳定，保证供气。

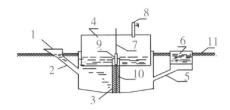

1—进料口；2—进料管；3—发酵间；4—浮罩；5—出料连通管；
6—出料间；7—导向轨；8—导气管；9—导向槽；10—隔墙；11—地面。

（a）顶浮罩式

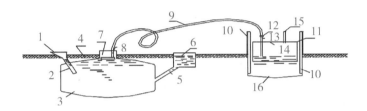

1—进料口；2—进料管；3—发酵间；4—地面；5—出料连通管；
6—出料间；7—活动盖；8—导气管；9—输气管；10—导向柱；11—卡具；
12—进气管；13—开关；14—浮罩；15—排气管；16—水池。

（b）侧浮罩式

图 5.35 立式圆形浮罩式沼气池

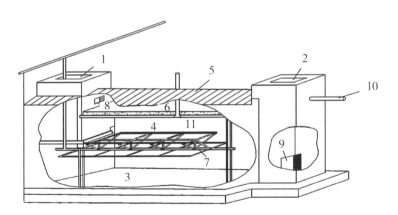

1—进料口；2—出料口；3—发酵间；4—气体储藏室；
5—木盖板；6—储水库；7—搅拌器；8—通水穴；
9—出料门洞；10—粪水溢水管；11—导气喇叭口。

图 5.36 长方形（或方形）发酵池

5.3 固体废物的最终处置技术

固体废弃物经过预处理与中间处理后，仍无法实现100%回收利用与减容，因此需要对其进行最终处置。固体废弃物的最终处置是指将固体废物经物理、化学、生物化学回收利用和处理后，最终置于符合环境保护标准的场所或者设施中，不再对其进行回取或其他任何操作的过程。最终处置的目标是使固体废物最大限度地与生物圈隔离，以保证其中的有毒有害物质在现在和将来都不对人类及环境造成不可接受的危害。最终处置是固体废物全面管理的最终环节，是解决固体废物的最终归宿问题。固体废弃物处置的基本要求包括：①处置场所要安全可靠，通过天然或人工屏障使固体废物被有效隔离，使污染物质不会对附近生态环境造成危害，更不能对人类活动造成影响；②处置场所要设有必需的环境保护监测设备，要便于管理和维护；③被处置的固体废物中有害组分含量要尽可能少，体积要尽量小，以方便安全处理，并减少处置成本；④处置方法要尽量简便、经济，既要符合现有的经济水准和环保要求，也要考虑长远的环境效益。根据处置场所可将最终处置分为海洋处置和陆地处置两大类。

5.3.1 海洋处置

海洋处置是指利用海洋巨大的环境容量和自净能力，将固体废物投入海洋中的固体废物最终处置方式，又分为海洋倾倒和远洋焚烧。海洋处置远离了人群，防止了对生态环境可能产生的直接污染，且因海洋面积大，环境容量也大，污染组分会被分散或稀释，不会对环境造成明显污染和影响。《奥斯陆协定》和《伦敦协定》就是两部海洋处置的国际公约。

5.3.1.1 海洋倾倒

海洋倾倒的操作很简单，直接倾倒或先将废物进行预处理后再沉入海底，要求选择合适的深海海域，运输距离不是太远，又不会对人类生态环境造成影响。

海洋倾倒首先应根据有关法律规定选择处置场地，再根据处置区的海洋学特性、海洋保护水质标准、废物的种类选择倾倒方式，进行技术可行性和经济分析，最后按设计的倾倒方案进行投弃。

5.3.1.2 远洋焚烧

远洋焚烧能有效保护人类周围的大气环境，凡不能在陆地上焚烧的废物，采用远洋焚烧是一个较好的办法。远洋焚烧主要用于处置各种含氯有机废物。

远洋焚烧具有的优势包括：①在大洋中焚烧时所产生的 HCl 气体经冷凝后可直接排入海中稀释，焚烧后的残渣也可直接倾入大海；②含氯有机物完全燃烧产生的 H_2O、CO_2、HCl 及氢氧化物排入海中后，不会破坏海水中氯的平衡，因其中碳酸盐的缓冲作用，HCl 进入海洋后，不会影响其酸度；③处置的费用比陆地便宜，因为它对空气净化的要求低，工艺相对简单，据报道，每吨废物焚烧处置的费用为 50～80 美元。

远洋焚烧的操作要求包括：①焚烧器要有供给空气和液体的液气雾化功能，一般用同心管制成输送管；②焚烧温度要控制在 1250 ℃ 以上；③焚烧器的燃烧效率应达到 99.9% 以上；④焚烧器的炉台上不应有黑烟或火焰延露；⑤配有现代化通信设备，焚烧过程随时对无线电呼叫作出反应；⑥焚烧有机废物，应用双层结构的船舱贮运废物，并将废物盛在甲板下的船舱中（底层装水或其他），以防止因触礁泄漏而造成海洋污染。

实施远洋焚烧，一般应由处置单位向海洋主管部门、环境保护部门等提出申请，待海洋焚烧设施和被焚烧废物通过检查鉴定后，获得有关部门发放的焚烧许可证才能在指定海域进行焚烧。

5.3.2 陆地处置

固体废弃物的陆地处置主要是对其进行填埋处置，按固体废物性质及其污染防治法规进行分类，填埋可分为惰性填埋、卫生填埋、安全填埋三种。

5.3.2.1 惰性填埋

惰性填埋是指将原本已稳定的废物，如玻璃、陶瓷、建筑材料废料等，置于填埋场中，表面覆以土壤的最终处置方法。

由于惰性填埋场所处置的都是性质已稳定的废物，因此该种填埋方法极为简单，在本质上只着重其对填埋废物的贮存功能，而不在乎污染的防治或阻断功能。

惰性填埋场（图 5.37）设计所遵循的基本原则如下：①根据估算的废物处理量，构筑适当大小的填埋空间，并需筑有挡土墙，在填埋场周围设有围篱或障碍物；②在入口处竖立标示牌，标示废物种类、使用期限及管理人；③填埋场终止使用时，应覆盖至少 15 cm 的土壤。

图 5.37 惰性填埋场示意

5.3.2.2 卫生填埋

卫生填埋是指将一般废物（如城市垃圾）填埋在不透水材质或渗水性土壤内，并设有渗滤液、填埋气体收集处理设施及地下水检测装置的填埋场的处理方法，可填埋处置无须稳定化预处理的非稳定性的废物，最常用于城市垃圾填埋。

1. 卫生填埋场设计基本准则

卫生填埋场如图 5.38 所示，其设计应遵循以下准则：

（1）根据估算的废物处理量，构筑适当大小的填埋空间，并需筑有挡土墙，在填埋场周围设有围篱或障碍物，填埋场应铺设进场道路。

（2）在入口处竖立标示牌，标示废物种类、使用期限及管理人。

（3）填埋场需构筑防止地层下陷及设施沉陷的措施。

（4）应设有防止地表水流入及雨水渗出设施。

（5）需根据场址地下水流向在填埋场的上下游各设置至少 1 个监测井。

（6）填埋场内应有达到标准要求的防渗层，以防止对地下水的污染，不具备自然防渗条件的填埋场必须进行人工防渗。中华人民共和国建设部颁布的行业标准《城市生活垃圾卫生填埋场技术规范》（CJJ 17—2001）对卫生填埋场采用自然防渗和人工防渗结构进行了具体规定。

（7）需设置灭火器或其他有效消防设备。

（8）应有收集或处理渗滤液的设施。

（9）应有填埋气体收集和处理设施。

（10）填埋场在每个工作日结束时，应覆盖 15 cm 以上的黏土，并压实；在终止使用时，覆盖 50 cm 以上的细土。

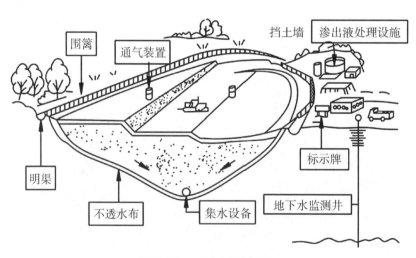

图 5.38 卫生填埋场示意

2. 填埋方法

在卫生填埋场，废物填埋的方式有以下三种：

(1) 地面堆埋法。地面堆埋法是把废物直接铺撒在天然的土地表面上，按设计厚度分层压实并用薄层黏土覆盖，然后再整体压实。可在坡度平缓的土地上采用，适用于处置大量的固体废物。但开始要建造一个人工土坝，倚着土坝将废物铺成薄层，然后压实。最好选择峡谷、山沟、盆地、采石场或各种人工或天然的低洼区做填埋场，但要保证不渗漏。该方法具有不需要开挖沟壑或基坑的优点，但要另寻覆盖材料。

(2) 开槽填埋法。该方法通过把废物铺撒在预先挖掘的沟槽内，然后压实，把挖出的土作为覆盖材料铺撒在废物之上并压实，即构成基础的填筑单元结构。要求地下水位较低，且有充分厚度的覆盖材料可取。沟槽大小需根据场地大小、日填埋量及水文地质条件决定，通常长度为 30～120 m，深 1～2 m，宽 4.5～7.5 m。该法具有覆盖材料就地可取、每天剩余的挖掘材料可作为最终表面覆盖材料的优点。

(3) 斜坡法。斜坡法通过把废物直接铺撒在斜坡上，压实后用铺撒周边直接得到的土壤加以覆盖，然后再压实。主要是利用山坡地带的地形，实际是沟槽法和地面法的结合。具有占地少、填埋量大、挖掘量小等优点。

3. 填埋场防渗系统

防渗系统是卫生填埋场最重要的结构之一，其具有将填埋场内外隔绝，防止渗滤液进入地下水，阻止场外地表水、地下水进入垃圾填埋体以减少渗滤液产生量等作用，同时也有利于填埋气体的收集和利用。防渗系统一般包括渗滤液导流收集系统、防渗层、保护层、基础层等。

渗滤液导流收集系统的主要功能是收集由填埋垃圾分解过程中产生的渗滤液体，并将其导出到填埋场外进行处理，以减少对下部防渗层的破坏甚至对地下水的污染。渗滤液的导流收集系统需要具备足够的强度及渗透力，一般采用卵石或碎石等，其碳酸钙含量不大于10%，铺设厚度不小于 300 mm，渗透系数大于 10^{-3} m/s。

防渗层一般由透水性小的材料组成，其具有相应的物理力学性能、抗化学腐蚀及老化的能力，可以有效地防止渗滤液穿过，按防渗方式分类可分为天然防渗和人工防渗，按组成又可分为单层防渗层、复合防渗层及双层防渗层（图 5.39）。无论是天然防渗层还是人工防渗层，都需要满足相关规定，具体见《城市生活垃圾卫生填埋场技术规范》（CJJ 17—2001），水平方向、垂直方向的渗透率均必须小于 1.0×10^{-7} cm/s。天然防渗是指在填埋场填埋库区具有天然防渗层，其隔水性能完全达到填埋场防渗要求，不需要采用人工合成材料进行防渗。填埋场天然防渗材料一般为黏土、膨润土及膨润土改性黏土。在大多数卫生填埋场，黏土衬层的建设是通过添加水分和机械压实改变黏土结构来实现黏土的最佳工程特性。天然防渗层亦需要达到标准所规定的技术要求，包括工程黏土衬层必须满足水力传导率小于 10^{-7} cm/s 的一般要求及场底和四壁衬层厚度不应小于 2 m 等。填埋场的人工防渗方式包括垂直防渗、水平防渗，以及垂直与水平防渗相结合。水平防渗包括压实黏土及人工合成材料，如高密度聚乙烯膜及膨润土防水垫等；垂直防渗包括防渗墙和高密度聚乙烯垂直帷幕防渗。

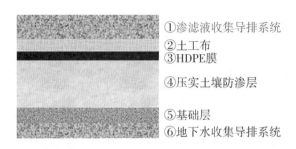

（a）单层防渗结构

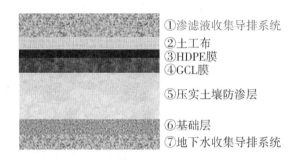

（b）复合防渗结构

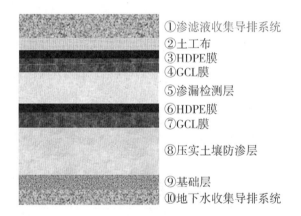

（c）双层防渗结构

图 5.39　不同结构的防渗层

保护层一般将无纺土工布（密度大于 600 g/m²）铺设于高密度聚乙烯膜的上方与下方，用于保护高密度聚乙烯膜的安全，防止其被尖锐物刺穿导致防渗能力被破坏。

基础层一般置于最底，其不仅是防渗层及保护层等的基础，也是垃圾填埋场中填埋垃圾的承力层。基础层应平整、压实、无裂缝、无松土及表面无积水、石块等。

4. 渗滤液的来源与处理

对于封闭的填埋场而言，其渗滤液主要来自降水渗入、废物本身水分及废物中的有机物分解产生的水分，其中以降水对渗滤液产生贡献最大。

垃圾渗滤液是一种高浓度有机废水，其成分复杂且水质、水量变化大。渗滤液的特性取决于其组成与浓度,由于不同国家、地区及季节的生活垃圾组分变化很大,并且随着填埋时间的不同,渗滤液组分也会发生变化。渗滤液一般具有以下特点:

(1) 成分不稳定。这主要取决于填埋垃圾的组成。

(2) 浓度可变化。这主要与垃圾的填埋时间有关,并且污染物浓度一般较普通生活污水高。

(3) 组成成分特殊性。垃圾中存在的污染物在其渗滤液中不一定存在;在一般生活污水中存在的污染物在垃圾渗滤液中不一定存在,如渗滤液中几乎不含油脂类污染物,很少检测到氰化物及某些重金属(如 Cr)。表 5.1 是渗滤液通常的成分及其浓度范围。

表5-1 垃圾渗滤液成分及其浓度范围

项目	通常浓度范围/(mg·L^{-1})	项目	通常浓度范围/(mg·L^{-1})
总碱度(以 $CaCO_3$ 计)	0～20850	Al	0.5～41.8
pH	1.5～9.5	As	<40
化学需氧量	0～89520	K	2～3.77
五日生化需氧量	9～54610	Na	0～8000
氨氮	0～1250	Fe	0.2～42000
总磷	0～130	Pb	<6.6
总悬浮固体	6～3670	Mg	12～15600
硬度(以 $CaCO_3$ 计)	0.22～800	Mn	0.06～678
氰化物	<0.08	Hg	<0.16
F$^-$	0.1～1.3	Cu	<9.9
Cl$^-$	5～4350	Cr^{6+}	<0.06
硫酸盐	0～84000	总铬	<22.5

垃圾渗滤液水质水量不稳定,且是一种可生化性较差的高污染废水,因此目前对其处理主要包括回灌处理及采用组合水处理工艺。

回灌处理即将收集的垃圾渗滤液再次回注到填埋场中,该过程可增强垃圾填埋场中微生物的活性,使其快速分解从而降低垃圾渗滤液中的污染物,加快垃圾渗滤液的稳定化过程。

由于垃圾渗滤液污染浓度高、含有某些有害成分且可生化性较差,采用单一的水处理工艺一般难以处理达标,因此需要对其采用物化及生化处理相结合等工艺才能达到良好的处理效果。

5. 填埋气的产生与收集

填埋过程中填埋气的产生主要来自微生物对于有机物的分解,大致包括以下五个阶段:①好氧分解阶段;②过程转移阶段;③酸性阶段;④产 CH_4 阶段;⑤稳定化阶段。

填埋气的组成随着上述五个阶段的变化而变化，不同阶段气体组成不同，其主要成分由 CO_2、H_2O 和 NH_3 变化为 CH_4、CO_2、NH_3 和 H_2O 及少量的 H_2S，并趋于稳定，这主要是由于填埋场中的微生物分解由好氧转化为厌氧。填埋场的气体产生量和产生速度与处置的垃圾种类有关，主要与有机物中可能分解的有机碳成比例。

填埋气控制的作用包括防止 CH_4 爆炸、防止 CO_2 对地下水的影响及防止温室气体排放对大气环境的影响。填埋气的控制包括控制可渗透性排气及不可渗透阻挡层排气。控制可渗透性排气主要通过控制气体按水平方向运动，在填埋时用砂石建造出了排气孔道，气体会自动沿通道水平运动进入收集井。排气孔道的间隔与填筑单元的宽度有关，一般为 20 m 以上，砾石层的厚度为 30~40 cm。不可渗透阻挡层排气通过在不透气的顶部覆盖层中安装收集井和排气管，收集井与浅层砾石排气道或设置在填埋场废物顶部的多孔集气支管相连接。

6. 终场覆盖与场址修复

填埋场的填埋容量达到设计容量后需对其进行终场覆盖，封场过程包括限制地表径流、排水、防渗、渗滤液与填埋气的收集处理、堆体稳定及覆盖种植植被等。垃圾填埋场的终场覆盖层结构一般自垃圾层往上依次为排气层、防渗层（高密度聚乙烯膜及膜上下两侧的无纺土工布保护层）、排水层及植被层（图 5.40）。

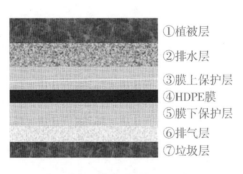

图 5.40　填埋场终场覆盖结构

填埋场封场后仍需进行相应的维护、污染治理及环境监测，达到最终填埋场中填埋的物质稳定化后便可开始后续的土地利用。对填埋场的土地利用一般可分为以下三个层次：①高度利用，建设住宅、工厂等长期有人员生活或工作的场所；②中等利用，建造仓库及室外运动场所等；③低度利用，进行植被恢复或建造公园等。

采取何种利用方式的主要判断指标是填埋场的稳定化程度，填埋场稳定化程度不同，可采用的利用方式也不同。判断填埋场稳定化的主要指标有填埋场表面沉降速度、渗滤液水质、填埋气体释放的速率和组分、垃圾堆体的温度、填埋垃圾的矿化度等。

5.3.2.3　安全填埋

安全填埋主要是用于危险废物的最终处置，从填埋场结构上更强调了对地下水的保护、渗出液的处理和填埋场全监测，危险废物进行安全填埋处置前需经过稳定化预处理。

1. 安全填埋场的基本结构

安全填埋场的基础、边坡和顶部均需要设置黏土或合成膜衬层，或两者兼备的密封系统，且底部密封一般为双衬层密封系统，并在顶部安装入渗水收排系统，底部安装渗滤液收集主系统和渗漏渗滤液监测收排系统（图5.41）。

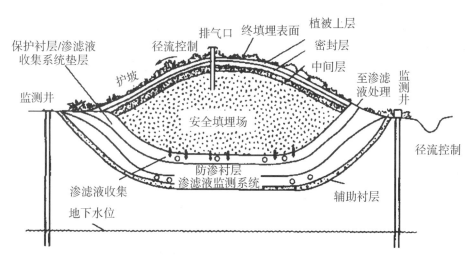

图 5.41　安全填埋场的基本结构

2. 安全填埋场的设计原则

安全填埋不仅在填埋场地构筑上较前两种方法复杂，且对处理人员的操作要求也更加严格。安全填埋场的设计规则如下：①处置场的容量应足够大，至少能容纳一个工厂（或地区）产生的全部废物，并应考虑到将来场地的发展和利用；②要有适应工厂生产和工艺变化所造成的废物性质及数量变化而可能影响填埋操作的相应措施；③系统要满足全天候操作要求；④处置场地所在地区的地质结构合理，环境适宜，可以长期使用；⑤处置系统符合现行法律和制度上的规定，满足有害废物土地填埋处置标准。

3. 安全填埋场的防渗系统

根据《危险废物填埋污染控制标准》（GB 18598—2019），安全填埋场防渗层的结构设计根据现场条件分别采用天然材料衬层、复合衬层或双人工衬层等类型。

思考题

1. 简述固体废物的定义及其分类。
2. 简述固体废物预处理的定义。
3. 简述固体废物预处理的目的及种类。
4. 固体废物破碎的主要目的是什么，破碎方法有哪些？
5. 固体废物的分选技术定义、分选主要目的、分选主要方法有哪些？
6. 简述筛分原理和筛分效率表示方法。
7. 简述固体废弃物资源化利用的原因及方式。

8. 堆肥化定义是什么？堆肥化分为哪几种？
9. 好氧堆肥过程按温度变化分为哪几个阶段？
10. 堆肥化的影响因素有哪些？
11. 简述厌氧消化定义和厌氧消化特点。
12. 简述厌氧消化三阶段理论。
13. 对比阐述好氧与厌氧堆肥的优缺点。
14. 热处理定义是什么？热处理主要技术有哪些？
15. 焚烧炉有哪些？试叙述其功能及优缺点。
16. 简要对比阐述热解与焚烧的优缺点。
17. 简述焚烧烟气中的主要成分、产生原因及其相应的控制技术。
18. 简述填埋处置的种类。
19. 简述填埋场场址的选择需要考虑的因素。
20. 阐述不同填埋场的设计原则及防渗系统设计。

参考文献

[1] 中华人民共和国环境保护部. 固体废弃物处理处置工程技术导则（HJ 2035—2013）[S/OL]. [2013-09-26]. https://www.mee.gov.cn/ywgz/fgbz/bz/bzwb/gthw/qtxgbz/201309/W020131105573858985159.pdf.

[2] 中华人民共和国住房与城乡建设部. 生活垃圾卫生填埋处理技术规范（GB 50869—2013）[S]. 北京：中国计划出版社，2013.

[3] 中华人民共和国住房与城乡建设部. 生活垃圾焚烧处理工程技术规范（CJJ 90—2009）[S]. 北京：中国建筑工业出版社，2009.

[4] 中华人民共和国环境保护部. 危险废物处置技术导则（HJ 2042—2014）[S/OL]. [2014-06-10]. https://www.mee.gov.cn/ywgz/fgbz/bz/bzwb/other/hjbhgc/201406/W020140620510630672993.pdf.

[5] 中华人民共和国生态环境部，国家市场监督管理总局. 危险废物焚烧污染控制标准（GB 18484—2020）[S/OL]. [2020-11-26]. https://www.mee.gov.cn/ywgz/fgbz/bz/bzwb/gthw/gtfwwrkzbz/202012/W020201218699412566946.pdf.

[6] RUAN J J, XU Z M. Environmental friendly automated line for recovering the cabinet of waste refrigerator [J]. Waste management, 2011, 31 (11): 2319-2326.

[7] YAO Z C, QIN B J, HUANG Z H, et al. Green combined resource recycling system for the recycling of waste glass [J]. ACS sustainable chemistry & engineering. 2021, 9 (21): 7361-7368.

第 6 章 物理性污染及其控制工程

物理性污染控制工程是环境工程学的重要分支之一。它是研究物理性污染控制的技术原理和工程措施的一门科学，主要包括污染源控制、传播途径控制，以及对接收者进行保护。本章主要介绍噪声、电磁场、放射性、热、光等物理要素的污染原理、危害及防范控制措施。

"人民对美好生活的向往，就是我们的奋斗目标。"中国共产党是时刻以人民为中心，时刻牢记为人民服务的宗旨与使命的伟大政党。党的二十大报告指出，生态文明建设是中国共产党全面提升人民群众的获得感、幸福感和安全感的重要组成部分。人民群众是生态文明建设最直接的受益者。国家统计局的相关调查数据显示，2021 年，人民群众对生态环境的满意度超过了 90%。控制好常见的物理性污染是提高人民生活水平和幸福感的关键问题之一。

6.1 噪声污染控制技术

人的生活、工作离不开声音，但并不是所有的声音都悦耳动听，给人们带来愉悦。过大的声音或不需要的声音会影响人们的生活和工作，甚至造成危害。随着现代工业、建筑业和交通运输业的迅速发展，各种机械设备、交通工具在急剧增加，由此产生的噪声污染日益严重，它影响和破坏人们的正常工作和生活，危害人体健康。我国把噪声污染定为继水污染、空气污染、固体废物污染后的第四大环境公害。2021 年 12 月 24 日，十三届全国人大常委会第三十二次会议审议通过《中华人民共和国噪声污染防治法》，一部反映人民心声、守护百姓宁静生活的法律应运而生。为了更好地防治噪声污染，寻找噪声的产生原因，研究噪声的污染规律，探索噪声污染控制的有效措施，已经成为当今社会的迫切需求。

6.1.1 噪声污染及其危害

6.1.1.1 概述

噪声是一种主观评价标准，即一切影响他人的声音均为噪声，无论是音乐还是机械声等。从环境保护的角度看，凡是影响人们正常学习、工作和休息的声音，凡是人们在某些场合"不需要"的声音，都统称为噪声。例如，机器的轰鸣声，各种交通工具的马达声、鸣笛声、人的嘈杂声及各种突发的声响等，均称为噪声。

从物理角度看，噪声是各种不同频率和强度的声音无规则的杂乱组合。噪声对周围环境造成不良影响，就形成噪声污染。

在《中华人民共和国噪声污染防治法》中，噪声是指在工业生产、建筑施工、交通运输和社会生活中产生的干扰周围生活环境的声音。超过噪声排放标准或者未依法采取防控措施产生噪声，并干扰他人正常生活、工作和学习的现象称为噪声污染。噪声污染可能是由自然现象产生的，但大多数情况下是由人类活动所产生的。

"结庐在人境，而无车马喧"，自古以来，人们对美好生活的向往就与声环境质量紧密相关，美好生活，离不开"宁静"二字。噪声污染属于感觉公害，它与人们的主观意愿有关，与人们的生活状态有关，因而它具有与其他公害不同的特点。噪声污染属于物理污染，不涉及化学反应；影响范围随距离衰减，离噪声源越远的地方受到的影响越小。噪声的再利用性不高，由于噪声污染本质上是声波，有序和无序的声波从能量上很难进行回收利用。

《中华人民共和国噪声污染防治法》在第一条开宗明义："为了防治噪声污染，保障公众健康，保护和改善生活环境，维护社会和谐，推进生态文明建设，促进经济社会可持续发展，制定本法。"将公众健康放在首位，体现了以人为本的基本理念。

6.1.1.2 噪声的危害

噪声对人体的影响和危害是多方面的。概括起来，强烈的噪声可引起耳聋、诱发各种疾病、影响人们的休息和工作、干扰语言交流和通信、掩蔽安全信号、造成生产事故、降低生产效率、影响设备的正常工作甚至破坏设备构件等。其主要危害有以下七个方面。

1. 噪声对听力的损伤

噪声对人体最直接的危害是听力损伤。对听觉的影响，是以人耳暴露在噪声环境前后的听觉灵敏度来衡量的，这种变化称为听力损失，指人耳在各频率的听阈升移，简称阈移，以 dB 为单位。例如，当从较安静的环境进入较强烈的噪声环境中，立即感到刺耳难受，甚至出现头痛和不舒服的感觉。停一段时间，离开这里后，仍感觉耳鸣，马上（一般在 2 min 内）做听力测试，发现听力在某频率下降约 20 dB 阈移，即听阈提高了 20 dB。由于噪声作用的时间不长，只要到安静的地方休息一段时间后再进行测试，该频率的听阈减小到零，这一噪声对听力只有 20 dB 暂时性阈移的影响。这种现象称为暂时性听阈偏移，亦称为听觉疲劳。听觉疲劳时，听觉器官并未受到器质性损害。如果人们长期在强烈的噪声环境中工作，日积月累，内耳器官不断受到噪声刺激，便可发生器质性病变，称为永久性听阈偏移，这就是噪声性耳聋。

国际标准化组织于 1964 年规定以在 500 Hz、1000 Hz 和 2000 Hz 三个频程内听力损失的平均值来表示听力损伤程度。听力损失在 15 dB 以下属正常，15～25 dB 为接近正常，25～40 dB 属轻度耳聋，40～65 dB 属中度耳聋，65 dB 以上属重度耳聋。一般来说，听力损失在 20 dB 以内对生活和工作不会有什么影响。

噪声性耳聋是指平均听力损失超过 25 dB 的永久性阈移影响。有研究表明，听力的损伤与生活的环境及从事的职业有关，如农村老年性耳聋发病率比城市的低，纺织厂工人、锻工及铁匠与同龄人相比听力损伤更多。若人突然暴露于极其强烈的噪声环境（如 150 dB 以上的爆炸声）中，听觉器官会发生急剧外伤，引起鼓膜破裂出血、迷路出血，螺旋器从基底膜急性剥离等，使人耳完全失去听力，即出现爆震性耳聋。

噪声性耳聋与噪声的强度、频率及噪声的作用时间有关。噪声性耳聋有两个特点：一是除了高强度噪声（大于 80 dB），一般噪声性耳聋都需要一个持续的累积过程，发病率与持续时间有关，这也是人们对噪声污染忽视的原因之一；二是噪声性耳聋是不能治愈的。因此，有人把噪声污染比喻成慢性毒药，这是有一定道理的。大量统计资料表明：低于 80 dB，长期工作不耳聋；低于 85 dB，10% 可能耳聋；低于 90 dB，只能保护 80% 的人工作 40 年不耳聋（表 6.1）。

表 6.1 工作 40 年后噪声性耳聋发病率

噪声/dB（A）	国际统计/%	美国统计/%	噪声/dB（A）	国际统计/%	美国统计/%
<80	0	0	<95	29	28
<85	10	8	<100	41	40
<90	21	18			

2. 噪声能诱发各种疾病

噪声作用于人的大脑中枢神经系统，以致影响到全身各个器官，给人体消化、神经、免疫及其他系统带来危害。噪声可引起头痛、头昏脑涨、耳鸣、多梦、失眠、全身疲乏无力及记忆力减退等神经衰弱症状。噪声作用于内耳腔的前庭，使人眩晕、恶心、呕吐。噪声对心管系统危害也很大。噪声使交感神经紧张，从而使心跳加快、心律不齐、血压升高等。长期在噪声环境下工作的人与在一般环境下工作的人相比，其高血压、动脉硬化和冠心病的患病率高 2～3 倍。噪声还会引起消化系统方面的疾病。噪声能使人们消化机能减退、胃功能紊乱、消化系统分泌异常、胃酸度降低，以致造成消化不良、食欲不振，以及患胃炎和胃溃疡等疾病，损害健康。此外，噪声对视觉器官、内分泌机能及胎儿的正常发育等也会产生一定影响。在高噪环境中工作和生活的人们，一般健康水平会逐年下降，对疾病的抵抗力减弱，甚至患一些疾病。

3. 噪声影响人们的正常生活

睡眠对于人们生存是必不可少的。在安静的环境下睡眠，人的大脑得到休息，代谢得到调节，从而消除疲劳和恢复体力。而噪声会影响人们的睡眠质量，强烈的噪声甚至使人心烦意乱，无法入睡。

噪声在 35 dB 以下是理想的睡眠环境；40 dB 连续噪声可使 10% 的人受影响；70 dB 连续噪声，可使 50% 的人受影响。突然的噪声可使人惊醒，40 dB 突发的噪声，可使 10% 的人惊醒；60 dB 突发的噪声，可使 70% 的人惊醒。

4. 噪声对语言交流的干扰

在噪声环境下，人们之间的交谈、通信被妨碍是常见的。这种妨碍，轻则降低交流效率，重则损伤人们的听力。研究表明，30 dB 以下的噪声环境属于非常安静的环境（如播音室、医院等应该满足这个条件）；40 dB 是正常的环境（如一般办公室应保持这种水平）；50~60 dB 则属于较吵的环境，此时脑力劳动受到影响，谈话也受到干扰。打电话时，若周围噪声达 65 dB，则对话有困难；若为 80 dB，则听不清楚；若噪声达 80~90 dB，则距离约 0.15 m 也得提高嗓门才能进行对话；若噪声分贝数再升高，则不可能进行对话。噪声对交谈、通信的干扰情况见表 6.2。

表 6.2 噪声的客观量与主观感觉的对应关系

噪声的客观量/dB（A）	主观感觉	听闻条件评价
25~35	很安静	优良
40~45	安静	良好
50~65	吵闹	不好
70~90	很吵闹	恶劣

5. 噪声影响工作

在噪声较高的环境下工作，人会感觉到烦恼、疲劳和不安等，从而出现差错，工作效率降低，这对脑力劳动者尤为明显。实验表明，当人受到突然而至的噪声一次干扰，就要丧失 4 s 的思想集中。噪声对打字、校对、通信人员的差错率及工作效率影响尤为严重，随着噪声的增加，差错率不断上升。据统计，噪声会使劳动生产率降低 10%~50%。

噪声还能掩蔽安全信号，如报警信号和车辆行驶信号。在噪声的混杂干扰下，人们不易觉察安全信号，从而容易造成事故，严重影响交通运输和社会经济效率的提高。

6. 对动物的影响

噪声会使动物的听觉器官、视觉器官、内脏器官及中枢神经系统发生一些病理性变化。噪声对动物的行为也有一定的影响，可使动物失去行为控制能力，出现烦躁不安、失去常态等现象，强噪声还会引起动物死亡。鸟类在噪声中会出现羽毛脱落、产卵率降低等。

7. 特强噪声对仪器设备和建筑结构的危害

噪声对仪器设备的影响与噪声强度、频率及仪器设备本身的结构与安装方式等因素相关。实验研究表明，特强噪声会损伤仪器设备，甚至使仪器设备失效。当噪声级超过 150 dB 时，会严重损坏电阻、电容、晶体管等元件。当特强噪声作用于火箭、宇航器等机械结构时，声频交变负载的反复作用会使材料产生"疲劳"而断裂（声疲劳现象）。

一般的噪声对建筑物几乎没有什么影响。但是当噪声超过 140 dB 时，对轻型建筑开始有破坏作用。例如，当超声速飞机在低空掠过时，飞机头部和尾部会产生压力和密度突变，经地面反射后形成 N 形冲击波，传到地面时听起来像爆炸声，这种特殊的噪声叫作轰击声。在轰击声作用下，建筑物会受到不同程度的破坏，如出现门窗损伤、玻璃破碎、墙壁开裂、抹灰震落、烟囱倒塌等。由于轰击声衰减较慢,因此传播较远,影响范围较广。此外,在建筑物附近使用空气锤、打桩或进行爆破,也会导致建筑物的损伤。

6.1.1.3 噪声的分类

噪声的分类有多种,按其总的来源可分为自然噪声和人为噪声两大类。例如,火山爆发、地层、潮汐和刮风等自然现象所产生的空气声、水声和风声等属于自然噪声,而各种机械、电器和交通运输产生的噪声属于人为噪声。

按噪声的发声机理可分为机械噪声、空气动力性噪声、电磁噪声。机械的撞击、摩擦、转动而产生的噪声称为机械性噪声,如织机、球磨机、电锯等发出的声音;凡高速气流、不稳定气流及气流与物体相互作用产生的噪声叫空气动力性噪声,如通风机、空压机等发出的声音;电磁噪声是由电磁场的交替变化,引起某些机械部件或空间容积振动而产生的,如发电机、变压器等发出的声音。

对影响城市声环境的噪声源,按人的活动方式可分为工业噪声、交通噪声、建筑施工噪声和生活噪声。近年来,随着人们生活水平的提高和交通工具的普及,交通噪声日渐增多。许多研究指出,当噪声与振动或低频成分共存时,噪声污染会扩大人的烦恼水平,而交通噪声的主要组成部分是低频噪声。有研究表明,在印度,城市地区超过55%的噪声来源为交通噪声。印度大多数城市的平均道路交通噪声超过70 dB(A)。

6.1.2 声音的度量和标准

6.1.2.1 声音度量基本概念

1. 声功率

单位时间内声源辐射出来的总声能称为声功率,用 W 表示。它是表示声源特点的物理量,单位为 W 或 J/s。必须指出,声源的声功率与设备实际消耗功率是两个不同的概念。一般大型 500 kW 的鼓风机,其实际消耗功率为 500 kW,而它发出的声功率一般为 100 W 的数量级,约相当于鼓风机实际消耗功率的 1/5000。

2. 声强

声强是在某一点上,与指定方向垂直的单位面积上在单位时间内通过的平均声能,通常用 I 表示,单位是 W/m^2 或 $J/(s·m^2)$。声强是衡量声音强弱的物理量之一,它的大小与离开声源的距离有关。因为声源每秒辐射的声能是不变的,距离声源越远,在自由声场中声能的分布面积就越大,单位时间内单位面积上的声能就越少,所以随着距离增大,声强逐渐减弱。一般情况下,离声源越近,声音越大;离声源越远,声音越小。

在声波无反射地自由传播的自由声场中,当声源为向四周均匀辐射声音的点声源时,声音作球面辐射,在距声源为 r 处的声强为

$$I_{球} = \frac{W}{4\pi r^2} \tag{6.1}$$

式中，r 为距离，单位为 m；$I_{球}$ 为按球面平均的声强，单位为 W/m²；W 为声功率，单位为 W 或 J/s。

由式(6.1)可知，因为声功率是一个恒量，所以声强的大小在空间中是随距离变化的，它与声源距离的平方成反比。

3. 声压

有声波存在时，媒质中的压力会产生一定的变化。声音在空气中传播时，空气中的分子时疏时密，当在某一部分体积内变密时，这部分的空气压强 P 变得比平常状态下的大气压强（静态压强）P_0 大；当在某一部分体积内变疏时，这部分的空气压强 P 变得比静态大气压强 P_0 小。也就是说，声波传播时大气中的压强随着声波做周期性的变化，因此当声波通过时，可用媒质中的压力与静压力的差值 $P' = P - P_0$ 来描述声波状态，P' 即为声压。声压的单位是 Pa，1 Pa = 1 N/m²。

声压实际上是随时间迅速变化的，某瞬时媒质中压强相对无声波时内部压强的改变量称为瞬时声压。但是，由于声压变化很快，人耳实际上辨别不出声压的起伏变化，仿佛声压是一个稳定的值，实际效果只与迅速变化的声压的某段时间平均结果有关，这叫作有效声压，有效声压是瞬时声压的均方根值。

正常人耳刚能听到的声音的声压称为闻阈声压，对于频率为 1000 Hz 的声音，闻阈声压为 2×10^{-5} Pa。使正常人耳引起疼痛感觉声音的声压称为痛阈声压，痛阈声压为 20 Pa。

声压和声强一样，都是度量声音大小、强弱的物理量。一般来说，声强越大，表示单位时间内耳朵接收到的声能越多；声压越大，表示耳朵中鼓膜受到的压力越大。前者是以能量关系说明声音的强弱，后者采用力的关系来说明声音的强弱。事实上，声强与声压是有着内在联系的。

当声波在自由场中传播时，在传播方向上，声强 $I_{球}$ 与声压 P 及声功率之间有如下关系

$$I_{球} = \frac{P^2}{\rho C} \tag{6.2}$$

式中，$I_{球}$ 为声强，单位为 W/m²；P 为有效声压，单位为 N/m²；ρ 为空气密度，单位为 kg/m³；C 为声音速度，单位为 m/s；ρC 为空气特性阻抗，单位为 kg/(s·m²)。

6.1.2.2　声强级、声压级、声功率级

从闻阈声压 2×10^{-5} Pa 到痛阈声压 20 Pa 的绝对值数量级相差 100 万倍，因此，用声压的绝对值表示声音的强弱是很不方便的。因为人对声音响度感觉是与对数成比例的，所以人们采用声压或能量的对数比表示声音的大小，用"级"来衡量声压、声强和声功率，称为声压级、声强级和声功率级。

1. 声强级

声波以平面或球面传播时，相当于声强 I 的声强级 L_I 定义为：

$$L_I = 10 \lg \frac{I}{I_0} \tag{6.3}$$

式中，L_I 为声强级，单位为 dB；I 为声强，单位为 W/m²；I_0 为 1000 Hz 的基准声强值，大小为 10^{-12} W/m²。

2. 声压级

在空气中，规定基准声压 P_0 为正常青年人耳朵刚能听到的 1000 Hz 纯音的声压值，从刚听到的 2×10^{-5} Pa 到引起疼痛的 20 Pa 两者相差 100 万倍，用声压级表示则为 0～120 dB。声压级用符号 L_p 表示，见式（6.4）。一般人耳对声音强弱的分辨能力为 0.5 dB。

$$L_p = 20\lg\frac{P}{P_0} \tag{6.4}$$

式中，L_p 为声压级，单位为 dB；P 为所研究声音的声压，单位为 Pa；P_0 为基准声压，大小为 2×10^{-5} Pa。

3. 声功率级

与声压级相似，声功率也可以用声功率级表示：

$$L_w = 10\lg\frac{W}{W_0} \tag{6.5}$$

式中，L_w 为声功率级，单位为 dB；W_0 为基准声功率，大小为 10^{-12} W。

6.1.2.3 噪声的主观量度

声压级是一个客观的物理量，大小可用仪器来测量，但人耳不同于仪器，声压级最大的声音人耳听起来并不一定是最响，因为人耳对不同的声音频率还有不同的感觉。因此，引进响度这个概念，表示人耳感觉到声音的轻响程度。

1. 响度

响度是人耳判别声音由轻到响的强度等级概念，用 N 表示。它不仅取决于声音的强度（如声压级），还与其频率及波形有关。响度的单位为 sone，1 sone 的定义为声压级为 40 dB，频率为 1000 Hz，且来自听者正前方的平面波形的强度。

2. 响度级

大量试听者试听比较某个声音与一个标准声音——1000 Hz 纯音，然后根据一些规则得出声音的响度级。响度级用 L_N 表示，单位是 phon。

响度级每改变 10 phon，响度加倍或减半。响度级与响度的数学关系式为

$$N = 2[(L_N - 40)/10] \tag{6.6}$$

或

$$L_N = 40 + 33\lg N \tag{6.7}$$

6.1.2.4 噪声的测量

多年来，各国学者对噪声的危害和影响程度进行了大量的研究，提出了各种评价指标和方法，以期得出与主观响应相对应的评价量和计算方法，以及人们正常生活所允许的噪声数值和范围。这些量主要包括与人耳听觉特征有关的评价量、与心理情绪有关的评价量、与人体健康有关的标准（工厂噪声）的评价量、与室内人们活动有关的评价

量等。这些不同的评价量适用于不同的环境、时间、噪声源特性和评价对象。由于环境噪声的复杂性,迄今为止已提出的评价量(或指标)有几十种,以下仅介绍已被公认而且被广泛使用的一些评价量和相应的国内外噪声标准。

1. 声级计

在噪声测量中,声级计是使用最广泛的基本声学测量仪器之一,它的声学指标必须符合国际电工委员会规定的标准。声级计按其精度可分为精密声级计和普通声级计两种。普通声级计的测量误差约为 ±3 dB,精密声级计的测量误差约为 ±1 dB。声级计按用途可分为两类:一类用于测量稳态噪声,如精密声级计和普通声级计;另一类用于测量不稳态噪声和脉冲噪声,如积分式声级计(噪声剂量计)、脉冲声级计。

声级计设计原理及结构示意如图 6.1 所示,它主要由电容式传声器、前置放大器、衰减器、放大器、计权网络、均方根检波器(有效值检波器)及指示表头等组成。声级计的工作原理是,由传声器将声音转换成电信号,由前置放大器变换阻抗,使电容式传声器与衰减器匹配,放大器将输出信号加到计权网络,对信号进行频率计权(或列接倍频程、1/3 倍频程滤波器),然后再经衰减器及放大器将信号放大到一定的幅值,送到有效值检波器(或外接电平记录仪),在指示表头上给出噪声声级的数值。

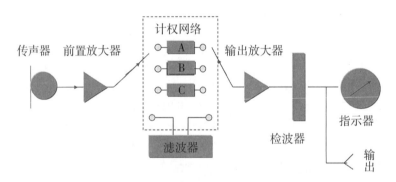

图 6.1 声级计基本构成

2. 计权声级

声源所发射的声音几乎都包含很广的频率范围,为了能用仪器直接反映人的主观响度感觉的评价量,在声级计中设计了一种特殊滤波器,叫作计权网络。

在频谱分析中可得到噪声的能量随频率区分布的特征,但这种分析的结果存在两大缺陷:一是数据量过多,二是这种数据和人的主观反应的相关性不好。因此,就必须对不同频率的声音根据人的主观反应做出修正,这种方法就叫计权。

声级计中的频率计权网络有 A、B、C、D 四种标准计权网络,其计权特性是按国际电工委员会规定选取接近人耳对声音频率响应的几条等响曲线设计的。

A 计权网络频响曲线相当于 40 phon 的等响曲线的倒置曲线,从而使电信号的中、低频段有较大的衰减。B 计权网络频响曲线相当于 70 phon 的等响曲线的倒置曲线,它使电信号的低频段有一定的衰减。C 计权网络频响曲线相当于 100 phon 的等响曲线的倒置曲线,在整个声频范围内有近乎平直的响应,它让所有频率的电信号几乎一样程度地通过。因此，C 计权网络代表了声频范围内的总声压级，相当于人耳对高频声音的响应。

在噪声测量中，经常使用 A 声级来测量和评价宽频率范围噪声，因为多年的实践和研究表明，用 A 计权网络测得的声级与由宽频率范围噪声引起的烦恼和听力危害程度的相关性较好。但一般的声级计中都同时具有 A、B、C 三种计权网络。通常 C 声级可近似用于总声压级的测量。在没有携带滤波器时，可以用 A、B、C 声级近似地估计所测噪声源的频谱特性，常用的方法是用 A、C 声级的差值 $L - L_p$ 近似地估算噪声源的频谱性质和特点。此外，航空噪声的测量采用 D 计权网络，还有平直线性响应的 L 计权网络。为了得到与人耳相适应的声级，应当根据声级大小用相应的计权网络测量，若用作客观量度，则用 L 计权网络，测得的分贝数为声压级。

A 声级所测得的值最符合人耳的听觉特性，用它来评价噪声对人的危害和影响，能得到很好的结果。A 声级已经成了国内外都使用的最主要的评价量。

3. 等效连续 A 声级

从前面的叙述中可知，A 计权声级对于反映人耳对连续而稳定的噪声来说是一种较好的评价方法。但是对于起伏、不连续噪声或暴露在不同时间内的噪声并不适合。例如，一人在稳态噪声 50 dB（A）下工作 8 h，而另一人在 60 dB（A）下工作 5 h、在 120 dB（A）下工作 1 h、在 78 dB（A）下工作 2 h，即处于不连续的噪声环境中，对于前者用 A 计权声来评价是适合的，但对于后者用 A 计权声级评价显然不适合。

为了评价这种不连续噪声，人们尝试将不连续噪声用连续噪声的方式进行评价，在声场的一定点位置上，将某一段时间内连续暴露的不同 A 声级变化用噪声能量按时间平均方法来评价噪声，即等效连续 A 声级，符号为 L_{eq} 或 $L_{Aeq,T}$，单位为 dB（A）。等效连续 A 声级实际上是反映按能量平均的 A 声级，它能反映在 A 声级不稳定的情况下，人们实际所能接受噪声的能量大小：

$$L_{Aeq,T} = 10\lg\left(\frac{1}{T}\int_0^T 10^{0.1L_A}dt\right) \tag{6.8}$$

式中，L_A 表示 t 时刻的瞬时 A 声级，T 表示规定的测量时间段。

等效连续 A 声级的缺点是略去了噪声的变动特性，因而有时会低估了噪声的效应。特别是包含有脉冲成分与纯音成分的噪声，仅用等效声级来衡量是不够充分的。

等效连续 A 声级对衡量工人噪声暴露量是一个重要的参数，许多噪声的生理效应均可以将等效声级作为指标。研究发现，听力损失、神经系统与心血管系统病与等效声级有较好的相关性。因此，绝大多数国家听力保护标准和我国颁布的工业噪声标准均以等效连续 A 声级作为指标。

4. 昼夜等效声级

近年来，在等效连续 A 声级的基础上，发展出采用昼夜等效声级来评价城市环境噪声。昼夜等效声级是对昼夜的噪声能量加权平均而得到的，符号为 L_{dn}，它反映社会噪声昼夜间的变化情况。由于人们对夜间的声音比较敏感，因此在夜间测得的所有声级都加上 10 dB（A 计权）作为补偿，可表示为

$$L_{dn} = 10\lg\left[\frac{16 \times 10^{0.1L_d} + 8 \times 10^{0.1(L_n+10)}}{24}\right] \tag{6.9}$$

式中，L_d 为白天的等效连续 A 声级，时间是 6：00—22：00，共 16 h；L_n 为夜间的等效连续 A 声级，时间是 22：00 至次日 6：00，共 8 h。

调查表明，高烦恼人的百分率同日夜等效声级具有很强的相关性；同时，说话干扰、睡眠干扰及广播电视干扰等效应，与日夜等效声级之间也有很强的依赖关系。

L_{dn} 的缺陷是没有计入纯音和脉冲声的影响，这是因为这种修正比较复杂，以至于使研究者在噪声监测及数据处理过程中遇到很大困难。

5. 噪声污染级

噪声污染级是综合能量平均值和变动特性（用标准偏差表示）两者的影响而给出的对噪声的评价量，用 L_{np} 表示，其数学表达式为

$$L_{np} = L_{eq} + K\sigma \tag{6.10}$$

式中，L_{np} 为噪声污染级；L_{ep} 为等效声级；K 为常数，对交通和飞机噪声取值 2.56；σ 为测定过程中瞬时声级的标准偏差，其计算为

$$\sigma = \sqrt{\frac{1}{n-1}\sum_{i=1}^{n}(\overline{L_{p,A}} - L_{p,A_i})} \tag{6.11}$$

式中，L_{p,A_i} 为测得第 i 个瞬时 A 声级；$\overline{L_{p,A}}$ 为所测声级的算术平均值；n 为测得总数。

对许多重要的公共噪声，L_{np} 也可写成

$$L_{np} = L_{eq} + d \tag{6.12}$$

$$d = L_{10} - L_{90} \tag{6.13}$$

式中，L_{10} 为有 10% 的时间超过的 A 声级；L_{90} 为有 90% 的时间超过的 A 声级。

6.1.2.5　噪声标准

环境噪声不仅干扰人们工作、学习和休息，使正常的工作生活环境受到影响，还危害人们的身心健康。噪声对人的影响既与噪声的物理特性（如声强、频率、噪声持续时间等）有关，也与噪声暴露时间、个体差异因素有关。因此，必须对环境噪声加以控制，但控制到什么程度，是一个很复杂的问题。它既要考虑对听力的保护，对人体健康的影响，以及对人们的困扰，又要考虑目前的经济、技术条件的可能性。为此，采用调查研究和科学分析的方法，对不同行业、不同区域、不同时间的噪声暴露分别加以限制，这一限制值就是噪声标准。为了保障城市居民生活的声环境质量，有效地防治环境噪声污染，国家权力机关根据实际需要和可能，颁布了各种噪声标准，如《工业企业厂界环境噪声排放标准》《声环境质量标准》《建筑施工场界噪声标准》，以及机动车辆、铁路机车、电动工具、家用电器等各种相关噪声控制的国家标准。

1. 工业企业厂界环境噪声排放标准

我国于 2008 年发布了《工业企业厂界环境噪声排放标准》（GB 12348—2008）。对《工业企业厂界噪声标准》（GB 12348—1990）和《工业企业厂界对人噪声测量方法》（GB 12349—1990）进行第一次修订，并将上述两个标准合并，形成《工业企业厂界环境噪声排放标准》。该标准规定了工业企业和固定设备厂界环境噪声排放限值及测量方法，适用于工业企业噪声排放的管理、评价及控制。机关、事业单位、团体等对外环境排放噪声的单位也按此标准执行。规定工业企业厂界环境噪声不得超过表 6.3 规定的排

放限值。

表 6.3 噪声排放限值

类别	昼间/dB（A）	夜间/dB（A）
0	50	40
1	55	45
2	60	50
3	65	55
4	70	55

其中，夜间频发噪声的最大声级超过限值的幅度不得高于 10 dB（A）；夜间偶发噪声的最大声级差过限值的幅度不得高于 15 dB（A）；工业企业若位于未划分声环境功能区的区域，当厂界外有噪声敏感建筑物时，由当地县级以上人民政府参考《声环境质量标准》（GB 3096—2008）和《声环境功能区划分技术规范》（GB/T 15190—2014）的规定确定厂界外区域的声环境质量要求，并执行相应的厂界环境噪声排放限；当厂界与噪声敏感建筑物之间距离小于 1 m 时，厂界环境噪声应在噪声敏感建筑物的室内测量，并将表 6.3 相应的限值降低 10 dB（A）作为评价依据。

2. 声环境质量标准

为贯彻《中华人民共和国环境噪声污染防治法》，防治噪声污染，保障城乡居民正常生活、工作和学习的声环境质量，我国在进行大量评价、测试和研究的基础上公布了《声环境质量标准》（GB 3096—2008）。该标准规定了五类声环境功能区的环境噪声限值及测量方法。本标准适用于声环境质量评价与管理。机场周围区域受飞机通过（起飞、降落、低空飞越）噪声的影响，不适用于本标准。城市五类环境噪声标准值见表 6.4。

表 6.4 城市区域环境噪声标准

声环境功能区类别		时段	
		昼间/dB（A）	夜间/dB（A）
0		50	40
1		55	45
2		60	50
3		65	55
4	4a 类	70	55
	4b 类	70	60

在表6.4中，0类声环境功能区指康复疗养区等特别需要安静的区域，该区域内及附近区域应无明显噪声源，区域界限明确；1类声环境功能区指以居民住宅、医疗卫生、文化教育、科研设计、行政办公为主要功能，需要保持安静的区域；2类声环境功能区指以商业金融、集市贸易为主要功能，或者居住、商业、工业混杂，需要维护住宅安静的区域；3类声环境功能区指以工业生产、仓储物流为主要功能，需要防止工业噪声对周围环境产生严重影响的区域；4类声环境功能区指交通干线两侧一定距离之内，需要防止交通噪声对周围环境产生严重影响的区域，包括4a类和4b类两种类型，4a类为高速公路、一级公路、二级公路、城市快速路、城市主干路、城市次干路、城市轨道交通（地面段）、内河航道两侧区域，4b类为铁路干线两侧区域。此外，夜间突发噪声其最大值不超过标准值15 dB（A）。

3. 建筑施工场界噪声标准

《建筑施工场界环境噪声排放标准》（GB 12523—2011）适用于周围有噪声敏感建筑物的建筑施工噪声排放的管理、评价及控制。市政、通信、交通、水利等其他类型的施工噪声排放可参照本标准执行。本标准不适用于抢修、抢险施工过程中产生噪声的排放监管。

《建筑施工场界环境噪声排放标准》规定，建筑施工过程中场界环境噪声昼间不得超过70 dB（A），夜间不得超过55 dB（A）。夜间噪声最大声级超过限值的幅度不得高于15 dB。当场界距噪声敏感建筑物较近，其室外不满足测量条件时，可在噪声敏感建筑物室内测量，将相应的限值减10 dB（A）作为评价依据。

4. 铁路及机场周围飞机噪声环境标准

《铁路边界噪声限值及其测量方法》（GB 12525—90）修改方案规定，既有铁路边界路噪声按表6.5的规定执行。既有铁路是指2010年12月31日前已建成运营的铁路或环境影响评价文件已通过审批的铁路建设项目。改、扩建既有铁路，铁路边界铁路噪声按6.5规定执行。

表6.5 既有铁路边界铁路噪声限值

时段	噪声限值/dB（A）
昼间	70
夜间	70

新建铁路（含新开廊道的增建铁路）边界铁路噪声按表6.6的规定执行。新建铁路是指2011年1月1日起环境影响评价文件通过审批的铁路建设项目（不包括改、扩建既有铁路建设项目）。

表6.6 新建铁路边界铁路噪声限值

时段	噪声限值/dB（A）
昼间	70
夜间	60

《机场周围飞机噪声环境标准》（GB 9660—1988）规定了机场周围飞机噪声环境及受飞机通过所产生噪声影响的区域噪声，采用一昼夜的计权等效连续感觉噪声级 L_{WECPN} 作为评价量。标准中规定了两类适用区域及其标准限值（表6.7）。

表6.7 机场周围飞机噪声标准及其适用区域

适用区域	标准值/dB
一类区域	≤70
二类区域	≤75

在表6.7中，一类区域指特殊住宅区，居住、文教区；二类区域为除一类区域以外的生活区。本标准适用的区域地带范围由当地人民政府划定。

5. 其他噪声标准

中国科学院声学研究所从有关听力保护、语言干扰和对睡眠的影响三个方面出发，对我国噪声标准提出了相应的建议值（表6.8）。表6.8所给出的为等效声级。理想值是噪声无任何干扰和危害的情况，可作为达到满意效果的最高标准。最大值是允许噪声有一定的干扰和危害的情况（睡眠干扰23%，交谈距离2 m，对话稍有困难，听力保护80%），但不能超过这个限度，如果超过，就会造成严重的干扰和危害。实际情况下，应根据噪声的性质、地区环境和经济条件等决定位于理想值和最大值之间的具体标准。

表6.8 我国环境噪声标准（建议值）

使用范围	噪声标准/dB（A）	
	理想值	最大值
听力保护	75	90
语言交流	45	60
睡眠	35	50

6.1.3 噪声污染防治技术

6.1.3.1 噪声控制基本原理与原则

1. 噪声控制的基本原理

声学系统一般由声源、传播途径和接收者三个环节组成，只有当噪声源、传播途径、接收者三要素同时存在时，噪声才构成对环境的污染和对人的危害。因此，噪声控制应从这三个环节着手，分别采取措施（图6.2）。

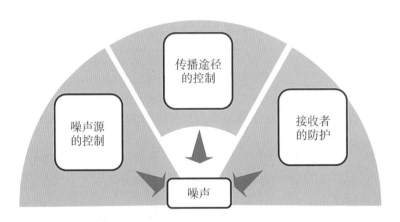

图 6.2 噪声控制原理

（1）在噪声源处抑制噪声。控制噪声最积极的方法，就是在噪声源上进行治理，如提高工艺水平、改进操作方法、提高零部件的加工精度等。根据发声机理可将噪声源分为机械噪声源、空气动力性噪声源和电磁噪声源。通常，声源不是单一的，即使是一种设备，其噪声也可能是由几种不同发声机理的噪声组成。具体措施包括降低激发力，减小系统各环节对激发力的响应，改进设备结构及操作程序，改变操作工艺方法，提高加工精度和装配质量，等等。例如，对风机叶片和电动机的冷却风扇叶片，通过合理设计，选择叶型和叶片数，就能降低噪声。实验表明，把离心风机的叶片由直片改为后弯形，噪声可降低 10 dB 左右。

（2）在传播途径上降低噪声。在传播途径上降低噪声的简单方法就是使声源远离人们集中的地方，依靠噪声随着距离的增加而衰减达到减噪的目的，也可在声源与人之间设置隔声屏，或利用天然屏障（如树林）、土坡、建筑等来遮挡噪声的传播，常用的技术措施有吸声、隔声、消声、阻尼减振等。

（3）在接收点进行防护。在某些情况下，噪声特别强烈，采用上述措施后仍不能达到要求，或者工作过程中不可避免地有噪声时，就需要从接收者保护角度采取措施。对于人，可佩戴耳塞、耳罩、防声头盔；对于精密仪器设备，可将其安置在隔声间内或隔振台上，它们主要是利用隔声的原理来阻挡噪声传入。

2. 噪声控制的一般原则

民生无小事，枝叶总关情。从邻里犬吠、广场音响，到商店喇叭、电梯杂音……这些看似鸡毛蒜皮的小事，恰恰让许多人苦之久矣。这些人民群众反映强烈的社会生活噪声突出问题，亟须法律来解决。噪声污染防治法坚持以人民为中心，坚持问题导向，着眼于人民群众普遍关心的社会生活噪声领域的突出问题，做了针对性规定。噪声控制设计一般应坚持科学性、先进性和经济性的原则。

（1）科学性。首先应正确分析发声机理和声源特性，是空气动力性噪声、机械噪声还是电磁噪声，是高频噪声还是中低频噪声，然后采取针对性的控制措施。

（2）先进性。这是设计所追求的重要目标，但应建立在有可能实施的基础上。所采取的控制技术不影响原有设备的技术性能或工艺要求。

（3）经济性。经济性也是设计所追求的目标之一。噪声污染属能量性污染，控制达到允许的标准值即可，以避免过度的资金投入。

6.1.3.2 消声技术

消声器是一种在允许气流通过的同时，又能有效地阻止或减弱声能向外传播的装置。它主要用于机械设备的进气、排气管道或通风管道的噪声控制。一个性能好的消声器，可使气流噪声降低 20～40 dB（A）。消声器类型很多，按其降噪原理主要有以下四种类型。

1. 阻性消声器

阻性消声器主要是利用多孔吸声材料来降低噪声的。把吸声材料固定在气流通道的内壁上，或使之按一定的方式排列在管道中，就构成了阻性消声器。声波进入消声器后，由于摩擦力和黏滞阻力的作用，部分声能转化为热能散失，起到了消声作用。阻性消声器结构简单，能较好地消除中、高频噪声，但不适合在高温、高湿环境中使用，对低频噪声消声效果较差。在实际应用中，阻性消声器被广泛用于消除风机、燃气轮机等的进气噪声。

常见阻性消声器的结构形式有直管式、折板式、片式、蜂窝式、迷宫式、声流式、盘式及室式等。

2. 抗性消声器

抗性消声器不使用吸声材料，它是利用管道截面的突变或旁接共振腔，使声波发生反射或干涉，从而使部分声波不再沿管道继续传播，达到消声的目的。

抗性消声器耐高温、耐气流冲击，适用于消除中低频噪声，实际应用中常用于消除空压机、内燃机和汽车排气噪声。常用的抗性消声器主要有扩张室（也叫膨胀室）消声器和共振腔消声器。扩张室消声器的基本结构是扩张室和接管的组合。

3. 复合消声器

阻性消声器在中高频范围内有较好的效果，而抗性消声器可以有效地降低中低频噪声。两者结合起来组成阻抗复合消声器，便可在较宽的频率范围内获得良好的消声效果。

4. 新型消声器

新型消声器中常见的有微孔板消声器。微孔板消声器是我国研制的一种新型消声器。在厚度小于 1 mm 的金属薄板上钻有许多孔径为 0.5～1.0 mm 的微孔，将其顺着气流方向放置在容器或管路内，并在微孔板后面留有一定深度的腔室，就构成了微孔板消声器。

6.1.3.3 隔声技术

隔声就是把发声的物体，或把需要安静的场所封闭在一个小的空间（如隔声罩及隔声间）中，使其与周围环境隔绝起来。隔声是一般工厂控制噪声的最有效措施之一。根据声波传播方式，隔声可分为空气隔声和固体隔声两种。此处仅介绍前者。

空气隔声的原理是：声波在通过空气的传播途径中，碰到匀质屏蔽物时，由于两分界面特性阻抗的改变，一部分声能被屏蔽物反射回去，一部分声能被屏蔽物吸收，还有一部分声能透过屏蔽物传到另一空间去，显然透过的声能仅是入射声能的一部分，因此，通过设置适当的屏蔽物就可以使大部分声能不能传播出去，进而降低了噪声的传播。隔声的效果用透声系数和隔声量表示。

噪声屏障近年来广受研究与应用，它们是一种坚固的障碍物和长连续结构，由不同类型的材料制成，建造在道路和道路沿线的噪声敏感区域之间。屏障的声学性能取决于其形状及用于施工的材料。除几何形状外，隔音屏障的效率还取决于其顶部安装的元件。噪声屏障通过截获从声源到接收器的声能来降低到达接收器的声级。

6.1.3.4 吸声技术

在普通房间里，当室内声源发出噪声时，人们除了可以听到由声源传来的直达声，还会听到由室内各表面反射而形成的反射声，使在室内的人们受到更大的噪声影响。当声波入射到物体表面时，一部分能量被反射，一部分能量被吸收，其余一部分声能却可以透过物体。这种情况下，吸声材料和物体的吸声结构就成为一种很重要的防止噪声污染的方法。

1. 吸声材料

（1）纤维类材料。纤维类材料又分为无机纤维和有机纤维两类。无机纤维类主要有玻璃棉、玻璃丝、矿渣棉、岩棉及其制品；有机纤维类主要有棉麻下脚料、棉絮、稻草、海草及由甘蔗渣、麻丝等经过加工而制成的各种软质纤维板。

（2）泡沫类材料，主要有脲醛泡沫塑料、氨基甲酸酯泡沫塑料等。这类材料的优点是容积密度小（10～14 kg/m^3）、导热系数小、质地软。缺点是易老化、耐火性差。目前用得最多的是聚氨酯泡沫塑料。

（3）颗粒类材料，主要有膨胀珍珠岩、多孔陶土砖、矿渣水泥等。它们具有保温、防潮、不燃、耐热、耐腐蚀、抗冻等优点。

2. 共振吸声结构

（1）薄板共振吸声结构。将薄的胶合板、塑料板、金属板等材料的周边固定在墙或顶棚的框架（称为龙骨）上，这种由薄板和板后的封闭空气层构成的系统称为薄板共振吸声结构。当声波入射到薄板上时，薄板就产生振动，发生弯曲变形，板因此而出现内摩擦损耗，使振动的能量转变为热量，达到减噪的目的。当入射声波的频率与板系统的固有频率相同时，便发生共振，板的弯曲变形最大，消耗声能最多。工程中，薄板厚度一般为 3～6 mm，空气层厚度为 30～100 mm，其吸声系数一般为 0.2～0.5，共振频率为 100～300 Hz，属低频吸声。若在薄板结构的边缘放一些柔软材料，如橡胶条、海绵条、毛毡等，可以明显改善其吸声效果。

（2）单孔共振吸声结构。单孔共振吸声结构由腔体和颈口组成，腔体通过颈部与大气相通，孔颈中的空气柱很短，可视为不可压缩的整体。当声波入射时，孔颈中的气柱在声波的作用下像活塞一样做往复运动，与颈壁发生摩擦，使声能转变为热能而损耗。当系统的固有频率与入射声波频率一致时，便发生共振，声能得到最大吸收。这种结构对低频吸声作用明显。

（3）空间吸声体。空间吸声体是由框架、吸声材料和护面结构做成具有各种形状的单元体。它们悬挂在有噪声的空间，各个侧面都能起到吸声的作用，具有吸声系数高、造价低、安装方便等特点。

6.2 电磁辐射污染及防治

在电气化高度发展的今天，各式各样的电磁波充满人类生活的空间。无线电广播、电视、无线通信、卫星通信、无线电导航等的广泛应用，对于促进社会进步与丰富人类物质文化生活带来了极大的便利，并做出了巨大贡献。先进的物质基础给人民的生活水平带来极大提高，但与之相伴的是新技术带来的污染与危害。目前，与人们日常生活密切相关的手机、家庭电脑、电热毯、微波炉等相继进入千家万户，给人们的学习、生活带来极大的方便。但是随之而来的电磁辐射污染日趋严重，不仅危害人体健康，产生多方面的严重负面效应，而且阻碍与影响了正当发射功能设施的应用与发展。家用电器、电子设备在使用过程中都会不同程度地产生不同波长和频率的电磁波，这些电磁波无色无味，看不见，摸不着，穿透能力强，且充斥整个空间，令人防不胜防，成为一种新的污染源。电磁辐射已成为当今危害人类健康的致病源之一。

我国自 20 世纪 60 年代以来，在监测和控制电磁干扰的影响、探讨电磁辐射对机体的作用及防护技术等方面已取得很大的进展，并制定了电磁辐射和微波安全卫生标准。

6.2.1 电磁辐射污染概述

6.2.1.1 电磁辐射的来源

1. 电磁辐射污染的定义

电磁环境是指某个存在电磁辐射的空间范围。电磁辐射以电磁波的形式在空间环境中传播，不能静止地存在于空间某处。人类工作和生活的环境充满了电磁辐射。

电磁辐射污染是指人类使用产生电磁辐射的器具，泄漏的电磁能量传播到室内外空间中，其量超出环境本底值，且其性质、频率、强度和持续时间等因素综合作用，引起周围受辐射影响人群的不适感，并使人体健康和生态环境受到损害。

2. 电磁辐射污染源

电磁场源主要包括两大类，分别为天然电磁场源与人工电磁场源。

天然的电磁辐射来自地球的热辐射、太阳热辐射、宇宙射线和雷电等，是某些自然现象引起的，所以又称为宇宙辐射，最常见的是雷电。由于自然界发生某些变化，常常在大气层中引起电荷的电离，发生电荷的蓄积，达到一定程度后引起火花放电。火花放电频率很宽，可以从几千赫兹到几百兆赫兹。但是，通常情况下，天然电磁辐射一般对人类的影响不大，但局部地区雷电在瞬间的冲击放电可能造成人员的死亡、家电的损坏。天然电磁辐射对短波电磁干扰特别严重。天然电磁场分类及来源见表6.9。

表6.9　自然电磁场分类及来源

分类	来源
大气与空气电磁场源	自然界的火花放电、雷电、台风、火山喷发等
太阳电磁场源	太阳的黑子活动与黑体辐射
宇宙电磁场源	银河系恒星的爆发、宇宙间电子移动等

人为电磁辐射是由人工制造的某些系统、电子设备与电气装置产生的，主要来自广播、电视、雷达、通信基站及电磁能在工业、科学、医疗和生活中的应用设备等。人为辐射的产生源种类、产生的时间和地区及频率分布特性是多种多样的。若根据辐射源的规模大小对人为辐射进行分类，可分为城市杂波辐射、建筑物杂波辐射、单一杂波辐射。

人工电磁场产生于人工电磁场源，按频率不同又可分为工频场源与射频场源。工频场源中，以大功率输电线路所产生的电磁污染为主，也包括若干种放电型场源。射频场源主要是指无线电设备或射频设备工作过程中所产生的电磁感应与电磁辐射。人为电磁场分类及来源见表6.10。

表6.10　人工电磁场分类及来源

分类		设备名称	污染来源与部件
放电所致场源	电晕放电	电力线（送配电线）	高电压、大电流引起的静电感应、电磁感应、大地泄漏电流所造成
	辉光放电	放电管	白炽灯、高压汞灯及其他放电管
	弧光放电	开关、电气铁道、放电管	点火系统、发电机、整流器
	火花放电	电气设备、发动机、冷藏车、汽车	发电机、整流器、点火系统、放电管

（续上表）

分类	设备名称	污染来源与部件
工频感应场源	大功率输电线、电气设备、电气铁道无线电发射机、雷达	高电压、大电流的电场电气设备、广播、电视与通风设备的振荡与发射系统
射频辐射场源	高频加热设备、热合机、微波干燥机	工业用射频利用设备的工作电路与振荡系统
	理疗机、治疗机	医学用射频利用设备的工作电路与振荡系统

6.2.1.2 电磁辐射污染的途径

电磁辐射所造成的环境污染途径大体上可分为空间辐射、导线传播和复合污染三种。

1. 空间辐射

当电子设备或电气装置工作时，会不断地向空间辐射电磁能量，设备本身就是一个发射天线。

由射频设备所形成的空间辐射，分为两种：①以场源为中心，半径为一个波长的范围之内的电磁能量传播以电磁感应方式为主，将能量施加于附近的仪器仪表、电子设备和人体上的；②在半径为一个波长的范围之外的电磁能量的传播以空间放射方式能量施加于敏感元件和人体之上。

2. 导线传播

当射频设备与其他设备共用一个电源供电或者它们之间有电器连接时，电磁能量（信号）就会通过导线进行传播。此外，信号的输出/输入电路等也能在强电磁场中"拾取"信号并将所有"拾取"的信号再进行传播。

3. 复合污染

复合污染是同时存在空间辐射与导线传播所造成的电磁辐射污染。

6.2.1.3 电磁辐射污染的危害

在信息社会中，电磁波是传递信息的最快捷方式。于是，大量的微波中继站、天线通信、移动通信等如雨后春笋般出现。这些设备发出的电磁波信号，能达到信息传播的目的，但也不可避免地增加了环境中的电磁辐射水平，形成了环境污染。一般认为，电磁辐射污染的主要危害为干扰危害、对人体健康的危害和引爆引燃的危害。中国计量科学研究院指出，早在1969年，联合国人类环境会议就把电磁辐射列入必须控制的造成公害的主要污染物之一。

1. 电磁辐射污染对装置、物质和设备的影响和危害

（1）射频辐射对通信、电视机的干扰。射频设备和广播发射机振荡回路的电磁泄漏，以及电源线、馈线和天线等向外辐射的电磁能，不仅对周围操作人员的健康造成影响,而且可以干扰位于这个区域范围内的各种电子设备的正常工作,如无线电通信、无线电计量、雷达导航、电视、电子计算机及电气医疗设备等电子系统。空间电波的干扰可使信号失误、图形失真、控制失灵以致无法正常工作。电视机受到射频辐射的干扰,图像上会出现活动波纹或斜线,使图像不清楚,影响收看的效果。

(2) 电磁辐射对通信电子设备的危害。高强度电磁辐射会造成通信电子设备永久的物理性损坏。射频能量损害设备的机理是复杂的。通常,受损的是电路器件,即三极管、二极管等,受损情况由辐照的类型、电平、时间、受辐照的器件或零件、电磁场性质,以及许多其他因素来确定。设备损坏可能是因为其直接受辐照引起发热,更多的则是由于天线端、线路连线、元件端子、电源线等感应的电压或电流。

(3) 电磁辐射对元器件的危害。电磁辐射对将场效应管作为射频放大器的接收机输入元件、雷达收发机中的开关二极管、心电图设备和脑电摄影设备等的元件均会产生不良影响。后两种设备只有在屏蔽室内才能得到保护和进行工作。这些设备对电磁场相当敏感,以至于最佳的接地方案也不足以保护元件。

(4) 电磁辐射对易爆物质和装置的危害。火药、炸药及雷管等都具有较低的燃烧能点,遇到摩擦、碰撞、冲击等情况,很容易发生爆炸,在辐射能作用下,同样可以发生意外的爆炸。许多常规兵器采用电气引爆装置,如遇高电平的电磁感应和辐射,可能造成控制机构的误动,从而使控制失灵,发生意外的爆炸。例如,高频射强场能够使导弹制导系统控制失灵,电爆管的效应提前或滞后。

(5) 电磁辐射对挥发性物质的危害。挥发性液体和气体,如酒精、煤油、液化石油气等易燃物质,在高电平电磁感应和辐射作用下可发生燃烧现象,在静电危害方面尤为突出。

(6) 其他危害。1991年,英国劳达航空公司的空难造成223人死亡。据有关部门分析,这次空难极有可能是机上有人使用移动电话、笔记本电脑等便携式电子设备,它释放的频率信号启动了飞机的反向推动器,致使机毁人亡。因此,世界各国都相继制定了限制在飞机上使用移动电话的规定。

2. 电磁辐射对人体的影响与危害

电磁辐射对人体的危害与波长有关。长波对人体的危害较弱,随着波长的缩短,对人体的危害逐渐加大,而微波的危害最大。一般认为,微波辐射对内分泌和免疫系统的作用有两方面:小剂量、短时间作用是兴奋效应,大剂量、长时间作用是抑制效应。另外,微波辐射可使毛细血管内皮细胞的胞体内小泡增多,使其胞饮作用加强,导致血脑屏障渗透性增高。一般来说,这种增高对机体是不利的。电磁辐射对人体健康的影响,主要表现在以下方面:

(1) 电磁辐射的致癌和治癌作用。大部分实验动物经微波作用后,癌症的发生率上升。调查表明,在 2 mGs(1 Gs = 10^{-4} T) 以上电磁场中,人群患白血病的概率为普通人群的2.93倍,患肌肉肿瘤的概率为普通人群的3.26倍。一些微波生物学家的实验表明,电磁辐射会促使人体内的遗传基因微粒细胞染色体发生突变和有丝分裂异常,使某些组织出现病理性增生过程,从而使正常细胞变为癌细胞。

(2) 对视觉系统的影响。眼组织含有大量的水分,易吸收电磁辐射,而且眼的血流量少,故在电磁辐射作用下眼球的温度易升高。温度上升导致眼晶状体蛋白质凝固,产生白内障。较低强度的微波长期作用,可以加速晶状体的衰老和混浊,并有可能使有色视野缩小和暗适应时间延长,造成某些视觉障碍。长期低强度电磁辐射的作用,可出现视觉疲劳、眼感到不适和干燥等现象。强度为 $100\ mW/cm^2$ 的微波照射眼几分钟,可使晶状体出现水肿,严重的则成为白内障;强度更高的微波,则会使视力完全消失。

(3) 对生殖系统和遗传的影响。长期接触超短波发生器,男人可出现性机能下降、阳痿,女人出现月经周期紊乱。由于睾丸的血液循环不良,对电磁辐射非常敏感,精子生成受到抑制而影响生育;电磁辐射也会使卵细胞出现变性,破坏排卵过程,从而使女性失去生育能力。高强度的电磁辐射可以产生遗传效应,使睾丸染色体出现畸变和有丝分裂异常。妊娠妇女在早期或在妊娠前,接受短波透热疗法,会使子代出现先天性出生缺陷(畸形婴儿)。

(4) 对血液系统的影响。在电磁辐射的作用下,人体血液中白细胞含量下降,红细胞的生成受到抑制,网织红细胞减少。操纵雷达的人多数出现白细胞降低的现象。此外,当无线电波和放射线同时作用于人体时,对血液系统的作用可较单一因素作用产生更明显的伤害。就高强度电磁辐射对长期暴露在其中的人群的血液成分的损伤效应进行研究,发现免疫球蛋白含量明显下降,并且每一项指标计数均与累积的电磁辐射程度呈负相关。

(5) 对机体免疫功能的危害。动物实验和对人群受辐射作用的研究与调查表明,人体的白细胞吞噬细菌的百分率和吞噬的细菌数均下降。此外,受电磁辐射长期作用的人,其抗体形成受到明显抑制,自身抵抗力下降。

(6) 引起心血管疾病。受电磁辐射作用的人常发生血流动力学失调,血管通透性和张力降低。由于神经调节功能受到影响,多数人出现心动过缓症状,少数人呈现心动过速。受电磁辐射作用的人会出现血压波动,开始升高,后又回复至正常,最后血压偏低,迷走神经发生过敏反应。电磁辐射使心管系统疾病更早、更易发生和发展。

(7) 对中枢神经系统的危害。神经系统对电磁辐射的作用很敏感,受其低强度反复作用后,中枢神经机能发生改变,出现神经衰弱综合征,主要表现有头痛、头晕、无力、失眠、多梦或嗜睡、打瞌睡、易激多汗、心悸、胸闷、脱发等,还表现有短时间记忆力减退、视觉运动反应时间明显延长、脑协调动作差等,入睡困难、无力、多汗和记忆力减退更为突出。这些均说明大脑中抑制过程占优势。解放军 303 医院和解放军军事医学科学院对军事雷达现场官兵、手机基站作业人员进行研究,发现他们抑郁、紧张焦虑、困惑迷茫、愤怒、视觉疲劳感明显、神经衰弱的发生率高。

(8) 对胎儿的影响。世界卫生组织认为,计算机、电视机、移动电话等产生的电磁辐射对胎儿有不良影响。孕妇在怀孕期的前 3 个月尤其要避免接触电磁辐射。因为当胎儿在母体内时,对有害因素的毒性作用比成人敏感,电磁辐射会产生不良的影响。如果在胚胎形成期受到电辐射,有可能导致流产;如果在胎儿的发育期受到辐射,也可能损伤中枢神经系统,导致婴儿智力低下。

6.2.1.4 电磁辐射污染的特点及现状

1. 环境电磁辐射污染特点

（1）有用信号与污染共生。水、气、声、渣等污染要素，与其产品是分开的。例如，生产纸的过程中会排出污水。而电磁辐射不同，发射的就是有用信号，但其对公众健康来讲，同时具有污染的特性。在一定程度上，电磁波的有用信号和污染是共生的，其污染不能单独治理。

（2）产生的污染可以预见。电磁辐射设备对环境的辐射能量密度可根据其设备性能和发射方式进行估算，具有可预见性。在设计阶段，可以初步估算不同方案对环境污染的不同结果，由此可以进行方案的比较和取舍。

（3）产生的污染可以控制。电磁辐射设备向环境发射的电磁能量，可以通过改变发射功率、改变增益等技术手段控制。一旦断电，其污染立即消除。电磁辐射还与周围建筑物的布局和人群分布有关。因此，为了最大限度地发挥电磁辐射的经济性能，减少对环境的污染，必须对电磁辐射设施的建设项目进行环境影响评价。

2. 我国环境电磁辐射污染现状

我国对电磁环境方面的研究起步较晚。20世纪90年代，随着我国高科技产业和国民经济迅速发展，电磁环境监测方面的要求也随之提高。因此，一批电磁环境实验测试中心相继建立。但是，目前我国对电磁环境方面的研究大多停留在某一实际干扰问题的防护水平上，电磁环境分析和预测软件尚不完善。随着经济的高速发展，电磁辐射设施急剧增加，电磁辐射环境管理的任务将越来越重。

6.2.2 电磁辐射污染评价与标准

6.2.2.1 电磁辐射评价标准及方法

1. 国际电磁辐射标准

（1）工频电场卫生标准。目前，已有数十个国家制定了工频电场的电磁辐射标准。有的是国家标准，有的是组织和地方制定的标准。表6.11为一些国家的工频电场标准。

表6.11 不同国家的工频电场强度限值

国别	类别	容许电场强度/(kV·m^{-1})	暴露时间	区域
俄罗斯	国家标准	< 5	工作日	运行区维护区
		< 25	短时	
德国	工业标准	≤ 20	长期	维护工作区
		≤ 30	短期	
捷克	国家标准	≤ 15	长期	变电所

(续上表)

国别	类别	容许电场强度/(kV·m⁻¹)	暴露时间	区域
波兰	国家标准	< 15	长期	变电所
		≤ 20	短期	变电所
西班牙	国家标准	≤ 20	—	—

（2）工频磁场卫生标准。国际辐射防护协会所属国际非电离辐射委员会于1990年向各国推荐频率为50/60 Hz电场和磁场限值临时导则，见表6.12。

表6.12　50/60 Hz 电磁场限值

受照群体		电场强度/(kV·m⁻¹)	磁通量密度/mT
职业群体	整工作日内	10	0.5
	每天不超过2 h	30	5
	局限于四肢	—	25
公众群体	每天最多达24 h	5	0.1
	每天数小时内	10	1

职业照射受照射时间的计算公式为

$$t \leqslant \frac{80}{E} \tag{6.14}$$

式中，t 为时间，单位为 h；E 为电场强度，单位为 kV/m。

公众群体容许受照射的时间仅每天数分钟，且此时体内感应电流密度不大于 2 mA/m²。如果磁通量密度大于 1 mT，受照射时间必须限制在每天数分钟以内。

（3）射频电磁辐射标准。国际辐射防护协会对射频电磁辐射标准规定见表6.13和表6.14。

表6.13　射频电磁辐射职业暴露限值

频率/MHz	电场强度/(V·m⁻¹)	磁场强度/(A·m⁻¹)	功率密度/(mW·cm⁻²)
0.1～1	614	1.6	—
1～10	$614/f$	$1.6/f$	—
10～400	61	0.16	1
400～2000	$3f^{1/2}$	$0.008f^{1/2}$	$f/4000$
2000～30000	137	0.36	5

注：表中 f 为频率，单位为 MHz。

表 6.14 射频电磁辐射公共暴露限值

频率/MHz	电场强度/(V·m^{-1})	磁场强度/(A·m^{-1})	功率密度/(mW·cm^{-2})
0.1～1	87	1.6	—
1～10	87/$f^{1/2}$	1.6/f	—
10～400	27.5	0.16	0.2
400～2000	1.375$f^{1/2}$	0.008$f^{1/2}$	f/2000
2000～30000	61	0.36	1

注：表中 f 为频率，单位为 MHz。

2. 我国电磁辐射标准

我国自 20 世纪 80 年代先后发布电磁辐射安全卫生标准、电磁环境安全卫生标准和干扰控制标准三类标准。

（1）公众电磁环境防护规定。针对电磁环境的管理和防护，国家环保总局和国家技术监督局曾发布过《电磁辐射防护规定》（GB 8702—1988）和《环境电磁波卫生标准》（GB 9175—1988），对电磁环境控制限值进行了规定。2014 年 9 月，环境保护部和国家质量监督检验检疫总局对上述标准行了整合修订，颁布了《电磁环境控制限值》（GB 8702—2014），并于 2015 年 1 月 1 日开始实施。新标准规定了电磁环境中控制公众暴露的电场、磁场、电磁场（1 Hz ～ 300 GHz）的场量限值及其评价方法。该标准适用于电磁环境中控制公众暴露的评价和管理，不适用于以治疗或诊断为目的所致患者或陪护人员暴露及无线通信终端、家用电器等对使用者暴露的评价与管理。根据频率范围不同，公众暴露控制限值见表 6.15。

表 6.15 公众暴露控制限值

频率范围	电场强度/(V·m^{-1})	磁场强度/(A·m^{-1})	磁感应强度/μT	等效平面波功率密度/(W·m^{-2})
1～8 Hz	8000	32000/f^2	40000/f^2	—
8～25 Hz	8000	4000/f	5000/f	—
0.025～1.2 kHz	200/f	4/f	5/f	—
1.2～3 kHz	200/f	3.3	4.1	—
2.9～57 kHz	200/f	10/f	12/f	—
57～100 kHz	40	10/f	12/f	—
0.1～3 MHz	40	0.1	0.12	4
3～30 MHz	67/$f^{1/2}$	0.17/$f^{1/2}$	0.2112/$f^{1/2}$	12/f
30～3000 MHz	12	0.032	0.04	0.4

(续上表)

频率范围	电场强度/ $(V \cdot m^{-1})$	磁场强度/ $(A \cdot m^{-1})$	磁感应 强度/μT	等效平面波功率 密度/$(W \cdot m^{-2})$
3000 ~ 15000 MHz	$0.22f^{1/2}$	$0.001f^{1/2}$	$0.0012f^{1/2}$	$f/7500$
15 ~ 300 GHz	27	0.073	0.092	2

注：①频率 f 的单位为所在行第一列的单位。
② 0.1MHz ~ 300GHz 频率，场量参数是任意连续 6 min 内的方均根值。
③ 100 kHz 以下频率，需同时限制电场强度和磁感应强度；100 kHz 以上频率，在远场区，可以只限制电场强度或磁场强度，或等效平面波功率密度，在近场区，需同时限制电场强度和磁场强度。
④ 架空输电线路线下的耕地、园地、牧草地、畜禽饲养地、养殖水面、道路等场所，其频率 50 Hz 的电场强度控制限为 10 kV/m，且应给出警示和防护指示标志。

对于脉冲电磁波，除满足上述要求外，其功率密度的瞬时峰值不得超过表 6.15 中所列限值的 1000 倍，或场强的瞬时峰值不得超过表 6.15 中所列限值的 32 倍。

(2)《工业企业设计卫生标准》(GBZ 1—2010)。该标准中关于电磁辐射的标准内容摘要如下：

A. 产生工频电磁场的设备安装地址（位置）的选择应与居住区、学校、医院、幼儿园等保持一定的距离，使上述区域电场强度最高容许接触水平控制在 4 kV/m 以下。

B. 对有可能危及电力设施安全的建筑物、构筑物进行设计时，应遵循国家有关法律、法规要求。

C. 在选择极低频电磁场发射源和电力设备时，应综合考虑安全性、可靠性及经济社会效益；新建电力设施时，应在不影响健康、社会效益及技术经济可行的前提下，采取合理、有效的措施以降低极低频电磁场的接触水平。

D. 对于在生产过程中有可能产生非电离辐射的设备，应制订非电离辐射防护规划，采取有效的屏蔽、接地、吸收等工程技术措施及自动化或半自动化远距离操作，如预期不能屏蔽的应设计反射性隔离或吸收性隔离措施，使劳动者非电离辐射作业的接触水平符合《工作场所有害因素职业接触限值物理因素》(GBZ 2.2) 的要求。

E. 设计劳动定员时应考虑电磁辐射环境对装有心脏起搏器患者等特殊人群的健康影响。

(3) 国家军用标准。我国先后制定了《超短波辐射作业区安全限值》(GJB 1002—1990) 和《水面舰艇磁场对人体作用安全限值》(GJB 2779—1996)。其安全限值分别见表 6.16 和表 6.17。

表 6.16 超短波 (30 ~ 300 MHz) 辐射作业区安全限值

辐射条件	日辐射时间/h	容许平均电场强度/$(V \cdot m^{-1})$	容许暴露电场强度上限/$(V \cdot m^{-1})$
脉冲波	8	10	87
连续波	8	14	123

当在脉冲条件下工作电场强度大于 10 V/m，在连续波条件下工作电场强度大于 14 V/m 时，都必须采取有效措施。

若实测数据以平均功率密度表示，则要将数据换算成等效值：

$$E = \sqrt{P \times 377} \tag{6.15}$$

式中，E 为电场强度，单位为 V/m；P 为功率密度，单位为 W/m。

表 6.17 《水面舰艇磁场对人体作用安全限值》的具体内容

舱室	容许功率密度/(mW·cm^{-2})	允许暴露时间
生活舱	5	8 h/d，每周 5 天，连续不超过 4 周
一般工作舱	7	8 h/d，每周 5 天，连续不超过 4 周
	40	连续不超过 4 周
强磁场设备舱	40	1 h/d，每周 5 天，连续不超过 4 周
	80	30 min/d，每周 5 天，连续不超过 4 周
	200	10 min/d，每周 5 天，连续不超过 4 周

注：① 生活舱包括居住舱、会议室、餐厅等生活与休息舱室。
② 一般工作舱指除强磁场设备舱以外的各种作业舱室。

6.2.3 电磁辐射污染的防治

电磁辐射与人类生存环境有密切关系，成为威胁人类健康的主要污染源。为防止电磁辐射污染环境，影响人体健康，除了制定适当的安全卫生标准，还要对高频设备进行有效的屏蔽防护，选定的无线电台场地要符合有关规定，新增设电视发射塔要考虑到对环境的影响。在微波应用方面，也要采取防护措施，减少对人体的危害和对环境的污染。

电磁辐射防护与治理的目的是减少、避免或者消除电磁辐射对人体健康和各种电子设备产生的不良影响或危害，以保护人群身体健康、保护环境。基于这个目的，就要对各种产生电磁辐射的设备，从设计、制造到使用都要特别注意电磁辐射的污染问题，既要造出各种低电磁辐射设备或符合电磁辐射产品标准的设备，又要对运行中的设备检查，完善其防护与治理。

6.2.3.1 电磁辐射污染防护的基本原则

制定电磁辐射防护技术措施的基本原则：一是主动防护与治理，抑制电磁辐射源，包括所有电子设备及电子系统，如设备设计应尽量合理，加强电磁兼容性设计的审查和管理，做好模拟预测和危害分析，等等；二是做好被动防护与治理，即从被辐射方面着手进行防护，如采用调频、编码等方法防治干扰，对特定区域和特定人群进行屏蔽防护。具体可采取如下方式：①屏蔽辐射源或辐射单元；②屏蔽工作点；③采用吸收材料、减少辐射源的直接辐射；④清除工作现场二次辐射源，避免或减少二次辐射；⑤屏蔽设施必须有很好的单独接地；⑥加强个人防护，如穿具有屏蔽功能的工作服、戴具有屏蔽功能的工作帽等。

根据上述电磁辐射防护技术原则，可将电磁辐射防护的形式分为两大类：①在泄漏和辐射源层面采取防护措施，减少设备的电磁漏场和电磁漏能，使泄漏到空间的电磁场强度和功率密度降到最低程度；②采取防护措施，对作业人员进行保护，增加电磁波在介质中的传播衰减，使到达人体的场强和能量水平降到电磁波辐射卫生标准以下。

6.2.3.2 电磁辐射污染的防治措施

为了防止、减少或避免高频电磁辐射对人体健康的危害和对环境的污染，应当采取防护与治理措施，其中很重要的是对高频电磁设备采取屏蔽、接地、滤波、电磁吸波材料、阻波抑制等技术方法。

1. 电磁屏蔽

电磁干扰过程必须具备三要素，分别为电磁干扰源、传播途径和接受者。屏蔽的目的就是使电磁辐射体的电磁辐射能量被限定在所规定的空间之内，阻止其传播与扩散。更具体地说，屏蔽就是采取一切技术措施，将电磁辐射的作用与影响限制在规定的空间范围以内。电磁屏蔽措施主要是从电磁干扰源及传播途径两方面来防治电磁辐射：一是抑制屏蔽室内电磁波外泄，即抑制电磁干扰源；二是阻断电磁波的传播途径，以防止外部电磁波进入室内。

（1）电磁屏蔽的类型。按照屏蔽的方法分为主动场屏蔽与被动场屏蔽。两者的区别在于场源与屏蔽体的位置不同。前者场源位于屏蔽体之内，用来限制场源对外部空间的影响；后者场源位于屏蔽体之外，主要用于防治外界电磁场对屏蔽室内的影响。

按照屏蔽的内容分为电磁屏蔽、静电屏蔽和磁屏蔽三种。电磁场中存在电磁感应，消除这种电磁感应的影响的措施称为电磁屏蔽。静电屏蔽是对静电场及变化很慢的交变电场的屏蔽。这种屏蔽现象是由屏蔽体表面的电荷运动而产生的，在外界电场的作用下电荷重新分布，直到屏蔽体的内部电场均为零时停止运动。电磁屏蔽是对静磁场及变化很慢的交变磁场的屏蔽，与静电屏蔽不同的是，它使用的材料不是钢网，而是有较高磁导率的磁性材料。防碰功能手表就是基于这一原理制造的。

（2）电磁屏蔽机理。电磁感应是通过磁力线的交联耦合来实现的。很显然，若要把电磁场局限在某个空间之内，使它不影响外部空间，那就必须使该电磁场在外部空间的磁通量等于零；反之，若要使外部电磁场不影响到某一空间内部，就必须使外部电磁场在某一空间内部的磁通量等于零。为此，电磁屏蔽就必须采用高导电率的金属材料，将其做成屏蔽体。在某外来电磁场作用下，根据电磁感应定律，屏蔽壳体上产生感应电流，而这些感应电流又产生了与外来电通场方向相反的磁通量，并在所屏蔽的空间内抵消了该电磁场的磁通量，使总磁通量接近于零，即达到了屏蔽的目的。

2. 接地技术

接地有射频接地和高频接地两类。射频接地是将场源屏蔽体或屏蔽体部件内感应电流迅速地引流，以形成等电势分布，避免屏蔽体产生二次辐射，是实践中常用的一种方法。高频接地是将设备屏蔽体和大地之间，或者与大地上可以看作公共点的某些构件之间，采用电阻导体连接起来，形成电流通路，使屏蔽系统与大地之间形成一个等电势分布。

3. 滤波

（1）滤波的机理。滤波是抵制电磁干扰最有效的手段之一。滤波即在电磁波的所有频谱中分离出一定频率范围内的有用波段。线路滤波的作用是保证有用信号通过的同时阻止无用信号通过。

（2）滤波器。滤波器是一种具有分离频带作用的无源选择性网络。选择性是指它具有能够从输入端（或输出端）电流的所有频谱中分离出一定频率范围内有用电流的能力。也就是说，在一个给定的频带范围内，滤波器具有非常小的衰减作用，能让电能（电流）很容易通过；而在此频带之外滤波器具有极大的衰减作用，能抑制电能（电流）通过。电源网络的所有引入线在屏蔽室入口处须装设滤波器。若导线分别引入屏蔽室，则要求必须对每根导线都进行单独滤波。在电磁干扰信号的传导和某些辐射干扰方面，电源电磁干扰滤波器是相当有效的器件。

4. 电磁吸波材料

电磁吸波材料是指能够把进入材料内部的电磁波能量以热能或其他形式能量耗散掉的材料。传统的吸波材料发展比较成熟，但普遍存在着吸收频带窄、吸收性能弱等缺点。考虑到实际工程应用，薄、轻、宽、强变成了技术突破的难点。为解决此类问题，研究者们通过合理的结构设计和组分调控来优化吸波材料的阻抗匹配并实现对电磁波的高效衰减。因此，兼顾材料的阻抗匹配与衰减能力成为当前吸波材料研究的关键。

电磁波入射到吸波材料的表面时，会发生三种情况：一部分电磁波会在刚接触吸波材料时发生反射；一部分电磁波进入吸波材料内部进行衰减；还有一部分电磁波将直接透过吸波材料。进入吸波材料内部的电磁波发生损耗时，根据损耗机制可分为电损耗型和磁损耗型两种，而电损耗型又可细分为电阻损耗型和电介质损耗型。

吸波材料的分类方法有很多种，按损耗机理可分为电损耗型和磁损耗型两类，按成型工艺和承载能力可分为涂覆型和结构型两类，按吸收原理可分为吸收型和干涉型两类，按材料组成可大致分为碳系、铁系、陶瓷系、导电高分子、手性和等离子体吸波材料。表 6.18 总结了以上六种吸波材料的代表性材料及不同材料的特点。

表 6.18 吸波材料的分类

类别	代表性材料	材料特点
碳系吸波材料	石墨烯、石墨、炭黑、碳纤维、碳纳米管	密度低、吸波性能好、可与其他吸波剂复合、可对微观结构进行设计
铁系吸波材料	铁氧体、磁性铁纳米材料	吸收效率高、涂层薄、频带宽、比重大
陶瓷系吸波材料	碳化硅、碳化硅复合材料	力学性能和热物理性能优良

(续上表)

类别	代表性材料	材料特点
导电高分子吸波材料	席夫碱类吸波材料、二茂铁类吸波材料、共轭聚合类吸波材料	结构多样化、密度低、物理和化学性质独特
手性吸波材料	金属手性微体、螺旋碳纤维、手性导电高聚物	吸收效率高、频带宽、可通过调节参数来调节吸波特性
等离子体吸波材料	等离子体	具有对电磁波特有的吸收和折射性能

5. 其他措施

电磁辐射防治还可采用其他方法：①采用电磁辐射阻波抑制器，通过反作用场的作用，在一定程度上抑制无用的电磁辐射；②新产品和新设备在设计制造时，尽可能使用低辐射产品；③从规划着手，对各种电磁辐射设备进行合理安排和布局，并采用机械化或自动化作业，减少作业人员直接进入强电磁辐射区的次数或工作时间。另外，加强个体防护和安排适当的饮食，也可以抵抗电磁辐射的伤害。

6.3 其他污染及其防治

6.3.1 放射性污染及其防治

在人类生存的地球上，自古以来就存在着各种辐射源，人类也就不断地受到它们的照射。随着科学技术的发展，人们对各种辐射源的认识逐渐深入。从 1895 年伦琴发现 X 射线和 1898 年居里发现元素 Ra 以后，原子能科学得到了飞速的发展。特别是核能事业的发展和不断进行核武器爆炸试验，给人类环境又增添了人工放射性物质，对环境造成了新污染。近几十年来，全世界各国的科学家在世界范围内对环境放射性水平进行了大量的调查研究和系统的监测，对放射性物质的分布、转移规律及对人体健康的影响有了进一步的认识，并确定了相应的防治方法。

6.3.1.1 放射性污染概述

1. 放射性污染

环境放射性污染是指因人类的生产、生活排放的放射性物质所产生的电离辐射超过环境放射标准而产生放射性污染并危害人体健康的一种现象。电离辐射指可引起物质电离的辐射，如宇宙射线、α 射线、β 射线、γ 射线、中子辐射、X 射线、Rn 等。

2. 放射性污染的来源

放射性污染源可分为天然放射性污染源和人为放射性污染源两种。

（1）天然放射性污染源。人类受到的天然辐射有两种不同的来源，即来自地球以外的辐射和来自地球的辐射。前者是指宇宙射线，后者是指地球本身所含各种天然放射性元素，即原生放射性核素所造成的辐射。

（2）人工放射性污染源。对人类影响最大的是人工放射性污染源，主要来源有以下四个方面：

A. 医疗照射引起的放射性污染。由于辐射在医学上的广泛应用，医用射线源已成为主要的人工辐射污染源。辐射在医学上主要用于对癌症的诊断和治疗。诊断与治疗所用的辐射绝大多数为外照射，而服用带有放射性的药物则造成了内照射。

B. 核试验的沉降物。

核试验是全球放射性污染的主要来源，在大气层中进行核试验时，带有放射性的颗粒沉降物最后沉降到地面，对大气、海洋、地面、动植物和人体造成污染。

C. 核工业对环境的污染。核能工业在核燃料的生产、使用与回收的核燃料循环过程中均会产生"三废"，对周围环境带来污染。

D. 核事故对环境的污染。操作使用放射性物质的单位，出现异常情况或意想不到的失控状态称为核事故。核事故引起放射性物质向环境大量、无节制地排放，造成非常严重的污染。

3. 放射性污染的危害

过量的放射性物质可以通过空气、饮用水和复杂的食物链等多种途径进入人体（图6.3），即过量的内照射剂量，从而发生急性的或慢性的放射病，引起恶性肿瘤或损害其他器官，如骨髓、生殖腺等。因此，应注重研究放射性同位素在环境中的分布、转移和进入人体后的危害等问题。许多动植物都可富集水中的放射性物质，例如，某些茶叶中天然 Th 含量偏高，一些冶炼厂、化工厂、综合医院等射线区域内的蔬菜的放射性物质含量也普遍偏高。

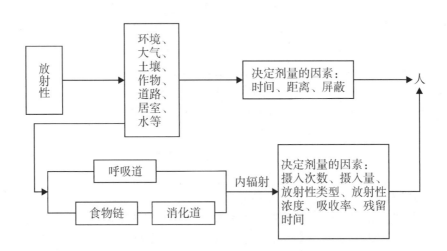

图6.3　放射性物质辐射人体的途径

长期从事放射性工作的人员，体内往往为某些微量的放射性核素所污染，但只有积累了一定剂量时才显出损伤效应。例如，对某单位的铀作业职工的白细胞值统计了8

年，没有发现有逐渐升高或下降的趋势。因此，一般环境中存在的极微量的放射性核素进入人体是不会因照射而引起机体损伤的，只有放射性核素因事故进入人体才可能对机体造成危害。不同辐射量照射的后果及不同场合所受的辐射量见表6.19。

表6.19 不同辐射量照射的后果及不同场合所受的辐射量

辐射量/Sv	后果及辐射量的场合
4.5~8.0	30天内将进入垂死状态
2.0~4.5	掉头发，血液发生严重病变，一些人在2~6周内死亡
0.6~1.0	出现各种辐射疾病
0.1	患癌症的可能性为1/130
5×10^{-2}	每年工作所遭受的核辐射量
7×10^{-3}	大脑扫描的核辐射量
6×10^{-4}	人体内的辐射量
1×10^{-4}	乘飞机时遭受的辐射量
8×10^{-5}	建筑材料每年所产生的辐射量
1×10^{-5}	腿部或者手臂进行X射线检查时的辐射量

（1）急性放射病。急性放射病由大剂量的急性照射所引起，多为意外核事故、核战争造成的。主要临床症状及经过见表6.20。按射线的作用范围，短期大剂量外照射引起的辐射损伤可分为全身性辐射损伤和局部性辐射损伤。

表6.20 急性放射病主要临床症状及经过

受辐射照射后经过的时间	症状		
	700R以上	300R~550R	100R~250R
第1周	最初数小时恶心、呕吐、腹泻	最初数小时恶心、呕吐、腹泻	第一天发生恶心、呕吐、腹泻
第2周	潜伏期（无明显症状）	潜伏期（无明显症状）	潜伏期（无明显症状）
第3~4周	腹泻、内脏出血、口腔炎或咽喉炎、发热、急性衰弱、死亡（不经治疗时死亡率为100%）	脱毛、食欲减退、全身不适、内脏出血、紫斑、皮下出血、流鼻血、脸色苍白、口腔炎或咽喉炎、腹泻、衰弱、消瘦，更严重者死亡（不经治疗时450R的死亡率为50%）	脱毛、食欲减退，不安、喉炎、内脏出血、紫斑、皮下出血、脸色苍白、腹泻、轻度衰弱，如无并发症，3个月后恢复

注：R表示单位面元得到的辐射通量，简称辐照度。辐照度是一个表征辐射场特性的物理量，表示单位面元所接收到的辐射能量。

（2）远期影响。远期影响主要是慢性放射病和长期小剂量照射对人体健康的影响。慢性放射病是多次照射、长期积累的结果。受辐射的人在数年或数十年后，可能出现恶性肿瘤、白内障、生长发育迟缓、生育力降低等远期躯体效应；还可能出现胎儿先天畸形、流产、死产等。慢性放射病的辐射危害取决于受辐射的时间和辐射量，属于随机效应。

6.3.1.2 放射性评价指标和标准

放射污染的潜在危害受到世界的普遍重视，促使一些国家制定有关辐射防护的法规。20世纪50年代，许多国家就颁布了原子能法，随之还制定了各种各样的辐射防护法规、标准。正是由于有了现代先进技术的保证和完善的辐射防护法规标准的制定、执行，才能够使辐射性事故的发生率降至极低。1960年2月，我国第一次发布了放射卫生法规《放射性工作卫生防护暂行规定》，依据这个法规同时发布了《电离辐射的最大容许标准》《放射性同位素工作的卫生防护细则》和《放射工作人员的健康检查须知》三个执行细则。

1964年1月，我国颁布了《放射性同位素工作卫生防护管理办法》。该法规明确规定卫生公安劳动部门和国家科委有责任根据《放射性工作卫生防护暂行规定》，对《放射性同位素工作卫生防护管理办法》执行情况进行检查和监督，同时规定了放射性同位素实验室基建工程的预防监督、放射性同位素工作的申请及许可和登记、放射工作单位的卫生防护组织和计量监督、放射性事故的处理等办法。

1974年5月，我国颁布了《放射防护规定》（GN 8—1974）。《放射防护规定》集管理法规和标准为一体，其中包括7章，共48条和5个附录。在《放射防护规定》中，有关人体器官分类和剂量当量限值主要采用了当时国际放射防护委员会的建议，但对晶体采取了较为严格的限制。

1984年9月5日，我国颁布了《核电站基本建设环境保护管理办法》，规定建设单位及其主管部门必须负责做好核电站基本建设过程中的环境保护工作，认真执行防止污染和生态破坏的设施与主体工程同时设计、同时施工、同时投产的规定，严格遵守国家和地方环境保护法规、标准，对电离辐射的防护工作从建设开始做起。在此法律的指导之下，我国成功完成了大亚湾核电站和秦山核电站的建设。

1989年10月24日，我国施行《放射性同位素与射线装置放射防护条例》，2005年9月该条例修订为《放射性同位素与射线装置安全和防护条例》，包括总则、许可和备案、安全和防护辐射事故应急处理、监督检查、法律责任和附则等7章内容。环保部根据上述《防护条例》于2011年颁布了《放射性同位素与射线装置安全和防护管理办法》。

近年来，我国对辐射防护标准进行了修订并出台了一些新的符合我国国情的标准。我国强制执行的关于辐射防护的国家标准及规定主要如下：《低中水平放射性固体废物的浅地层处置规定》（GB 9132—1988）、《铀、钍矿冶放射性废物安全管理技术规定》（GB 14585—1993）、《铀矿冶设施退役环境管理技术规定》（GB 14586—1993）、《反应堆退役环境管理技术规定》（GB/T 14588—2009）、《低、中水平放射性固体废物暂时贮存规定》(GB 11928—1989)、《核辐射环境质量评价一般规定》(GB 11215—1989)、《电离辐射监测质量保证通用要求》(GB 8999—2021)、《核设施流出物监测的一般规定》(GB 11217—1989)、《辐射环境监测技术规范》(HJ/T 61—2001)、《电离辐射防护与辐射源安全基本标准》(GB 18871—2002)、《低、中水平放射性废物固化体性能要求 水泥固化体》(GB 14569.1—2011)、《核动力厂环境辐射防护规定》(GB 6249—2011)。

6.3.1.3 放射性废物的治理

放射性废物管理不当会在现在或将来对人体健康和环境产生不利影响,因此,放射性废物管理必须履行旨在保护人类健康和管理的各项措施。

1. 放射性废物的处理原则

国际原子能机构在征集成员国意见的基础上,经理事会批准,于1995年发布了放射性废物管理的基本原则:①放射性废物管理必须确保对人体健康的保护达到可接受水平;②放射性废物管理必须确保对环境的影响达到可接受水平;③放射性废物管理必须考虑对人体健康和环境的超越国界可能的影响;④放射性废物管理必须保证对后代预期的健康影响不大于当今可接受的有关水平;⑤不给后代造成不适当负担;⑥纳入国家法律框架;⑦控制放射性废物产生;⑧兼顾放射性废物产生和管理各阶段间的相依性;⑨保证废物管理设施安全。

2. 放射性废物的特征

(1) 放射性废物中含有的放射性物质,一般采用物理、化学和生物方法不能使其含量减少,只能利用自然衰变的方法使它们消失。因此,放射性"三废"的处理方法有稀释分散、减容储存和回收利用。

(2) 放射性废物中的放射性物质不但会对人体产生内照射、外照射的危害,同时放射性的热效应使废物温度升高。因此,处理放射性废物必须采取复杂的屏蔽和封闭措施,并应采取远距离操作及通风冷却措施。

(3) 某些放射性核素的毒性比非放射性核素大许多倍,因此,放射性废物处理比非放射性废物处理要严格、困难得多。

(4) 废物中放射性核素含量非常小,一般都处在高度稀释状态,因此要采取极其复杂的处理手段进行多次处理才能达到要求。

(5) 放射性和非放射性有害废物同时兼容,所以在处理放射性废物的同时必须兼顾非放射性废物的处理。对于具体的放射性废物,涉及净化系数、减容比等指标。

3. 放射性废物的分类

根据我国《辐射防护规定》,把放射性核素含量超过国家规定限位的固体、液体和气体废物,统称为放射性废物。从处理和处置的角度,按比活度和半衰期将放射性废物分为高放长寿命、中放长寿命、低放长寿命、中放短寿命和低放短寿命五类。寿命长短的区分以半衰期30年为限。我国的分类系统与它们要求的屏蔽措施及处置方法,以及这些废物的来源,见表6.21。

表 6.21 我国放射性废物分类及处理办法

按物理状态分类	分类级别	特征	处理办法
废气	高放	工艺废气	需要分离、衰变储存、过滤等综合处理
	低放	放射性厂房或放化实验室排风	需要过滤和（或）稀释处理
废水	高放	β、γ 高于 3.7×10^5 Bq/L，α 高于或低于超铀废物标准	需要厚屏蔽、冷却、特殊处理
	中放	β、γ 为 $3.7\times10^3 \sim 3.7\times10^5$ Bq/L，α 低于超铀废物标准	需要适当屏蔽和处理
	低放	β、γ 为 $3.7 \sim 3.7\times10^3$ Bq/L，α 低于超铀废物标准	不需要屏蔽或只要简单屏蔽，处理较简单
	一般超铀废液	β、γ 中/低，α 超标	不需要屏蔽或只要简单屏蔽，要特殊处理
固体废物	高放，长寿命	显著 α，高毒性，高发热量	深地层处理，如高放固化体、乏燃料元件、超铀废物等
	中放，长寿命	显著 α，中毒性，低发热量	深地层处置（也可能矿坑岩穴处置），如包壳废物、超铀废物等
	低放，长寿命	显著 α，低/中毒性，微发热量	深地层处置（也可能采用矿坑岩穴处置），如超铀废物等
	中放，短寿命	微量 α，中等毒性，低发热量	浅地层埋藏、矿坑、岩穴处置，如核电站废物等
	低放，短寿命	显著 α，低毒性，微发热量	浅地层埋藏、矿坑岩穴处置、海浮投弃，如城市放射性废物等

4. 放射性废水的治理

放射性废水的处理非常重要。现在已经发展起来的有效废水处理技术很多，如化学处理法离子交换法、吸附法、膜分离法、生物处理法等。根据放射性比活度的高低、废水量的大小和不同的处置方式，可选择上述一种方法或几种方法联合使用，以达到理想的处理效果。放射性废水处理应遵循以下原则：处理目标应技术可行，法规许可。废水应在产生场地就地分类收集，处理方法应与处理方案相适应，尽可能实现闭路循环，尽量减少向环境排放放射性物质，在处理运行和设备维修期间，应使工作人员受到的照射降低到"可能达到的最低水平"。

5. 放射性废气的治理

放射性污染物在废气中存在的形态包括放射性气体、放射性气溶胶和放射性粉尘。

对于挥发性放射性气体，可以用吸附或者稀释的方法进行治理；对于放射性气溶胶，通常可用除尘技术进行净化；对于放射性粉尘，通常用高效过滤器过滤、吸附等方法处理，使空气净化后经高烟囱排放，如果放射性活度在允许限值范围，可直接由烟囱排放。高烟囱排放是借助大气稀释作用处理放射性气体常用的方法，用于处理放射性气体浓度低的场合。烟囱的高度对废气的扩散有很大影响，必须根据实际情况（排放方式、排放量、地形及气象条件）来设计，并选择有利的气象条件排放。

6. 放射性固体废物的处理

含有放射性物质的固体废物以外照射或通过其他途径进入人体产生内照射的方式危害人体健康。随着核能源的日益发展，放射性固体废物量迅速增加，因此，控制和防止环境中放射性固体废物污染是保护环境的一个重要方面。对于放射性固体废物，目前常用的处理技术主要有固化和减容。

7. 放射性表面污染的去除

放射性表面污染是指空气中放射性气溶胶沉降于物体表面形成的污染，是造成内照射危害的途径之一。由于通风和人员走动，这些污染物可能重新悬浮于空气中，被吸入人体后形成内照射。因此，必须对地面、墙壁、设备及服装表面的放射性污染加以控制。表面污染的去除一般采用酸碱溶解、络合、离子交换、氧化及吸收等方法。不同污染表面所用的去污剂及其使用方法不同。

6.3.2 光污染及其防治

随着科技的发展，现代的光源与照明给人类带来了辉煌的光文化，能使夜间亮如白昼。但是光源的过度开发建设及不合理的规划设计，给人们的工作和生活带来许多不便，甚至妨碍了我们的正常生活，使人精神不安、心情烦乱，甚至由于心理机能失调而引起各种疾病。1996 年，上海出现了第一起因城市建筑物玻璃幕墙反射引起光污染的环保投诉，随后各地有关玻璃幕墙光污染的投诉不断增多。因此，有必要探讨光污染的产生、危害和防治，以及减少甚至避免对人类的危害。

6.3.2.1 光环境及光污染概述

1. 光环境的定义

光环境是由光照射于其内外空间所形成的环境，包括室内光环境和室外光环境。

室内光环境主要是指由光（照度水平和分布、照明的形式和颜色）与颜色（色调、色饱和室内颜色分布、颜色显现）在室内建立的同房间形状有关的生理和心理环境。其功能是要满足物理、生理（视觉）、心理、人体功效学及美学等方面的要求。

室外光环境是在室外空间由光照射而形成的环境。它的功能除了要满足与室内光环境同样的要求，还要满足诸如节能和绿色照明等社会方面的要求。对建筑物来说，光环境是照射于其内外空间所形成的环境。

2. 光污染的产生

光污染是现代社会中伴随着新技术的发展而出现的环境问题。当光辐射过量时，就会对人们的生活、工作环境及人体健康产生不利影响，这种不利影响称为光污染。光污染随距离的增加而迅速减弱，在环境中不存在残余物，光源消失，污染即消失。随着我国现代化城市建设的不断发展，特别是越来越多的城市大量兴建玻璃幕墙建筑和实施"灯亮工程""光彩工程"，使城市的光污染问题日益突出。

光污染问题最早于 20 世纪 30 年代由国际天文界提出，他们认为光污染是城市室外照明对天文观测造成负面影响。后来英美等国称之为干扰光，在日本则称为光害。

广义的光污染包括一切可能对人的视觉环境和身体健康产生不良影响的事物。光污染所包含的范围非常广泛，主要由人工光源导致的违背人的生理与心理需求或有损于生理与心理健康的现象，包括眩光污染、射线污染、光泛滥、视单调、视屏蔽、频闪等。生活中常见的书本纸张、墙面涂料的反光甚至是路边彩色广告的光芒亦可算在此列。狭义的光污染指干扰光的有害影响，主要是对于已形成的良好的照明环境，由逸散光产生被损害的状况，又由这种损害的状况产生的有害影响。逸散光指从照明器具发出的，使本不应是照射目的的物体被照射到的光。干扰光是指在逸散光中，由于光量和光方向，使人的活动、生物等受到有害影响的光。

现在一般认为，光污染泛指影响自然环境，对人类正常生活、工作、休息和娱乐带来不利影响，损害人们观察物体的能力，引起人体不舒适感和损害人体健康的各种光。人的眼睛由于瞳孔的调节作用，对于一定范围内的光辐射都能适应，但光辐射增至一定量时，将会对人体健康产生不良影响，这就是光污染。波长为 10 nm ～ 1 mm 的光辐射，即紫外辐射、可见光和红外辐射，在不同的条件下都可能造成光污染。

3. 光污染的来源

随着我国现代化城市建设的不断发展，特别是越来越多的城市大量兴建玻璃幕墙建筑和实施"灯亮工程""光彩工程"，城市的光污染问题日益突出，主要表现在以下四个方面：

（1）现代建筑物形成的光污染。随着现代化城市的日益发展与繁荣，都市光污染正在威胁着人的健康。商场、公司、写字楼、饭店、宾馆、酒楼、发廊及舞厅等都采用大块的镜面玻璃、不锈钢板及铝合金门窗饰，有的甚至从楼顶到底层全部用镜面玻璃装修，使人仿佛置身于镜子的世界，方向难辨。在日照光线强烈的季节里，建筑物的镜面玻璃、釉面瓷砖、不锈钢、铝合金板、磨光花岗岩、大理石等装饰使人眩晕。据科学测定，上述这些装饰材料的光反射系数都超过 69%，甚至可达 90%，比绿地、森林、深色或毛面砖石的外装饰建筑物的光反射系数大 10 倍左右，完全超过了人体所能承受的极限。

（2）夜景照明形成的光污染。日落之后，夜幕低垂，都市的繁华街道上的各种广告牌、霓虹灯、瀑布灯等都亮了起来，光彩夺目，使人置身于人工白昼之中。进入现代化的舞厅，人们为追求刺激效果，常常采用耀目光源、旋转光源等，令人眼花缭乱。

（3）城市道路和交通设施照明。随着城市的迅速发展，各城市加紧实施"亮化工程"，使城市越来越亮，对交通安全、居民休息和生态系统产生越来越严重的影响。曾经有一架国际航空公司的航班到达南京，由于当时南京市绕城公路灯光强度大，而机场跑道灯光较暗，飞行员在准备着陆时，误把绕城公路灯光当成跑道灯光，于是飞机从高空一路降落,直奔绕城公路而去,险些降落在公路上。

(4) 室内光污染。一方面,室内装修采用的镜面、釉面砖墙、磨光大理石及各种涂料等装饰反射光线,使室内明晃白亮,炫眼夺目;另一方面,室内灯光配置设计的不合理性也会使室内光线过亮或过暗。人眼感觉到的眩光与光源的种类和位置有很大关系。室内的一些常用光源,其照明亮度和眩光效应各不相同,光源选择和布置不合理会造成不同程度的眩光污染。另外,夜间室外照明,特别是建筑物的泛光照明产生的干扰光,有的直射到人眼造成眩光,有的通过窗户照射到室内把房间照得很亮,影响人们的正常生活,同时会使室内出现不同程度的眩光,影响人们的视觉环境,进而威胁到人类的健康生活和工作效率。

4. 光污染的危害

(1) 光污染对人类环境的影响。

A. 影响周围居民。当商业、公益性广告或街道和体育场等处的照明设备的出射光线直接照入附近居民的窗户时,就很可能对居民的正常生活产生负面的影响。例如,照明设备产生的入射光线使居民的睡眠受到影响,商业性照明产生闪烁的光线或停车场上进出车辆的灯光使房屋内的居民感到烦躁,影响正常的工作和生活。

B. 影响行人安全。当道路照明或广告照明设备安装不合理时,其产生的眩光会使行人不舒适,导致其正常的视觉功能降低或完全丧失。当灯具本身的亮度或灯具照射路面等处产生的高亮度反射面出现在行人的视野范围内时,行人将无法看清周围较暗的地方,影响行人对周围环境的认知,不利于行人及时发现潜在危险。

C. 影响交通系统。各种交通线路上的照明设备或附近的体育场和商业照明设备发出的光线都会对车辆的驾驶者产生影响,降低交通的安全性。

D. 对人体直接伤害。红外线、紫外线和激光等光污染会直接对人体造成伤害。红外线可造成皮肤灼痛、烧伤,以及眼底视网膜、虹膜的伤害。紫外线也会造成角膜白斑伤害,导致眼睛剧痛、流泪、眼睑痉挛、眼结膜充血和睫状肌抽搐,严重时可能引起白内障。

E. 对天文观测的影响。天文观测依赖于夜间天空的亮度和被观测星体的亮度,夜空的亮度越低,就越有利于天文观测的进行。各种照明设备发出的光线由于空气和大气中悬浮尘埃的散射使夜空亮度增加,从而对天文观测产生不利影响。

(2) 光污染对生态环境的影响。

A. 对动物的影响。动物的生存离不开光照,与人类不同的是,动物没有科学思维的能力,依靠本能生存。由于光污染具有不同于自然光照的特点,以及发光的不确定性等因素,必然会造成一些生物不能适应光环境的变化,导致生物钟混乱,影响觅食、迁移、生殖等诸方面。

B. 对植物的影响。种植在街道两侧的树木、绿篱或花卉会受到路灯的影响。当植物在夜间受到过多的人工光线照射时,其自然生命周期受到干扰,体内的生物钟节律被破坏,导致其茎或叶变色,甚至枯死,并会影响植物休眠和冬芽的形成;过多的紫外线会使陆生作物(如某些豆类)减产,如夜间人工光线的照明会使水稻的成熟期推迟,其生长状态比没有受到人工光线照射的水稻差;菠菜在夜间受到过多人工光线照射,会过早结种，产量降低。

另外，与上述直接光污染相比，光污染形成的同时，也会出现对电能的浪费，从而需要更多的电力供应，导致电厂排出的 CO_2、SO_2 和其他有害物增多，加重了环境的污染，直接影响地球的生态。

6.3.2.2 光污染防治技术及措施

光污染按照光波波长分为可见光污染、红外线污染和紫外线污染三类，对于不同的污染类型，可以采用不同的防治技术。

1. 可见光污染防治

可见光污染中危害最大的是眩光污染。眩光污染是城市中光污染的最主要形式，是影响照明质量最重要的因素之一。

根据眩光产生的方式分为直接眩光和反射眩光，反射眩光又分为一次反射眩光和二次反射眩光两种。眩光程度主要与灯具发光面大小、发光面亮度、背景亮度、房间尺寸、视看方向和位置等因素有关，还与眼睛的适应能力有关。因此，眩光的限制应分别从光源、灯具、照明方式等方面进行。眩光的限制等级分为三级，见表6.22。

表6.22 眩光分级及其特点

眩光限制等级	眩光程度		适用场合
Ⅰ	高质量	无眩光	阅览室、办公室、计算机房、美工房、化妆室、商业营业厅的重点陈列室、调度室、体育比赛馆
Ⅱ	中等质量	有轻微眩光	会议厅、接待厅、宴会厅、游艺厅、候车厅、影剧院进口大厅、商业营业厅、体育馆
Ⅲ	低质量	有眩光感觉	储藏室、站前广场、厕所、开水房

2. 红外线、紫外线污染防治

对红外线和紫外线污染，应加强管理和制度建设，要定期检查紫外消毒设施，发现灯罩破损要立即更换，并确保在无人状态下进行消毒，更要杜绝将紫外灯作为照明灯使用。对产生红外线的设备，也要定期检查和维护，严防误照。

对于从事电焊、玻璃加工、冶炼等产生强烈眩光、红外线和紫外线的工作人员，应十分重视个人防护工作，可根据具体情况佩戴反射型、光化学反应型、反射-吸收型、爆炸型、顺收型、光电型和变色微晶玻璃型等不同类型的防护镜。

3. 室内光污染的防治

目前在室内装修时，不少家庭在选用灯具和光源时往往忽视合理的采光需要，把灯光设成五颜六色的，炫目刺眼。室内环境中的光污染已经严重威胁到人类的健康生活和工作效率。在注意室内空气质量的同时，要注意室内的光污染，营造一个绿色室内光环境。

6.3.3 热污染及其防治

6.3.3.1 热污染概述

热污染即工农业生产和人类生活中排放出的废热造成的环境热化,损害环境质量,进而影响人类生产、生活的一种增温效应。热污染发生在城市、工厂、火电站、原子能电站等人口稠密和能源消耗大的地区。人民水平不断提高,消耗了大量的化石燃料和核能燃料。在能源转化和消费过程中,不仅产生直接危害人类的污染物,而且还会产生对人体无直接危害的 CO_2、热水等,这些物质排入环境后导致环境温度产生不利变化,甚至损害环境质量,形成热污染。

1. 热污染的类型

热污染可以污染大气和水体,根据污染对象的不同,可将热污染分为水体热污染和大气热污染。

工厂的循环冷却水排出的热水及工业废水中都含有大量废热。废热排入湖泊河流后,造成水温骤升,导致水中溶解氧锐减,引发鱼类等水生动植物死亡。目前,向水体排放热污染的人工设施主要有热电厂、核电站、钢铁厂等的循环冷却系统,以及石油、化工、铸造、造纸等工业排放的含有大量废热的废水。一般以煤为燃料的火电站热能利用率仅为40%,轻水堆核电站仅为31%~33%,且核电站冷却水耗量较火电站多50%以上。废热随冷却水或工业废水排入地表水体,导致水温急剧升高,改变水体理化性质,对水生生物造成危害。

对于大气环境,城市大量燃料燃烧过程及高温产品、炉渣和化学反应产生的废热不断地排入大气环境,导致大气中含热量增加。目前,关于大气热污染的研究主要集中于城市热岛效应和温室效应。温室气体的排放抑制了废热向地球大气层外扩散,加剧了大气的升温过程,影响全球气候。目前虽然还不能定量确定热污染对自然环境造成的破坏作用及长远影响,但是热污染能使大气和水系产生增温效应。全球性的气温升高可能会使已控制的有害微生物和昆虫得以繁殖,使河流、湖泊水分蒸发量增多,水位下降,影响灌溉。

随着现代工业的迅速发展和人口的不断增长,环境热污染将日趋严重。目前,热污染正逐渐引起人们的重视,但至今仍没有确定的指标用以衡量其污染程度,也没有关于热污染的控制标准。因此,热污染对生物的直接或潜在威胁及其长期效应,尚需进一步研究,并应加强热污染的控制与防治。

2. 热污染的成因

环境热污染主要是由人类活动造成的,见表6.23。人类活动对热环境的改变主要通过直接向环境释放热量、改变大气的组成、改变地表形态等方式来实现。

表 6.23 热污染成因

成因		说明
向环境释放热量		能源未能有效利用,余热排入环境后直接引起环境温度升高,根据热力学原理,转化成有用功的能量最终也会转化成热而传入大气
改变大气层组成和结构	CO_2 含量增加	CO_2 是温室效应的主要贡献者
	颗粒物大量增加	大气中颗粒物可对太阳辐射起反射作用,也有对地表长波辐射的吸收作用,对环境温度的升降效果主要取决于颗粒物的粒度、成分、停留高度、下部云层和地表的反射率等多种因素
	对流层水蒸气增多	在对流层上部,亚声速喷气式飞机飞行排出的大量水蒸气积聚,可存留 1~3 年,并形成卷云,白天吸收地面辐射,抑制热量向太空扩散;夜晚又会向外辐射能量,使环境温度升高
	平流层 O_3 减少	平流层的 O_3 可以过滤掉大部分紫外线,现代工业向大气中释放的大量氟氯烃和含溴卤代烃哈龙是造成臭氧层破坏的主要原因
改变地表形态	植被破坏	地表植被破坏,增强地表的蒸发强度,提高其反射率,降低植物吸收 CO_2 和太阳辐射的能力,减弱了植被对气候的调节作用
	下垫层改变	城市化发展导致大面积钢筋混凝土构筑物取代了田野和土地等自然下垫面,地表的反射率和蓄热能力及地表和大气之间的换热过程改变,破坏环境热平衡
	海洋面受热性质改变	石油泄露可显著改变海面的受热性质,冰面或水面被石油覆盖,使其对太阳辐射的反射率降低,吸收能力增加

3. 高温热环境对人体的危害

人类生产、生活和生命活动所需要的适宜的环境温度范围相对较窄,超过中性点的温度环境可以称为高温热环境。但是,只有当环境温度超过 29 ℃时,才会对人体的生理机能产生影响,降低人的工作效率。

6.3.3.2 热污染防治

除了前述各种热污染的成因,太阳能、风能、核能等新能源动力工程都会产生热污染,彻底消除热污染是不可能的。热污染的综合防治目标应该是如何减少热污染,将其控制在环境可承受的范围内,以及如何对其进行资源化利用。针对不同的热污染类型,可以采取不同的防治方式。

1. 水体热污染

水体热污染的防治,主要是通过改进冷却方式、减少温热废水的排放和利用废热三种途径进行。

(1) 设计和改进冷却系统,减少废热入水。水体热污染的主要污染源是电力工业排放的冷却水，要实现水域热污染的综合治理，首先要控制冷却水进入水体的质和量。一般电厂（站）的冷却水都经过冷却池或冷却塔系统以除去水中的废热，并且把它们返回到换热器（冷凝器）中循环使用，提高水的利用效率。

（2）废热综合利用。排入水体的废热均为可再次利用的二次能源。目前，国内外都在利用电站排放的温热水进行水产养殖试验，并在许多鱼种方面取得了成功。农业也是温热水有效利用的一个途径。在冬季，用温热水灌溉能促进种子发芽和生长，延长适于作物种植的时间。也可将冷却水引入水田以调节水温，或排入港口或航道以防止结冰。

（3）加强管理。有关部门应严格执行水温排放标准，同时将热污染纳入建设项目的环境影响评价中，并加强对受纳水体的管理。另外，禁止在河岸或海滨开垦土地、破坏植被，以及植树造林避免土壤侵蚀等，对水体热污染的综合防治也具有重要意义。

2. 大气热污染防治

热污染会导致大气环境升温，产生温室效应，其防治应主要从两方面入手：一是减少温室气体的排放；二是植树造林，保护地表植被。

（1）控制温室气体排放。要减少温室气体的排放，就必须控制矿物燃料的使用量，提高燃料燃烧的完全性以提高能源利用效率，研究开发高效节能的能源利用技术、方法和装置，降低废热排放量。为此，必须调整能源结构，增加核能、太阳能、生物能和地热能等可再生能源的使用比例。此外。还需要提高能源利用率，特别是发电和其他能源转换的效率，以及各工业生产部门和交通运输部门的能源使用效率。

目前矿物燃料仍然是最主要的能量来源，因此有效控制 CO_2 的排放量，需要世界各国协调保护与发展的关系，主动承担其责任，并互相合作、联合行动。自 20 世纪 80 年代末期以来，在联合国的组织下召开了多次国际会议，形成了两个最重要的决议——《联合国气候变化框架公约》和《京都议定书》。其中，1997 年的《京都议定书》结合各国的经济、社会、环境和历史等具体情况，规定了发达国家"有差别的减排"。为此，荷兰率先征收"碳素税"，即按 CO_2 的排放量来征税，日本也制定了类似的税收制度。我国通过煤炭和能源工业改革，CO_2 和 CH_4 排放量逐年降低。

此外，发展清洁型和可再生替代能源，充分利用太阳能、风能和水能等清洁能源，减少化石能源的使用量，也能减轻对环境的热污染。清洁能源的使用是清洁生产的主要内容之一。清洁能源是指它们的利用不产生或者极少产生对人类生存环境造成影响的污染物。目前可供开发的新能源和可再生能源主要有太阳能、风能、地热能、生物质能、潮汐能和水能。

（2）加强 CO_2 吸收、捕集、利用和封存技术。保护森林资源，通过植树造林提高森林覆盖面积，可以有效提高植物对 CO_2 的吸收。试验表明，每公顷森林每天可以吸收大约 1 t 的 CO_2，并释放出 0.73 t 的 O_2。据此推算，地球上所有植物每年为人类处理的 CO_2 可达近千亿吨。

此外，应加强 CO_2 捕集、封存和利用技术的研究。利用吸附、吸收、低温及膜系统等现已较为成熟的工艺技术将废气中的 CO_2 捕集下来，进行长期或永久性的储存。目前正在大力开发的 CO_2 捕集技术有燃烧前脱碳、富氧燃烧和燃烧后脱碳技术，封存方式有地下储存、海洋储存及森林和陆地生态储存。

3. 热岛效应的防治

城市中人工构筑物的增加、自然下垫面的减少是加剧城市热岛效应的主要原因。因此，在城市中通过增加自然下垫面的比例，大力发展城市绿化，营造各种"城市绿岛"是缓解城市热岛效应的有效措施。对于城市热岛效应的防治，可以从设计规划和城市绿化等多方面综合考虑。

（1）根据城市所处地形和气象条件，进行合理设计，并完善环境监察制度等，以此来综合防治热岛效应。要统筹规划公路、高空走廊和街道这些温室气体排放较为密集的地区的绿化，营造绿色通风系统，把市外新鲜空气引进市内，以改善小气候。

（2）市区人口稠密也是热岛效应形成的重要原因之一。城市热岛强度随着城市发展而加强，因此在控制城市发展的同时，要控制城市人口密度、建筑物密度。在今后的新城市规划时，可以考虑在市中心只保留中央政府和市政府、旅游、金融等部门，其余部门应迁往卫星城，再通过环城地铁连接各卫星城。

（3）居住区的绿化管理。要建立绿化与环境相结合的管理机制，并建立相关的地方性行政法规，以保证绿化用地。城区的水体、绿地对减弱夏季城市热岛效应起着十分可观的作用。城市绿地是城区自然下垫面的主要组成部分，它所吸收的太阳辐射能量一部分用于蒸腾耗热，一部分在光合作用中被转化为化学能储存起来，因此用于提高环境温度的热量大大减少，可以有效缓解城市热岛效应。

（4）将消除裸地、消灭扬尘作为城市管理的重要内容。除建筑物、硬路面和林地之外，其余地表应为草坪所覆盖，甚至在树冠投影处草坪难以生长的地方，也应用碎玉米秸和锯木小块加以遮蔽，或者铺设反射率高、吸热率低、隔热性能好的新型环保建筑材料，以提高地表的比热容。

（5）加强工业整治及机动车尾气治理，限制大气污染物的排放，减少对城市大气组成的影响。同时要调整能源结构，提高能源利用率，通过发展清洁燃料、改燃煤为燃气、开发利用太阳能等新能源，减少向环境中排放人为热。

思考题

1. 什么是噪声？噪声对人的健康有什么危害？
2. 声压增大到原来的 2 倍时，声压级提高多少分贝？
3. 在半自由声场空间中离点声源 2 m 处测得声压的平均值为 88 dB，求其声功率级和声功率，并求距声源 5 m 处的声压级。
4. 某测点的背景噪声为 65 dB，周围有三台机器，单独工作时，在测点处测得的声压分别为 70 dB、76 dB、78 dB。试求这三台机器同时工作时，在测点的总声压级。
5. 在铁路旁某处测得：货车经过时，在 2.5 min 内的平均声压级为 72 dB；客车通过时，1.5 min 内的平均声压级为 68 dB；无车通过时环境噪声约为 60 dB。该处白天 12 h 内共有 65 列火车通过，其中货车 45 列，客车 20 列，计算该地点白天的等效连续 A 声级。
6. 甲在 82 dB（A）的噪声下工作 8 h；乙在 81 dB（A）的噪声下工作 2 h，在 84 dB（A）的噪声下工作 4 h，在 86 dB（A）的噪声下工作 2 h，问：谁受到的危害大？

7. 某工人在 91 dB（A）下工作 1 h，在 90 dB（A）下工作 3 h，在 86 dB（A）下工作 2 h，其余时间在 78 dB（A）以下工作。计算其等效连续 A 声级。

8. 常用的噪声控制手段有哪些？分别有哪些特点？

9. 什么是电磁辐射污染？电磁污染源可分为哪几类？各有何特性？

10. 电磁辐射评价包括哪些内容？评价的具体方法有哪些？电磁辐射防治有哪些措施？各自适用的条件是什么？环境中放射性的来源主要有哪些？

11. 辐射对人体的作用和危害是什么？

12. 放射性评价方法和基本标准有哪些？简述它们的基本概念。

13. 什么是光污染？光污染的主要类型有哪些？

14. 什么是眩光污染？试述其产生原因、危害及防治措施。

15. 简述热污染的概念和类型。

16. 热污染的主要危害有哪些？

17. 什么是城市热岛效应？它是如何形成的？

18. 什么是温室效应？主要的温室气体有哪些？温室效应的主要危害有哪些？

参考文献

[1] 车世光. 建筑声学 [M]. 北京：清华大学出版社，1988.

[2] 陈爱莲，孙然好，陈利顶. 基于景观格局的城市热岛研究进展 [J]. 生态学报，2012，32（14）：4553-4565.

[3] 陈杰瑢. 物理性污染控制 [M]. 北京：高等教育出版社，2007.

[4] 戴德沛. 阻尼技术的工程应用 [M]. 北京：清华大学出版社，1991.

[5] 杜功焕，朱哲民，龚秀芬. 声学基础 [M]. 上海：上海科学技术出版社，1981.

[6] 方丹群. 噪声控制 [M]. 北京：北京出版社，1986.

[7] 付莎，魏新渝. 国际光污染防治管理经验及对我国的启示 [J]. 环境保护，2021，49（22）：71-75.

[8] 高艳玲，张继有. 物理污染控制 [M]. 北京：中国建材工业出版社，2005.

[9] 国家环保局. 工业噪声治理技术 [M]. 北京：中国环境科学出版社，1993.

[10] 胡嘉，朱启疆. 城市热岛研究进展 [J]. 北京师范大学学报（自然科学版），2010，46（2）186-193.

[11] 黄其柏. 工程噪声控制学 [M]. 武汉：华中理工大学出版社，1999.

[12] 黎昌金，余洁. 电磁辐射污染在国内外研究综述 [J]. 内江师范学院学报，2019，34（4）：59-64.

[13] 李雪婷，刘步云，金杰. 玻璃幕墙光污染的危害与防治 [J]. 清洗世界，2022，38（3）：92-94.

[14] 刘宏，张冬梅. 环境物理性污染控制 [M]. 武汉：华中科技大学出版社，2018.

[15] 刘惠玲，辛言君. 物理性污染控制工程 [M]. 北京：电子工业出版

社，2015.

[16] 刘惠玲. 环境噪声控制 [M]. 哈尔滨：哈尔滨工业大学出版社，2002.

[17] 刘扬林. 工业废渣生产建筑材料放射性污染分析及危害控制建议 [J]. 中国资源综合利用，2007，25（1）：33-36.

[18] 马剑. 光污染对生态的影响及防治对策 [J]. 上海环境科学，2007，26（3）：125-128.

[19] 邱秋. 我国电磁辐射污染防治的法律分析 [J]. 上海环境科学，2007，26（1）：19-21.

[20] 任庆余. 室内放射性污染及其防治 [J]. 现代预防医学，2006，33（3）：303-305.

[21] 邵建章. 放射性事故的发生场所及放射性监测技术 [J]. 消防技术与产品信息，2003（7）：34-38.

[22] 沈壕，戴根华，陈定楚. 环境物理学 [M]. 北京：中国环境科学出版社，1985.

[23] 孙乐越，金杰. 玻璃幕墙光污染的危害与防治方法 [J]. 光源与照明，2021（8）：59-61.

[24] 孙勇，孙书敏. 热污染对环境的影响及防治 [J]. 资源节约与环保，2015（5）：161.

[25] 谈德清. 我国核电站放射性废物处理与存在的问题 [J]. 核工程研究与设计，1998（26）：4-9，14.

[26] 唐秀欢. 植物修复：大面积低剂量放射性污染的新治理技术 [J]. 环境污染与防治，2006，28（4）：275-278.

[27] 王强，王俊，曹兆进，等. 移动电话基站射频电磁辐射污染状况调查 [J]. 环境与健康杂志，2010，27（11）：974-979.

[28] 王文杰. 光污染防治的法律制度研究 [D]. 太原：山西财经大学，2012.

[29] 吴明红，包伯荣. 辐射技术在环境保护中的应用 [M]. 北京：化学工业出版社，2002.

[30] 徐睿. 城市光污染现状及防治措施研究 [J]. 皮革制作与环保科技，2021，2（16）：158-159.

[31] 张庆国，杨书运，刘新，等. 城市热污染及其防治途径的研究 [J]. 合肥工业大学学报（自然科学版），2005（4）：360-363.

[32] 赵锋. 城市电磁辐射污染现状分析及其防治对策 [J]. 城市环境与城市生态，2011，24（5）：39-42.

[33] 赵松龄. 噪声的降低与隔离 [M]. 上海：同济大学出版社，1989.

[34] 赵晓飞，郭振华. 浅谈环境污染中的计算机电磁辐射 [J]. 黑龙江环境通报，2011，35（1）：82-83.

[35] 赵玉峰，于燕华. 电磁辐射防护学 [M]. 北京：中国铁道出版社，1991.

[36] 赵玉峰，越冬平，于燕华. 现代环境中的电磁污染 [M]. 北京：电子工业出

版社，2003.

[37] 郑长聚. 环境噪声控制 [M]. 北京：冶金工业出版社，1995.

[38] 周律，张孟青. 环境物理学 [M]. 北京：中国环境科学出版社，2001.

[39] 周祖同. 环境中的光污染及其防治对策 [J]. 法制博览，2021（17）：174-175.

[40] 朱智男，金运范. 放射性束在固体物理和材料学中的应用 [J]. 原子核物理评论，1999（2）：99.

[41] ALOK G, ANANT G, KHUSHBU J, et al. Noise pollution and impact on children health [J]. Indian journal of pediatrics, 2018, 85 (4): 300-306.

[42] AULSEBROOK A E, JONES T M, MULDER R A, et al. Impacts of artificial light at night on sleep: a review and prospectus [J]. Journal of experimental zoology. Part A, Ecological and integrative physiology, 2018, 329 (8/9): 409-418.

[43] CHEN C, ZENG S F, HAN X C, et al. 3D carbon network supported porous SiOC ceramics with enhanced microwave absorption properties [J]. 材料科学技术（英文版），2020, 54 (19): 223-229.

[44] CHEN Y X, YUAN F C, SU Q, et al. A novel sound absorbing material comprising discarded luffa scraps and polyester fibers [J]. Journal of cleaner production, 2020, 245: 118917.

[45] DECKERS J. Plasma technology to recondition radioactive waste: tests with simulated bitumen and concrete in a plasma test facility [C]. IOP conference series: materials science and engineering, 2020, 818 (1): 012006.

[46] DU B, QIAN J J, HU P. Fabrication of C-doped SiC nanocomposites with tailoring dielectric properties for the enhanced electromagnetic wave absorption [J]. Carbon: an international journal sponsored by the American Carbon Society, 2020, 157: 788-795.

[47] GOSWAMI S, SWAIN B K. Environmental noise in India: a review [J]. Current pollution reports, 2017, 3 (3): 220-229.

[48] LAXMI V, THAKRE C, VIJAY R. Evaluation of noise barriers based on geometries and materials: a review [J]. Environmental science and pollution research, 2021, 29 (2): 1729-1745.

[49] POLKANOV M A, GORBUNOV V A, KADYROV I I. Technology of plasma treating radioactive waste: the step forward in comparison with incineration [C]. WM2010 Conference, 2010: 7-11.

[50] QIAO Z Q, PAN S K, XIONG J L, et al. Magnetic and microwave absorption properties of La-Nd-Fe alloys [J]. Journal of magnetism and magnetic materials, 2017, 423: 197-202.

[51] SANTHOSI B V S R N, RAMJI K, RAO N B R M. Design and development of polymeric nanocomposite reinforced with graphene for effective EMI shielding in X-band [J]. Physica, B. condensed matter, 2020, 586: 412144.

［52］WANG J Q, REN J Q, LI Q, et al. Synthesis and microwave absorbing properties of N-doped carbon microsphere composites with concavo-convex surface［J］. Carbon: an international journal sponsored by the American Carbon Society, 2021, 184: 195 - 206.

［53］YAN J, HUANG Y, WEI C, et al. Covalently bonded polyaniline/graphene composites as high-performance electromagnetic (EM) wave absorption materials［J］. Composites, Part A. Applied science and manufacturing, 2017, 99A: 121 - 128.

［54］ZHAO X N, NIE X Y, LI Y, et al. A layered double hydroxide-derived exchange spring magnet array grown on graphene and its application as an ultrathin electromagnetic wave absorbing material［J］. Journal of materials chemistry, C. materials for optical and electronic devices, 2019, 7 (39): 12270 - 12277.